建筑电气设备安装工程造价与定额

徐　第　崔光伟　主编

中国建筑工业出版社

图书在版编目（CIP）数据

建筑电气设备安装工程造价与定额 / 徐第，崔光伟主编 .—北京：中
国建筑工业出版社，2019.1
ISBN 978-7-112-22941-3

Ⅰ.①建… Ⅱ.①徐…②崔… Ⅲ.①房屋建筑设备-电气设备-设备
安装-工程造价②房屋建筑设备-电气设备-设备安装-建筑经济定额
Ⅳ.① TU723.32

中国版本图书馆 CIP 数据核字（2018）第 259893 号

本书内容包括：建设工程预算与定额、电气设备安装工程——材料、设备和施
工工艺、电气工程识图、电气设备安装工程定额、建筑智能化工程定额、消防工程
定额、其他册定额与费用计算、通用安装工程工程量计算规范与定额、应用举例。

本书内容丰富、实用性强，适于具有初中文化水平的造价人员阅读，也可供
其他建筑从业人员阅读。

责任编辑：张伯熙
责任校对：焦　乐

建筑电气设备安装工程造价与定额
徐　第　崔光伟　主编

*

中国建筑工业出版社出版、发行（北京海淀三里河路9号）
各地新华书店、建筑书店经销
北京建筑工业印刷厂制版
大厂回族自治县正兴印务有限公司印刷

*

开本：787×1092毫米　1/16　印张：16　字数：396千字
2019年7月第一版　　2019年7月第一次印刷
定价：**45.00**元
ISBN 978-7-112-22941-3
（32962）

前　言

随着市场经济的不断发展，建筑企业体制的深化改革，企业对预算人员的需求量大增。为了提高企业管理水平，各级管理人员也需要掌握一定的预算知识。

本书详细地介绍了有关《北京市建设工程计价依据——预算定额 通用安装工程预算定额》和《通用安装工程工程量计算规范》的内容、使用方法，及工程量清单与地方定额的联系。并以北京市定额为例，详细地介绍了各章定额的工程量统计方法、预算价的计算方法。

本书通俗易懂，易于自学，适于具有初中以上文化程度的读者阅读，并可以作为各类院校及岗位培训班教材使用。

由于笔者水平有限，书中内容难免有错误和不足，希望各位同行提出批评和修改意见。

目 录

第一章　建设工程预算与定额 …………………………………………… 1

　　第一节　建设工程造价与预算 ………………………………………… 1

　　第二节　电气安装工程定额与清单 …………………………………… 4

第二章　电气设备安装工程——材料、设备和施工工艺 ……………… 17

　　第一节　变配电工程 …………………………………………………… 17

　　第二节　内线工程 ……………………………………………………… 24

　　第三节　电器安装工程 ………………………………………………… 29

　　第四节　外线工程 ……………………………………………………… 39

　　第五节　防雷接地工程 ………………………………………………… 54

　　第六节　建筑智能化工程 ……………………………………………… 61

　　第七节　消防工程 ……………………………………………………… 76

第三章　电气工程识图 …………………………………………………… 79

　　第一节　电气识图基本知识 …………………………………………… 79

　　第二节　变配电工程图 ………………………………………………… 80

　　第三节　内线工程图 …………………………………………………… 84

　　第四节　外线工程图 ………………………………………………… 103

　　第五节　防雷接地工程图 …………………………………………… 108

　　第六节　建筑智能化工程图 ………………………………………… 110

　　第七节　消防工程图 ………………………………………………… 116

第四章　电气设备安装工程定额 ……………………………………… 119

　　第一节　电气设备安装工程定额册说明 …………………………… 119

　　第二节　变压器安装 ………………………………………………… 120

　　第三节　配电装置安装 ……………………………………………… 122

　　第四节　母线安装 …………………………………………………… 125

　　第五节　控制设备及低压电器安装 ………………………………… 129

　　第六节　蓄电池安装及滑触线装置安装 …………………………… 138

　　第七节　电机检查接线及调试 ……………………………………… 139

　　第八节　电缆 ………………………………………………………… 141

　　第九节　防雷及接地装置 …………………………………………… 150

　　第十节　10kV 以下架空配电线路 ………………………………… 157

　　第十一节　配管、配线 ……………………………………………… 165

第十二节 照明灯具安装 ………………………………………………………… 179

第十三节 附属工程 ………………………………………………………………… 184

第十四节 电气调整试验 …………………………………………………………… 185

第十五节 措施项目费用 …………………………………………………………… 189

第五章 建筑智能化工程定额 ……………………………………………… 192

第一节 计算机应用、网络系统工程 …………………………………………… 192

第二节 综合布线系统工程 ………………………………………………………… 194

第三节 建筑设备自动化系统工程 ……………………………………………… 204

第四节 有线电视、卫星接收系统工程 ………………………………………… 205

第五节 音频、视频系统工程 …………………………………………………… 207

第六节 安全防范系统工程 ………………………………………………………… 209

第六章 消防工程定额 ……………………………………………………… 214

第一节 火灾自动报警系统 ………………………………………………………… 214

第二节 消防系统调试 ……………………………………………………………… 216

第三节 火灾自动报警系统安装与调试定额应用举例 ………………………… 217

第七章 其他册定额与费用计算 …………………………………………… 219

第一节 机械设备安装工程定额 ………………………………………………… 219

第二节 自动化控制仪表安装工程 ……………………………………………… 220

第三节 通信设备及线路工程 …………………………………………………… 224

第四节 安装工程预算费用计算 ………………………………………………… 226

第八章 通用安装工程工程量计算规范与定额 ………………………… 229

第一节 规范与定额第四册《电气设备安装工程》的对比 ………………… 229

第二节 规范与其他册定额的对比 ……………………………………………… 231

第九章 应用举例 …………………………………………………………… 233

第一节 定额应用举例 ……………………………………………………………… 233

第二节 清单应用举例 ……………………………………………………………… 243

参考文献 …………………………………………………………………………… 249

第一章　建设工程预算与定额

预算是依据相关标准及有关规定完成建设工程投资金额计算的过程。任何一个基本建设工程都要根据建设方对建设产品的要求，生产该建设产品所需的人工、材料、机械费用，及开发生产过程中发生的其他费用，来估算该建设产品的投资金额。

定额是一种标准，是投资预算的主要依据，是科学管理的基础，是工程建设中生产单位产品消耗的人工、材料和机械台班数量的标准，是一定时期内生产技术水平和管理水平的体现。定额是市场经济条件下，实现科学管理的重要手段和依据。

建设单位根据建设产品的功能和可能筹集的资金，依据定额确定该产品的投资额。施工企业根据定额确定生产过程所消耗的人工、材料和机械台班数量，及生产过程中发生的其他费用，因此定额是建设方和施工方均认可的一种标准。

第一节　建设工程造价与预算

1. 建设工程造价

这里所说的建设工程造价，是指建设工程发承包及实施阶段的工程造价，也称为建筑安装工程费。

建筑安装工程费的构成，如图 1-1-1 所示。

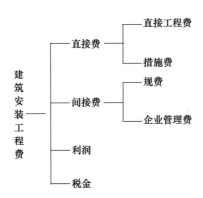

图 1-1-1　建筑安装工程费的构成

为了便于理解预算工作流程和思路，这里使用的是 2003 年文件的表述。

建筑安装工程费由直接费、间接费、利润和税金组成。

（1）直接费

直接费由直接工程费和措施费组成。

1）直接工程费

直接工程费是指施工过程中耗费的，构成工程实体的各项费用，包括人工费、材料费、施工机械使用费。

① 人工费。指按工资总额构成规定，支付给从事建筑安装工程施工的生产工人和附属生产单位工人的各项费用。

内容包括：计时工资或计件工资、奖金、津贴补贴、加班加点工资、特殊情况下支付的工资。

② 材料费。指施工过程中耗费的原材料、辅助材料、构配件、零件、半成品或成品、工程设备的费用。

内容包括：材料原价（或供应价格）、运杂费、运输损耗费、采购及保管费。

工程设备是指构成或计划构成永久工程一部分的机电设备、金属结构设备、仪器装置及其他类似的设备和装置。

③ 施工机具使用费。是指施工机械作业所发生的施工机械、仪器仪表使用费或其租赁费。

直接工程费就是直接利用定额计算出的人工费、材料费和施工机械使用费，现称为预算价。人工费是付给施工队人员的工资，材料费是用在工程上各种材料的费用，施工机械使用费是施工中使用的施工机械的费用。严格地讲这些费用必须要用在工程上，不准有剩余，这样才能保证工程按质、按量、按时施工，如果挪用这部分费用就是"偷工减料"。当然在计算定额直接费时，主材的计算有一定的损耗率，另外通过提高工效也可以节约工日，这样定额直接费可能会出现节余，这叫做"增产节约"。

为了便于统计，有时把直接工程费细分为定额直接费（从定额直接算出的人工、材料、机械费）、主材费和设备费。这里主材费和设备费，就是主要材料费，主材是指各种线缆、导管、钢材及小型电器等材料，而设备主要是指各种箱、柜及大型电气设备器材。在做预算时材料和设备只要计费，不需要区分，但有些时候为了计算的要求，需要进行区分。

直接工程费的计算，是编制预算最主要的工作，也是这本书的主要内容。

2）措施费

措施费是指为完成建设工程施工，发生于该工程施工前和施工过程中的技术、生活、安全、环境保护等方面的费用。

内容包括：安全文明施工费、夜间施工费、二次搬运费、冬雨期施工增加费、已完工程及设备保护费、工程定位复测费、特殊地区施工增加费、大型机械设备进出场及安拆费、脚手架使用费。

（2）间接费

间接费由规费和企业管理费组成。

① 规费

规费是指按国家法律、法规规定，由省级政府和省级有关权力部门规定必须缴纳或计取的费用。

包括：社会保险费、住房公积金、工程排污费。

规费是相关部门收取的，适当的时候会返还给缴纳者，属于某种福利。

② 企业管理费

企业管理费是指建筑安装企业组织施工生产和经营管理所需费用。

内容包括：管理人员工资、办公费、差旅交通费、固定资产使用费、工具用具使用费、劳动保险和职工福利费、劳动保护费、检验试验费、工会经费、职工教育经费、财产保险费、财务费、税金、其他：包括技术转让费、技术开发费、业务招待费、绿化费、广告费、公证费、法律顾问费、审计费、咨询费等。

企业管理费是上级公司管理者、项目经理部人员的工资和管理费用。

（3）利润

利润是指施工企业完成所承包工程获得的盈利。

利润是企业所得。

（4）税金

税金是指国家税法规定的应计入建筑安装工程造价内的营业税、城市维护建设税、教育费附加以及地方教育附加。

税金属于国家。

间接费、利润和税金是在直接工程费的基础上，按定额规定的比例进行计取，也称为取费。这项工作只需要进行简单的计算，就非常容易了。

2. 预算

建设工程预算是在基本建设工程的各个阶段，预先计算和确定建设工程投资数额及其资源消耗量的经济文书。根据建设工程的性质、规模、实施阶段的不同，可将建设工程预算划分为投资估算、设计概算、施工图预算、施工预算和竣工决算五种形式。

（1）投资估算

投资估算是指在项目投资决策过程中，依据现有的资料和特定的方法，对建设项目的投资数额进行的估计。是进行建设项目技术经济评价和投资决策的基础。

投资估算一般由建设单位编制，是建设单位立项、审批的主要依据。

（2）设计概算

设计概算是指在建设工程设计阶段，对工程项目投资额度的概略计算。是在投资估算的控制下由设计单位根据初步设计图纸、概算定额、各项费用定额，建设地区自然、技术经济条件和设备、材料价格等资料，编制和确定的建设项目从筹建至竣工交付使用所需全部费用的文件。

（3）施工图预算

开工前，根据施工图纸、预算定额及有关规定，逐项计算和汇总的工程经济文书，称为施工图预算。施工图预算是确定工程造价、编制建设工程招标标底、投标报价及签订工程承包合同、拨付工程款、结算的依据。

（4）施工预算

施工企业为了适应内部管理需要，按照项目核算的要求，根据施工图纸、企业定额、施工组织设计、考虑挖掘企业内部潜力由施工企业编制的技术经济文件。

企业可以通过预算进行科学的经营管理、减少开支、降低成本、提高效益。

（5）竣工决算

以实物数量和货币指标为计量单位，综合反映竣工项目从筹建开始到项目竣工交付使用为止的全部建设费用、投资效果和财务情况的总结性文件。

它是由施工企业编制的最终付款凭证，经建设单位和建设银行审核无误后生效。也是建设方和承建方财会部门进行价款结算的依据。

第二节　电气安装工程定额与清单

1．定额

建设工程定额的种类很多，一般情况下可分为四大类：按生产要素可分为劳动定额、材料消耗定额和机械台班定额；按用途可分为施工定额、预算定额、概算定额和概算指标；按专业和费用性质可分为土建工程定额、安装工程定额、间接费定额和其他费用定额；按主编单位和适用范围还可将定额划分为全国统一定额、地区统一定额、企业定额和临时定额。

（1）全国定额

2000 年建设部颁发的全国统一定额由《全国统一建筑工程基础定额》、《全国统一市政工程预算定额》和《全国统一安装工程预算定额》组成。

《全国统一安装工程预算定额》是完成规定计量单位分项工程计价所需的人工、材料、施工机械台班的消耗量标准，是统一全国安装工程预算工程量计算规则、项目划分、计量单位的依据；是编制安装工程地区单位估价表、施工图预算、招标工程标底、确定工程造价的依据；是编制概算指标、投资估算指标的基础；也可作为制订企业定额和投标报价的基础。

《全国统一安装工程预算定额》要与《全国统一安装工程预算工程量计算规则》配套使用。

全国统一定额一般不直接作为编制预算使用，是各地编制地方定额的依据。

住建部 2015 年颁发了一套《通用安装工程消耗量定额》，作为新的地方定额编制依据。

消耗量定额只有工程所需人工、材料、机械台班消耗量的标准，没有价格标准。

（2）北京市定额

由于全国各地的自然、经济条件不同，各省市自治区都根据本地特点，结合全国统一定额，编制了地区性统一定额，供本地区使用。本书介绍北京市定额的内容，帮助大家理解和使用各自的地区性定额。

2012 年《北京市建设工程计价依据——预算定额》是在全国定额和北京市有关规定的基础上编制的，参照了《建设工程工程量清单计价规范》的工程项目划分，以利于与之配套使用。

定额共分七部分二十四册，包括：

01《房屋建筑与装饰工程》一册；

02《仿古建筑工程》一册；

03《通用安装工程》十二册；

04《市政工程》两册；

05《园林绿化工程》两册；

06《构筑物工程》一册；

07《城市轨道交通工程》五册。

与《北京市建设工程计价依据——预算定额》配套使用的有：

《北京市建设工程和房屋修缮材料预算价格》；

《北京市建设工程房屋修缮机械台班费用定额》。

原有的《北京市建设工程费用定额》，作为附录放置在每册定额的后面，方便使用。

2. 北京市定额

（1）总说明

总说明是《北京市建设工程计价依据——预算定额》的总体说明，说明了定额的作用、定额的编写依据，并说明定额是按在正常的施工条件下进行施工编写的。

除上述内容外，总说明还涉及以下几个问题：

1）人工工日消耗量的确定

① 定额中的人工工日不分列工程和技术等级，一律以综合工日表示。内容包括基本用工、超运距用工和人工幅度差。

② 综合工日的单价采用北京市 2012 年安装工程人工费单价，每工日安装工 78.70 元，调试工 96.60 元。

2）材料消耗量的确定

定额中的材料消耗量包括直接消耗在安装工作内容中的主要材料、辅助材料和零星材料等，并计入了相应损耗，这些损耗是发生在：从工地仓库、现场集中堆放地点或现场加工地点到操作或安装地点的运输损耗、施工操作损耗、施工现场堆放损耗。

① 主要材料

主要材料是指构成工程主体的材料，安装工程中是指安装施工的对象，就是定额项目名称指明的材料。如：变压器安装中的变压器、灯具安装中的灯具、钢管敷设中的钢管、铁支架制作安装中的角钢等。主要材料可以是设备或施工材料，主要材料的费用称主材费，安装工程定额给出的是安装费用，因此定额中大多不包含主材费，而主材费又是工程造价中的主要费用，如果漏计，会造成很大损失。主材费的计取由于定额工程项目不同，有三种计算方法。

A. 第一种在定额材料表中，没有主要材料的名称，这时要按主要材料的实际使用量计算主材费。但是要注意，如果主要材料不是设备而是施工材料，要根据工程量计算规则中的规定增加相应的损耗率。这样的定额项目表见表 1-2-1。

油浸电力变压器安装　　　　　　　　　　　　　　　表 1-2-1

工作内容：开箱检查、外观检查、起重机具准备、搬运、搭拆、吊装就位、附件和正轮器安装、散热器冲洗、接线、接地、补漆、配合电气试验等。

单位：台

定额编号		1-1	1-2	1-3	1-4	1-5
项　目		容量（kVA 以内）				
		630	800	1250	1600	2000
预算单价（元）		1599.89	1691.65	1954.72	2226.36	2364.93
其中	人工费（元）	783.77	872.00	970.69	1201.20	1334.44
	材料费（元）	441.00	441.00	484.49	516.40	516.40
	机械费（元）	375.12	378.65	499.54	508.76	514.09

续表

	名称		单位	单价（元）	数量				
人工	870005	综合工日	工日	78.70	9.959	11.080	12.334	15.263	16.956
材料	090130	镀锌带母螺栓 12×（65～80）	套	0.94	8.1600	8.1600	8.1600	8.1600	8.1600
	090496	镀锌弹簧垫圈 12	个	0.03	8.1600	8.1600	8.1600	8.1600	8.1600
	090031	镀锌垫圈 12	个	0.22	16.3200	16.3200	16.3200	16.3200	16.3200
	090174	垫铁	kg	3.80	4.7300	4.7300	4.7300	4.7300	4.7300
	030087	枕木	m³	1048.00	0.0500	0.0500	0.0500	0.0800	0.0800
	010023	镀锌扁钢	kg	5.22	4.5000	4.5000	4.5000	4.5000	4.5000

在表 1-2-1 中，安装项目是油浸变压器，材料一栏中没有油浸变压器这一材料名称。这样的项目，按实际发生量计算工程量。

B. 第二种在定额材料表中，有主要材料名称，但没有材料单价，在表中有一组带括号的数字，如（1.0050），这个数字表示一个定额计量单位所使用的主要材料数量，称为定额含量，这时要使用定额含量计算主材费。这样的定额项目表，见表 1-2-2。

地面金属线槽安装　　　　　　　　　　　　　　　　表 1-2-2

工作内容：测位、划线、组对、固定安装、弯头、盖板、隔板、分线盒、接线盒、附件及支架安装、接地等。

单位：m

	定额编号				11-224	11-225	11-226	11-227	11-228	11-229
	项　目				架空地板下安装			混凝土地面内安装		
					单槽	双槽	三槽	单槽	双槽	三槽
	预算单价（元）				26.12	41.76	57.38	27.63	44.02	60.39
其中	人工费（元）				7.16	11.41	15.66	8.58	13.54	18.49
	材料费（元）				17.93	28.91	39.88	17.97	28.96	39.95
	机械费（元）				1.03	1.44	1.84	1.08	1.52	1.95
	名称		单位	单价（元）	数量					
人工	870005	综合工日	工日	78.70	0.091	0.145	0.199	0.109	0.172	0.235
材料	28-014	地面金属线槽	m	—	（1.0050）	（2.0100）	（3.0150）	（1.0050）	（2.0100）	（3.0150）
	350237	接地编织铜线	m	15.00	0.2250	0.4500	0.6750	0.2250	0.4500	0.6750
	280121	铜端子 10	个	4.84	1.0150	2.0300	3.0450	1.0150	2.0300	3.0450
	090124	镀锌带母螺栓 10×（20～35）	套	0.44	1.0200	2.0400	3.0600	1.0200	2.0400	3.0600

续表

材 料	090030	镀锌垫圈 10	个	0.11	2.0400	4.0800	6.1200	2.0400	4.0800	6.1200
	090495	镀锌弹簧垫圈 10	个	0.03	1.0200	2.0400	3.0600	1.0200	2.0400	3.0600
	091468	镀锌膨胀螺栓 $\phi 6$	套	1.20	4.0800	4.0800	4.0800	4.0800	4.0800	4.0800
	110525	地面线槽专用密封胶	kg	19.00	—	—	—	0.0010	0.0020	0.0030
	090234	镀锌铁丝 $13^{\#} \sim 17^{\#}$	kg	6.55	—	—	—	0.0025	0.0025	0.0025
	100321	柴油	kg	8.98	0.0355	0.0710	0.1065	0.0355	0.0710	0.1065
	840004	其他材料费	元	—	3.72	5.39	7.05	3.73	5.39	7.05
机械	800008	载重汽车 8t	台班	237.50	0.0010	0.0020	0.0030	0.0010	0.0020	0.0030
	840023	其他机具费	元	—	0.79	0.96	1.13	0.84	1.04	1.24

在表 1-2-2 中，材料表一栏中第一行有施工对象金属线槽的名称，但没有材料单价，后面有（1.0050）的数字，表示每个定额计量单位 1m，使用金属线槽 1.0050m，这时主材费为 1.0050m 金属线槽的费用。

定额含量（1.0050）中的 0.0050 表示材料的损耗。主要材料的损耗率，可以在定额附录中查到。现行定额材料消耗量大都包含了材料的损耗，不需另行计算，如果没有包含，就要按定额规定的损耗率计算，本例中就要按定额含量（1.0050）计算。没有定额含量的，要按照定额说明，查看主要材料损耗率表计算损耗量。

C. 第三种在定额材料表中，有主要材料名称，也有材料单价，这时主材费已计入定额预算单价中，不需要再另外计算。在这种定额项目中要注意寻找哪些是施工所使用的主要材料，因为此时的材料名称和定额施工项目名称可能不同，见表 1-2-3。

金属支架制作、安装　　　　　　　　　　　　　　　　　　　　表 1-2-3

工作内容：平直、划线、下料、钻孔、组对、焊接、刷油、埋设等。　　　　　　　　单位：kg

定额编号				13-1	13-2
项　　目				金属支架制作	金属支架安装
预算单价（元）				19.19	8.66
其 中	人工费（元）			10.47	1.81
	材料费（元）			7.85	6.62
	机械费（元）			0.87	0.23
	名称	单位	单价（元）	数量	
人 工	870005　　综合工日	工日	78.70	0.133	0.023

材料	010016	角钢 63 以内	kg	3.67	0.4941	—
	010018	扁钢 60 以内	kg	3.67	0.2757	—
	010014	圆钢 φ10 以内	kg	3.63	0.2807	—
	090533	镀锌膨胀螺栓 φ10	套	3.18	—	1.9380
	090125	镀锌带母螺栓 10×（40～60）	套	0.64	1.8050	—
	090030	镀锌垫圈 10	个	0.11	3.6100	—
	090495	镀锌弹簧垫圈 10	个	0.03	1.8050	—
	090290	电焊条（综合）	kg	7.78	0.0125	0.0113
	110020	防锈漆	kg	16.30	0.0177	0.0030
	110174	200 号溶剂汽油	kg	6.26	0.0044	—
	110016	调合漆	kg	12.40	0.0146	0.0020
	840004	其他材料费	元	—	1.81	0.30
机械	800011	电焊机（综合）	台班	18.60	0.0048	0.0044
	840023	其他机具费	元	—	0.78	0.15

本定额项目的施工对象是制作金属支架的材料，有角钢 63 以内、扁钢 60 以内、圆钢 φ10 以内。这些有对应的单价和数量，数量中包含了损耗量，所以有很多位小数。这样的定额项目预算单价包含了主材费在内的所以费用，称为完全预算价。前面两种情况均不包含主材费，称为不完全预算价。

在使用安装定额时要特别注意主材费的计算。

② 辅助材料

辅助材料是指工程项目施工中所必须使用的少量材料，如安装变压器时要使用固定螺栓、电焊条、钢板垫板等材料。这些材料都列在定额材料表中，是构成定额预算单价中材料费的主要内容。

③ 零星材料

零星材料是指工程施工中用量极少、对基价影响很小的材料。零星材料费用可以根据工程情况合并为一项其他材料费，计入材料费中。

④ 材料单价采用的是北京市材料预算价格。

⑤ 发生材料损耗的范围是从工地仓库、现场集中堆放地点或现场加工地点到操作安装地点，也就是工程施工的现场范围内，在现场外发生损耗则要另行计算，如从火车站运到现场途中发生破损，要另行计算。

⑥ 材料损耗是以下三种情况下发生的正常损耗：现场运输中、施工操作中和施工现场

堆放中。如运输中的遗撒，施工操作中的加工长度损耗，施工现场堆放中的日晒雨淋等造成的不可避免的损耗。

主要材料的损耗率，见表 1-2-4。

主要材料损耗率表　　　　　　　　　　　　　　　　表 1-2-4

序号	材料名称	损耗率（%）
1	混凝土制品（包括电杆、底盘、卡盘等）	0.3
2	金具（包括耐张、悬垂、并沟、线夹）、1kV 以上绝缘子、电缆桥架（钢制、铝合金、玻璃钢、不锈钢）	0.5
3	电力电缆、照明灯具及辅助器具（成套灯具、镇流器、电容器）、荧光灯、高压水银灯、氙气灯泡等及灯泡、低压保险器、集束导线、控制装置、砖	1
4	1kV 以下绝缘子	1.2
5	裸软导线（包括铜、铝线）	1.3
6	控制电缆、拉线材料（包括钢绞线、镀锌铁丝）、铜端子、T 接端子、铜铝接线端子	1.5
7	绝缘导线、油类	1.8
8	紧固件（包括螺栓、螺母、垫圈、弹簧垫圈）、开关、插座、铜接管、铅套管	2
9	管材（包括钢管、电线管、KBG（JDG）管、金属软管）、管件（包括管箍、护口、锁紧螺母、管卡子等）、低压电瓷制品（包括鼓形绝缘子、瓷管）、焊丝、砂浆、普通光源	3
10	水泥	3.5
11	板材（包括钢板、镀锌薄钢板）、木螺钉、圆钉	4
12	圆木台、塑料管、电焊条、木材、石子、型钢	5
13	砂子	7
14	石棉水泥板及制品	8

3）施工机械台班消耗量的规定

定额的机械台班消耗量是指施工作业所发生的施工机械、仪器仪表使用费或其租赁费。

安装工程定额预算单价中已包含机械使用费，不需另计。特殊施工如需另计机械使用费，要使用《北京市建设工程房屋修缮机械台班费用定额》计算。

4）定额中注有"×××以内"或"×××以下"者均包括×××本身，"×××以外"或"×××以上"者，则不包括×××本身。

表 1-2-1 中 630kV·A 以内，指包括 630kV·A 在内的各种规格变压器。

（2）定额项目表

一册定额里除了总说明，还有针对本册的册说明，每一章还有章说明，这些说明文字是对相应定额内容的使用说明。定额的实际内容是定额册中的表格部分，这些表格称为定额项目表。

下面以表 1-2-2 来说明定额项目表的内容。

① 本表为地面金属线槽安装工程的定额。表格上面的文字也是说明，且称它节说明。左边是本工程的工作内容，这些内容都是按施工工艺要求编写的。表右上角为单位：m，这是定额计量单位，大部分定额项目的定额计量单位与平常使用的法定计量单位相同，但也有个别定额项目的定额计量单位与平常使用的法定计量单位不同，这时要注意区别，并进行单位换算。

② 表格第一行为定额编号，11-224 表示此项为第十一章第 224 个定额子目。一个定额编号对应一个定额子目。

北京定额的定额子目按章编号，第一章为 1 — ×××，第二章为 2 — ×××。在编制预算时必须写清定额编号。

按章编号的好处是，看到编号就知道是什么工程项目。坏处是每册定额都有相同的章节，都有相同的定额编号，同时使用两册定额时会出现重号，容易混淆。

全国定额和许多地方定额都是按册编号，不会出现重号，但几千号的编号，看不出对应的是什么工程。

③ 表格第二行为定额项目名称，每个定额子目的划分方法都由项目名称说明，如表中，地面金属线槽安装分为架空地板下安装和混凝土地面下安装，进一步细分为单槽、双槽和三槽六个定额子目。

④ 表格第三行为预算单价，是一个定额计量单位工程的价格。

⑤ 表格第四行为预算单价中，人工费、材料费和机械费的单价，这三项费用需要单独计算各项的合计。

⑥ 表格的下面部分是人工、材料、机械消耗的细目表。

第一部分是人工，以综合工日计算，单位是工日，人工单价是 78.70 元，后面是每个定额子目的用工数量。用工数量乘以人工单价就是表格中的人工费的数量。

第二部分是材料表，表中列出本项施工所需要的材料，本例中材料表中有地面金属线槽工程的主要材料地面金属线槽的名称、单位，但没有单价，数量栏中有定额含量（1.0050），可以利用定额含量乘上材料价格计算主材费。除了主要材料外，材料表中都是辅助材料，这些材料有单位、单价，数量表中有材料用量，这些材料的费用构成定额中的材料费。材料表中的其他材料费，是指用量很少的零星材料，在本定额中也计入定额材料费。

第三部分为机械台班费，机械台班中有载重汽车 8t、有台班单价，台班数量，计算出的费用计入定额机械费。另外还有一项其他机具费，是不能用台班计的机械使用费。

使用定额时要注意，材料表和机械表中的每一项，并不是每个定额子目都用到，有数量的一项子目才用到此项材料。表格中是小横线的，表示此格内没有可用的数据，不予考虑。此外，如果只是进行预算工作，只需要注意材料表中的前两行，看有没有主要材料项，因为这与计算主材费有关，而其他材料和机械的费用只有发生价格变更时才会用到。

⑦ 在定额项目表中，各种材料、人工、机械的前面都有一个五位数的编码，这是《北京市建设工程和房屋修缮材料预算价格》和《北京市建设工程房屋修缮机械台班费用定额》中材料的编号，在市造价处每期的《造价信息》上，也按此编号，刊登各种材料的市场价情况。表中编码中有横线的材料，为基价中没有包含的主要材料。

⑧ 定额表中的单价，都是可以按市场价调整的，但除了主材费外，其余价格变化对

工程造价的影响很小，一般均按定额执行，不做调整。

定额表中的数量是不可以改变的，这个数量是保障工程施工质量的基本量值，不允许改变。

3. 定额预算的编制方法

使用定额编制预算分为两个步骤：第一步，仔细阅读图纸，统计工程量；第二步，套用定额，计算定额预算价。简单讲就是：先统计工程量再套定额，计算定额预算价。

这里讲的两个步骤，是初学者学习编制预算的基本方法和思路，对工程和定额熟悉以后，借助计算机软件，两个步骤就可以合并成一步操作。

1）统计工程量

统计工程量的基础是工程图纸。根据图纸说明和图例符号，依次列出工程项目，并统计其数量。这个工作以图纸上示出所有工程项目为准，要把图上所有的项目都列清楚。

2）套定额，计算定额预算价

为什么是套定额，因为工程项目的描述往往与定额项目的划分并不完全一致，需要分辨一个工程项目对应哪一个定额项目，这需要一个熟悉的过程。

套定额时，以定额为准，这时只需要看定额不需要再看图纸。在不熟悉定额的情况下，要从定额第一个子目开始，用每一个定额子目去对照统计出的工程量表，看有没有相应的工程项目，找到以后就可以根据定额和统计出的工程数量，计算出相应的预算价格。把全部定额都翻完，所有的预算价格就计算完成了。

这样做的好处是定额是死的，把定额都用完了，定额里对应的工程项目就计算完了，不会丢掉定额里有的项目。有一些定额项目在图纸上是不能直接表示出来的，需要对工程项目的施工很熟悉，才能想到这个项目内容。这对工程量的统计是一个补充，可以防止漏项。

定额都用完了，不等于所有的工程项目都计算完了，可能会有一些工程项目没有找到相应的定额项目，这是因为定额有时效性，2012年的定额不可能包含2012年以后出现的工程项目，这时可以去查找其他可用的定额，借来使用。再不行可以根据工程内容自行编制适用的定额子目。

统计工程量和套定额、计算定额预算价，是预算工作的基本工作内容，是最主要的工作内容，也是本书将要介绍的主要内容。这一步做完以后剩下的就是一些简单的计算和案头工作，就比较容易完成了。

4. 《建设工程工程量清单计价规范》

为了与国际惯例接轨，建设部2003年2月17日颁布了国家标准《建设工程工程量清单计价规范》。经2008年第一次修订，2013年第二次修订，现行的是《建设工程工程量清单计价规范》GB 50500—2013。工程量清单计价是建设工程招标投标工作中，由招标人按照国家统一的工程量计算规则提供工程数量，由投标人自主报价，并按照经审低价中标的工程造价计价模式。《规范》规定，使用国有资金投资的建设工程发承包，必须采用工程量清单计价。非国有资金投资的建设工程，宜采用工程量清单计价。不采用工程量清单计价的建设工程，应执行本规范除工程量清单等专门性规定外的其他规定。

《规范》是以现行的《全国统一工程预算定额》为基础编制的，因此项目划分、计量单位、工程量计算规则均与定额衔接。但是《规范》没有人工、材料和机械台班的消耗量，由企业编制自己的消耗量定额，适用市场的需要，或根据建设行政部门颁布的社会平均消耗量定额进行报价。

《2013规范》采用分册编制的方法，把原规范的附录编制成《工程量清单计算规范》，安装工程使用的是《通用安装工程工程量计算规范》GB 50856—2013。

1）《建设工程工程量清单计价规范》的内容

《建设工程工程量清单计价规范》正文分为：总则、术语、一般规定、工程量清单编制、招标控制价、投标报价、合同价款约定、工程计量、合同价款调整、合同价款期中支付、竣工结算与支付、合同解除的价款结算与支付、合同价款争议的解决、工程造价鉴定、工程计价资料与档案、工程计价表格。附录分为附录A～附录L，分别是各种文件、表格样本。

2）《通用安装工程工程量计算规范》GB 50856—2013

① 通用安装工程计价，必须按本规范规定的工程量计算规则进行工程计量。

② 工程量清单的项目编码，应采用十二位阿拉伯数字表示，一至九位应按附录的规定设置，十至十二位根据拟建工程的工程量清单项目名称和项目特征设置，同一招标工程的项目编码不得有重码。

③ 编制工程量清单出现附录中未包括的项目，编制人应做补充，并报行业工程造价管理机构备案。

补充项目的编码由本规范的代码03与B和三位阿拉伯数字组成，并应从03B001起顺序编制。

④ 工程量清单应根据附录规定的项目编码、项目名称、项目特征、计量单位和工程量计算规则进行编制。

⑤ 工程量清单的项目名称应按附录的项目名称结合拟建工程的实际确定。

⑥ 工程量清单项目特征应按附录中规定的项目特征，结合拟建工程项目的实际予以描述。

⑦ 分部分项工程量清单中所列工程量应按附录中规定的工程量计算规则计算。清单的计量单位应按附录中规定的计量单位确定。

⑧ 措施项目中列出了项目编码、项目名称、项目特征、计量单位和工程量计算规则的项目，按上面的②～⑦规定执行。

⑨ 措施项目中仅列出了项目编码、项目名称，未列出项目特征、计量单位和工程量计算规则的项目，按本规范附录N的规定编制。

3）工程量清单编制

工程量清单由招标方制作提供。工程量清单应由具有编制招标文件能力的招标人或具有相应资质的中介机构进行编制，是招标文件的一部分。

工程量清单由分部分项工程量清单、措施项目清单、其他项目清单组成。

① 分部分项工程量清单

分部分项工程量清单包括项目编码、项目名称、计量单位和工程数量，《工程量计算规范》规定了统一的工程项目编码、项目名称、计量单位和工程量计算规则。项目编码由十二位数字组成，一至九是统一编码，按《工程量计算规范》的规定设置，十至十二位根据工程量清单项目名称由编制人设置，由001开始。

分部分项工程量清单的格式，见表 1-2-5。

分部分项工程量清单 表 1-2-5

序号	项目编码	项目名称	项目特征	计量单位	工程量
1	030401001001	油浸电力变压器	油浸电力变压器 S$_9$-500/10 500kV·A 10kV 变压器基础扁钢 200×8mm，1.5m×2	台	1.000
2	030401001002	油浸电力变压器	油浸电力变压器 S$_9$-315/10 315kV·A 10kV 变压器基础扁钢 200×8mm，1.5m×2	台	1.000
3	030401002001	干式变压器	干式变压器 SC12-100/10 100kV·A 10kV	台	2.000

表中项目编码：03 表示安装工程；04 表示电气设备安装工程；01 表示变压器安装；001 表示油浸式变压器安装；002 表示干式变压器安装；最后面的 001 表示本工程第一个油浸变压器安装项目；002 表示第二个油浸变压器安装项目；002001 表示本工程有一个干式变压器安装项目，是两台同型号、容量的变压器。

表中列出三项安装工程，两台不同容量的油浸变压器，两台相同容量的干式变压器。在项目名称一栏，列出每项工程的名称，这是规范规定的项目名称。在项目特征一栏，列出工程名称、型号、工程施工内容，如第一项工程中有：变压器安装、基础型钢制作安装，第三项工程只有变压器安装。

② 措施项目清单

措施项目是安装工程常用施工技术措施项目，分为专业措施项目和安全文明施工及其他措施项目。安装工程常用的有：脚手架搭拆、高层施工增加、安装与生产同时进行施工增加、在有害身体健康环境中施工增加、安全文明施工。

清单应根据拟建工程的具体情况列项。

③ 其他项目清单

其他项目清单的内容有：暂列金额、暂估价、计日工、总承包服务费。

4）工程量清单计价

工程量清单计价包括按招标文件规定的工程量清单所列项的全部费用，建筑安装工程费包括分部分项工程费、措施项目费、其他项目费和规费、税金，见图 1-2-1。

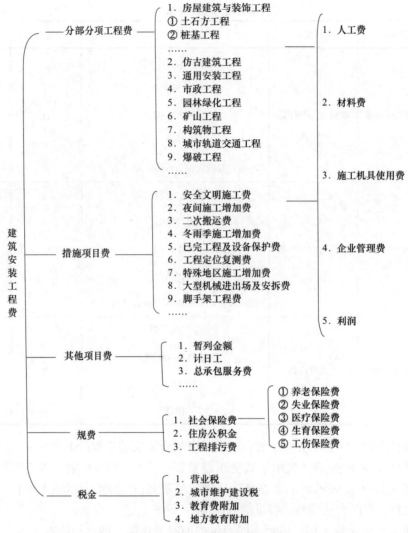

图 1-2-1　建筑安装工程费

本表的费用构成内容与图 1-1-1 是相同的，只是计算的顺序发生了变化，更利于对工程造价的编制和分析。

5）工程量清单计价格式

用工程量清单报价时，工程项目单价是综合单价，其中包括完成工程量清单中一个规定计量单位项目所需的人工费、材料费、机械使用费、管理费和利润，并考虑风险因素。而前三项费用就是预算定额中的定额直接费，管理费和利润则是把利用定额进行预算时的工程整体的管理费和利润分解到每一个清单项目。使用综合单价的优点是可以马上看到一个工程项目的造价情况，而不是像预算时要等到所有工程量都算完才能知道总的造价情况，而不知道每个定额工程项目的造价情况。

根据工程量清单，可以计算各个工程项目的综合单价。所谓综合单价是指《规范》工程内容一栏中，规定了完成每个工程项目所要做的工作，这些工作都需要单独计算费用，这些费用合起来构成工程项目的综合单价，《规范》工程内容，见表1-2-6。

《规范》变压器安装工程内容 表1-2-6

项目编码	项目名称	项目特征	计量单位	工程量计算规则	工作内容
030401001	油浸电力变压器	1. 名称 2. 型号 3. 容量（kV·A） 4. 电压（kV） 5. 油过滤要求 6. 干燥要求 7. 基础型钢形式、规格 8. 网门、保护门材质、规格 9. 温控箱型号、规格	台	按设计图示数量计算	1. 本体安装 2. 基础型钢制作、安装 3. 油过滤 4. 干燥 5. 接地 6. 网门、保护门制作、安装 7. 补刷（喷）油漆

对照工程量清单表（表1-2-5），第一台油变压器安装的工程内容，见表1-2-7。

油变压器安装工程内容 表1-2-7

序号	工程内容	单位	数量
1	油浸电力变压器 S_9-500/10 安装	台	1
2	变压器基础扁钢 200×8mm，1.5m×2	kg	37.68

在表1-2-7中，油过滤、干燥，500 kV·A以下变压器不考虑；接地包含在变压器安装工作内，不需另计。

使用北京定额第四册《电气设备安装工程》可以计算各项工程的费用，见表1-2-8。

分部分项工程量清单油浸电力变压器安装综合单价计算表 表1-2-8

序号	定额编号	工程内容	单位	数量	其中：（元）					
					人工费	材料费	机械费	管理费	利润	小计
1	1-1	油浸电力变压器安装容量 630kV·A 以内	台	1	783.77	441.00	375.12	498.16	307.66	2405.71
2	主材费	S_9-500/10 油浸电力变压器	台	1		80000.00				80000.00
3	13-5	设备基础型钢（角钢或扁钢）	kg	37.68	115.68	370.77	8.29	73.53	45.41	613.68
4		合计			899.45	80811.77	383.41	571.69	353.07	83019.39

表1-2-8中的管理费是定额的企业管理费，变配电工程属其他，费率63.56，计费基数是人工费783.77元。

定额利润的费率 24.00，计费基数是（人工费 783.77 元＋企业管理费 498.16 元）。

S_9–500/10 油浸电力变压器安装，综合单价 83019.39 元。

从表 1-2-8 看出清单项目和定额项目并不完全一致，清单项目大于定额项目，这时要计算清单项目的综合单价时，要用多个定额项目来完成。

按上述方法计算出各个分部分项工程的综合单价，列出分部分项工程量清单计价表，变压器安装工程分部分项工程量清单计价表，见表 1-2-9。

分部分项工程量清单计价表

表 1-2-9

工程名称：变压器安装工程

第 页 共 页

编码	清单项目	单位	工程量	综合单价（元）	合价（元）
030401001001	油浸电力变压器 S_9–500/10 安装	台	1	83019.39	83019.39
030401001002	油浸电力变压器 S_9–315/10 安装	台	1	63019.39	63019.39
030401002001	干式变压器 SC12–100/10 安装	台	2	52563.72	105127.44
	本页小计				251166.22
	合计				

制作人：_____ 资格证书：_____ ____ 年 ____ 月 ____ 日

第二章 电气设备安装工程——材料、设备和施工工艺

电气设备安装工程是建筑工程中的分部工程，分为：建筑电气工程、智能建筑化工程、建筑节能工程和电梯工程几个分部工程。进一步细分为建筑电气工程中的：室外电气、变配电室、供电干线、电气动力、电气照明安装、备用和不间断电源安装、防雷及接地安装等子分部工程；智能建筑化工程中的：智能化集成系统、信息接入系统、用户电话交换系统、信息网络系统、综合布线系统、移动通信室内信号覆盖系统、卫星通信系统、有线电视及卫星电视接收系统、公共广播系统、信息导引及发布系统、时钟系统、信息化应用系统、建筑设备监控系统、火灾自动报警系统、安全技术防范系统、应急响应系统、防雷与接地等子分部工程。

按工程内容划分，一般把电气设备安装工程分为：强电工程和弱电工程。

强电工程包括：变配电工程、内线工程、外线工程、设备安装工程、电梯和防雷接地工程。可以看出强电工程对应分部工程中建筑电气工程、电梯工程。

弱电工程包括：共用天线电视系统、火灾自动报警系统、安全技术防范系统、电话信息系统、楼宇自动化系统和综合布线系统。可以看出弱电工程对应分部工程中智能建筑化工程。

第一节 变配电工程

变配电工程的施工内容包括：变压器安装、高压配电装置安装、低压配电装置安装、母线安装。

1. 变压器

变压器是在供配电系统中，改变交流电电压的电器，这里讲的是将 10kV 高电压，变成 0.4kV 低电压的电力变压器。

变配电工程中使用的变压器是三相电力变压器。由于电力变压器容量大，工作温度升高，因此要采用不同的结构方式加强散热，按散热方式分为油浸式和干式两大类。

（1）油浸式变压器

油浸式变压器是把绕组和铁芯整个浸泡在油中，用油作为介质散热。因容量和工作环境不同，油浸式可以分为自然风冷却式、强迫风冷式、强迫油循环风冷式等。如图 2-1-1 所示。

图 2-1-1 油浸式变压器

（2）干式变压器

干式变压器是把绕组和铁芯置于气体（空气或六氟化硫气体）中，为了使铁芯和绕组结构更稳固，常采用环氧树脂浇注。干式变压器造价比油浸式变压器高，一般用于防火要求较高的场所，建筑物内的变配电所要求使用干式变压器。如图 2-1-2 所示。

图 2-1-2　干式变压器

（3）变压器的型号

变压器的型号用汉语拼音和数字表示，其排列顺序如图 2-1-3 所示。

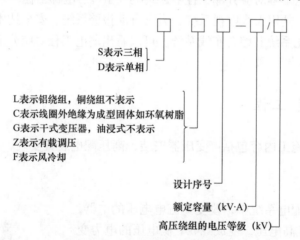

S表示三相
D表示单相

L表示铝绕组，铜绕组不表示
C表示线圈外绝缘为成型固体如环氧树脂
G表示干式变压器，油浸式不表示
Z表示有载调压
F表示风冷却

设计序号

额定容量（kV·A）

高压绕组的电压等级（kV）

图 2-1-3　变压器的型号表示

例如 S_7-500/10 表示三相油浸自冷式铜绕组变压器，高压侧的额定电压为 10kV，低压侧的额定电压为 0.4kV，额定容量为 500kV·A。

（4）变压器的安装

电力变压器可以安装在室内，也可以安装在室外，安装在室外又分为安装在电杆上和安装在铁箱内。

1）油浸式变压器

油浸式变压器安装在室内，要有独立的变压器室。变压器放在混凝土梁上，要做型钢基础，如图 2-1-4 所示。

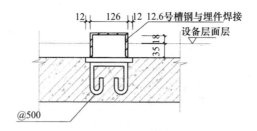

图 2-1-4　型钢基础

变压器下方要有积油池。

2）干式变压器

干式变压器安装在室内，也要做型钢基础，一般是装在变压器柜中，与低压配电柜连成一排。

干式变压器独立安装时要加装变压器保护罩，如图 2-1-5 所示。

图 2-1-5　变压器保护罩

3）箱式变电站

公共区域供电，如道路两侧的房屋供电，由于没有空间用来建设专门的变配电室，经常使用室外箱式变电站，箱式变电站就是把变压器和高、低压配电装置装在一个大铁柜子里，安装在路边事先准备好的基础上，如图 2-1-6 所示。

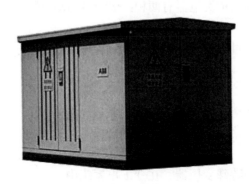

图 2-1-6　箱式变电站

与箱式变电站配合使用的，还有另外一种大铁柜叫开闭器，里面是进行高压电缆分接的空间，如一条高压电缆要接三台变压器，就需要从柜内分接出三条电缆，柜内装有高压负荷开关。如图 2-1-7 所示。

图 2-1-7　开闭器

2. 高压配电装置

高压配电装置是指：在变压器高压侧，对电路进行控制和保护的电器。

（1）开关类电器

按控制功能和结构的不同，开关分为隔离开关、负荷开关和断路器。

1）隔离开关

隔离开关结构简单，只能接通或切断电流很小的电路，在线路中常用来隔离电源，以便在开关后的线路上进行安装和维修工作。

2）负荷开关

负荷开关的结构比隔离开关复杂些，具有切断正常工作电流的能力，在线路中用来对正常工作的线路进行通、断操作，也可以直接用来控制用电器。

3）断路器

断路器具有很强的自我保护功能，同时还具有对电路的保护功能，在线路中常用来自动切断发生故障的电路。

高压断路器的种类较多，有少油断路器、真空断路器、六氟化硫断路器等。在 10kV 供电系统中用得较多的是真空断路器。

（2）保护类电器

变配电工程中使用的保护类电器有两种：熔断器和避雷器。

1）熔断器

熔断器是利用导体通过大电流会发热熔化的原理，用来保护线路和电器不被过大的短路电流烧坏。

2）避雷器

避雷器是用来防止架空线路遭雷击时对设备造成损害的电气设备，装在高压架空线路末端和低压架空线路的起始端。常用的是阀式避雷器。

（3）互感器

互感器是一种专用的特殊变压器，在变配电系统中，作为二次回路中测量仪表及保护继电器的电源和信号源。

1）电压互感器

电压互感器在高压系统中使用，其作用是将高电压变成 100V 的低电压。常用电压互感器有两种类型，一种是单相三线圈环氧树脂浇注式，另一种是三相五柱三绕组油浸式。

2）电流互感器

电流互感器在高、低压系统中都要使用，其作用是将大电流变成 5A 的小电流。

（4）高压开关柜

除变压器以外的高压电气设备在室内安装时，大都安装在高压开关柜里。

1）高压开关柜

由于高压电器几何尺寸大而且绝缘间距大，一面高压柜内只能安装一、两台设备。高压开关柜按安装的主电器，分为：断路器柜、互感器柜、仪表计量柜、电容柜等。高压开关柜体积较大，其宽度为 1000～1200mm，高度为 2600～3100mm，分为固定式和手车式。如图 2-1-8 和图 2-1-9 所示。

图 2-1-8 固定式高压开关柜

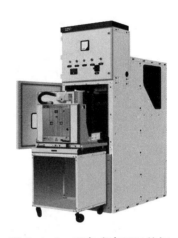

图 2-1-9 手车式高压开关柜

2）环网柜

还有另外一种高压开关柜，叫做环网柜。它的作用与开闭器相似，在室内做高压电缆分接用。如图 2-1-10 所示。

图 2-1-10 环网柜

3）开关柜安装

开关柜为成排安装。柜下是电缆沟，沟上要用槽钢或角钢做梯子状的钢基础，混凝土沟边上要先预埋扁钢，槽钢焊接在扁钢上。如图 2-1-11 所示。

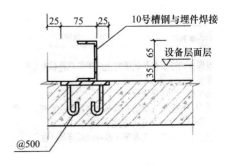

图 2-1-11 柜基础

（5）母线

开关柜中的接线称作母线，柜之间连接的母线称作主母线，从开关电器连接到主母线的母线，称作支母线。支母线在厂家生产时已安装就位。

① 一般小容量变配电室常用铜或铝质的矩形母线（也称为带形母线）。矩形铜母线的型号为 TMY，铝母线的型号为 LMY，型号中 T 表示铜，L 表示铝，M 表示母线，Y 表示硬。矩形母线的截面从 15mm×3mm 到 120mm×10mm。

由于低压开关柜的厚度只有 600mm，矩形母线为裸导线，各相母线之间要有足够的间距，因此矩形母线的宽度不能过宽，厚度也不能过厚，否则不易加工，当需要增大母线截面时，可采用每相两根母线叠放的方式。

② 母线安装要使用绝缘子，为了安全，母线的裸露部分，要加套绝缘热缩管。如图 2-1-12 和图 2-1-13 所示。

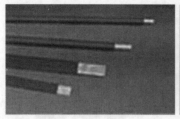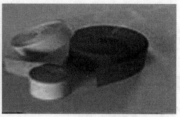

图 2-1-12　母线和绝缘热缩管

（a）　　　　　　　　　　　　（b）

图 2-1-13　母线绝缘子

（a）柱形；（b）槽形

在槽形绝缘子上可以看出，每相两片母线的排列方法。

③ 母线会热胀冷缩，长度超过 20m，要加伸缩软接头，如图 2-1-14 所示。

图 2-1-14　母线伸缩软接头

④ 使用架空线引入变配电室时，要使用穿墙套管过墙，如图 2-1-15 所示。

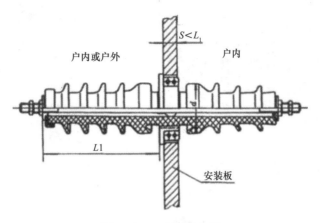

图 2-1-15　穿墙套管

⑤ 双电源供电系统，两台变压器之间要用母线进行连接，以前使用母线桥，现在使用共箱母线，如图 2-1-16 和图 2-1-17 所示。

图 2-1-16　共箱母线　　　　　　　图 2-1-17　用共箱母线连接两排柜

⑥ 低压大电流输出常使用封闭插接式母线槽，如图 2-1-18 和图 2-1-19 所示。

图 2-1-18　封闭插接式母线槽　　　图 2-1-19　封闭插接式母线槽用分线开关箱

（6）低压开关柜

低压电气设备安装时，必须安装在低压开关柜里。

低压开关柜按结构分为固定式和抽屉式。安装方式与高压开关柜相同。如图 2-1-20 和图 2-1-21 所示。

图 2-1-20　固定式低压开关柜

图 2-1-21　抽屉式低压开关柜

老式低压开启式配电屏，如图 2-1-22 所示。

图 2-1-22　低压开启式配电屏

第二节　内线工程

内线工程是指建筑物内的电气线路工程，要依托建筑物进行施工。

1. 导线

（1）绝缘导线

绝缘导线是在裸导体外面加一层绝缘层，绝缘材料有聚氯乙烯塑料、聚乙烯塑料和橡胶。塑料绝缘导线简称塑料线，型号有 BV、BY 和 BLV 型。B 表示布线用导线（布置线路用导线），V 表示聚氯乙烯塑料绝缘，Y 表示聚乙烯塑料绝缘，L 表示铝导线（没有 L 为铜导线）。

橡胶绝缘导线简称橡皮线，型号有 BX、BLX、BXF 和 BLXF 几种，X 表示橡胶绝缘，F 表示氯丁橡胶绝缘，氯丁橡胶绝缘比较耐老化而且不易燃烧。

绝缘导线以导体线芯的截面积为规格，$6mm^2$ 以下导线为单芯硬线，大于 $10mm^2$ 的为多股绞合线。

如：BV-$2.5mm^2$，为截面积 $2.5mm^2$ 的聚氯乙烯塑料绝缘铜芯导线，简称 2.5 平方的塑铜线。

（2）特种绝缘导线

除常用的 BV 导线外，还有一些特殊用途的导线，如：NH–BV 耐火导线、BV-105 耐105 度高温导线。

（3）护套线

护套线就是在绝缘导线的外面再套一层绝缘护套，护套里面可以是一根导线，也可以是几根导线，有：BVV 聚氯乙烯护套、NH–BVV 耐火护套、ZR-BVV 阻燃护套、BXY 铜芯橡胶绝缘聚乙烯护套。注意是硬护套线。

（4）软导线

软导线有二芯软导线、多芯软导线和软护套线。

二芯软导线分为 RVS 双绞线和 RVB 并行线，其中：R 表示软线，S 表示双绞线，B 表示并行线。二芯软导线主要用于电话线和广播线。

多芯软导线多用于控制线。

软护套线是在软导线外绝缘加护套，有单芯、二芯和多芯，用 RVV 表示。

2. 导管

导管就是管子。

穿电线的导管有许多种，有钢管、塑料管、金属软管等。导管的规格用管子的公称直径 mm 表示，厚壁钢管对应的是管内径，其他导管对应的是管外径。

（1）钢管

① 薄壁镀锌钢管，也叫电线管，由于连接工艺不同，又分为镀锌电线管、紧定式薄壁钢管 JDG、扣压式薄壁钢管 KBG。

JDG 管壁厚 1.6mm。

KBG 管壁厚随管径增加，从 1.0mm 到 1.6mm。

镀锌电线管壁厚随管径增加，从 1.6mm 到 3.2mm。

② 焊接钢管

又称厚壁钢管，壁厚随管径增加，从 2.8mm 到 4.5mm。还有加厚管，也称水煤气钢管，从 3.5mm 到 6.0mm。

焊接钢管分为普通焊接钢管和镀锌焊接钢管。

普通焊接钢管使用时，管内外要刷防锈漆，俗称黑管。

镀锌焊接钢管表面镀锌，使用时不需要再进行防腐处理。

普通焊接钢管可以焊接，连接时采用套管焊接连接。

镀锌焊接钢管不可以焊接，连接采用套管套丝连接，要做跨接地线。

（2）PVC 阻燃型塑料管

PVC 阻燃型塑料管也叫 PVC 聚氯乙烯硬质电线导管。虽然是硬质管，但可以不加热进行弯曲。连接使用套管加胶粘合。

（3）金属软管

金属软管有两种：金属软管和可挠金属套管。

金属软管，用窄钢带缠绕而成，可以任意弯曲，没有弹性，不会对管内导线产生张力，用于导管软连接。

可挠金属套管，在金属软管内外增加塑料防水层，仍可以弯曲，用于需要防水的场合，替代金属软管。

3. 接线盒、箱

① 导线在导管内不准有接头，因此必须要提供接线的空间，小直径管使用接线盒，大直径管使用接线箱。

② 接线盒还要作为预埋件，用来安装固定照明器具。接线盒的材质与导管配套，钢管配钢接线盒，塑料管配塑料接线盒。明敷设管配明装接线盒，暗敷设管配暗装接线盒。

③ 安装不同的电器，使用不同的接线盒。有开关盒、插座盒、灯头盒，开关盒、插座盒为矩形盒，灯头盒为八角形盒，如图 2-2-1 所示。

（*a*）　　　　　　　　（*b*）　　　　　　　　（*c*）

图 2-2-1　接线盒

（*a*）钢制暗装接线盒；（*b*）塑料明装接线盒；（*c*）塑料暗装接线盒

4. 防水弯头

伸出建筑物结构表面的管子，末端要加装防水弯头，防止水进入管内。如图 2-2-2 所示。

5. 线槽

（1）塑料线槽

塑料线槽明敷设在建筑结构表面，先固定槽底，放入导线后再盖上槽盖，末端装明装塑料接线盒，如图 2-2-3 所示。

图 2-2-2　铸铁防水弯头

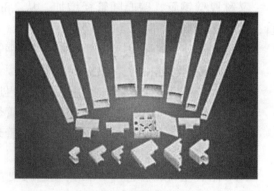

图 2-2-3　塑料线槽及附件

（2）地面金属线槽

地面金属线槽实际是使用矩形钢管替代圆形钢管，暗敷设在地面垫层中，使用专用的连接件和接线盒，主要用于导线根数较多的建筑智能化工程，如图 2-2-4 所示。

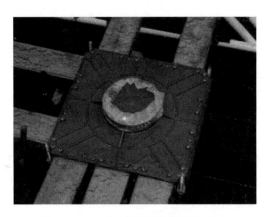

图 2-2-4 地面金属线槽及接线盒

6. 钢索架设

钢索配线主要用于大跨度的高大厂房的照明配线，借助钢索的支持，采用悬挂线管配线或塑料护套线配线。钢索配线的钢索，通过支架、抱箍、预埋件固定在墙、柱、梁、电杆上，用花篮螺栓从建筑物一边或两边把钢索拉紧，再把导线敷设和灯具悬挂在钢索上，如图 2-2-5 所示。

图 2-2-5 钢索在墙上安装示意图

1—终端耳环；2—花篮螺栓；3—心形环；4—钢丝绳卡子；5—钢丝绳

7. 导管敷设

导管敷设分为明敷设和暗敷设。

（1）导管明敷设

导管明敷设在墙面上，要用专用的卡子固定。

导管明敷设在顶板下，要用专用的金属吊杆和卡子固定。

（2）导管暗敷设

导管暗敷设在现浇混凝土结构中，可以用绑线直接绑扎在钢筋上固定。

导管暗敷设在砌块结构中，可以在砌筑过程中夹在砌块缝隙中。

导管暗敷设在大型砌块结构中，要先进行砌筑，然后再在砌块墙面上剔槽，放入管、盒，再用水泥砂浆填补封固。

8. 管内穿线

墙面抹灰工作完成后就可以进行管内穿线，穿线时先穿入一根钢丝带线，然后用钢丝把绝缘导线拉入管内。

① 穿钢丝。钢丝使用 $\phi1.2$（18 号）或 $\phi1.6$（16 号）钢丝，将钢丝端头弯成小钩，从管口插入，由于管子中间有弯，穿入时钢丝要不断向一个方向转动，一边穿一边转，如果没有堵管，很快就能从另一端穿出。如果管内弯较多不易穿过则从管另一端再穿入一根钢丝，当感觉到两根钢丝碰到一块时，两人从两端反方向转动两根钢丝，使双钢丝绞在一

起，然后一拉一送，即可将钢丝穿过去，如图 2-2-6 所示。

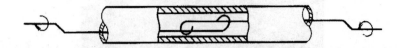

图 2-2-6　管两端穿钢丝示意图

② 穿导线。钢丝穿入管中后，就可以带导线了。

一根管中导线根数多少不一，最少两根，多至五根，按图上所标的根数，一次穿入。导线拉过去后，留下足够的长度，把线头打开取下钢丝，线尾端也留下足够的长度剪断，一般留头长度为出盒 150mm 左右。

所有导线到中间接线盒后全部截断，再接着穿另一段，两段导线在接线盒内进行接线连接。

如果接线盒上安装电器，则要在两段导线接线同时接出一根 150mm 长的短导线，准备接电器使用。

9. 导线与设备连接

电气设备上都备有接线用的接线端子，不同的设备接线端子的种类也不同。

（1）针孔式接线柱压接

针孔式接线柱常见于瓷插式熔断器、胶盖闸、电能表、插座开关面板等电气设备。接线柱为方形或圆形，中心有一个圆孔，上方有螺钉旋入圆孔，导线插入圆孔用螺钉压住，如图 2-2-7 所示。

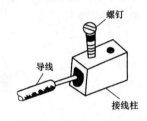

图 2-2-7　针孔式接线柱

（2）平螺栓压接

很多电器的接线都是使用平螺栓压接，一种是用平螺栓旋入压住导线，另一种使用螺母沿固定的螺杆旋下压住导线。如图 2-2-8 所示。

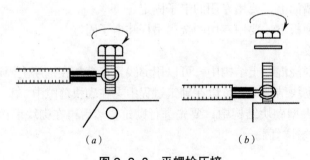

（a）　　　　　　　　（b）

图 2-2-8　平螺栓压接

（a）螺栓压接；（b）螺母压接

① 单芯硬线压接

单芯硬线用平螺栓压接时，要先把线芯顺时针方向弯一个圆圈，套在螺栓上，再把螺栓或螺母旋紧。如图 2-2-9 所示。

② 多芯硬线压接

大于等于 $10mm^2$ 的多芯硬线，压接不能盘圈，要使用接线端子，如图 2-2-10 所示。

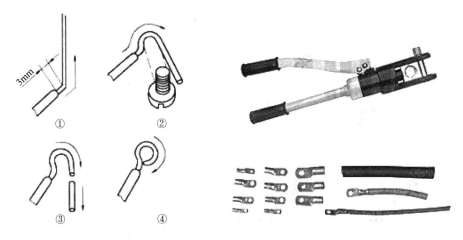

图 2-2-9 盘圈   图 2-2-10 焊压铜接线端子

接线端子一端是管状，导线的线芯可插入其中；另一端是平面带孔，可以用螺栓固定在电器接线端子上。

铝线用铝接线端子，线芯放入线管，用压钳把线管压扁，卡住线芯。

铜线用铜接线端子，线芯放入线管，用压钳把线管压扁后，还要用焊锡焊牢。叫做焊压铜接线端子。

第三节 电器安装工程

1. 配电箱

① 配电箱是分配控制电能的设备，由箱体、箱内配电板和箱门组成，安装方式有落地式（配电柜）、嵌入式（暗装）、悬挂式（明装）。如图 2-3-1 所示。

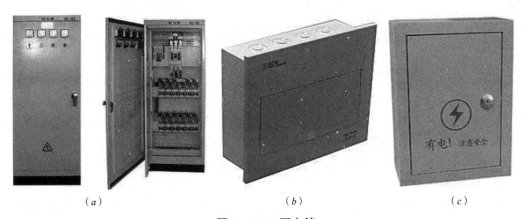

（a）   （b）   （c）

图 2-3-1 配电箱

（a）落地式；（b）嵌入式；（c）悬挂式

② 落地式安装

落地式配电柜有两种安装方式，图 2-3-1（a）中是平底的，安装方式与低压开关柜相同，在柜子下面做钢基础，导管从柜子下面向上出地面。

另一种是下面带腿的，直接摆放在地面上就可以，同样导管从柜子下面向上出地面，如图 2-3-2 所示。

导管从柜子下面向上出地面的高度为 100mm。

③ 嵌入式安装

嵌入式配电箱安装，在结构施工时，要先在结构上预留一个孔洞，结构施工完成后，把箱体与管子接好，用水泥砂浆封堵固定。建筑装饰施工后期，管内穿完导线，再安装箱内的配电板和箱门。

由于结构不同，预留洞有两种方法：现浇混凝土结构，在绑扎钢筋时，要留出箱子的位置，支模板时留出足够大小的孔洞；砌体结构，在砌筑时留出孔洞，洞口上方放置预制好的混凝土过梁，如图 2-3-3 所示。

图 2-3-2 带腿的柜子

图 2-3-3 砌块结构预留洞

④ 悬挂式安装

悬挂式安装是使用螺栓或支架、抱箍，将箱体固定在墙面或柱子上。一般与明敷设导管配合使用。

现在工程中经常遇到一种特殊情况，线路要从明敷设通过配电箱变成暗敷设，如电气竖井中电缆桥架中的电缆进配电箱，输出的线路要穿导管暗敷设进入房间。电缆桥架是明敷设，配电箱一定是悬挂式安装，要与暗敷设导管连接，暗管的管口要接暗装接线箱，暗装接线箱箱口与明装配电箱背后预留的孔洞对接。这样就完成了线路的明暗的转换。

其他各种箱的安装方法与配电箱相同，如：控制台、控制箱、插座箱、端子箱。

2. 照明开关

1）室内使用的照明开关是开关面板，要安装在预埋好的接线盒上，常用的是 86 型面板，尺寸是边长 86mm。

2）跷板开关。用手直接操作的开关，不论是船形开关还是扳把开关，工程中都称为跷板开关。

3）拉线开关。用绝缘的塑料绳操作拉动的开关，称为拉线开关。

4）一个面板上只有一个开关称为单联开关，一个面板上有两个开关称为双联开关，以此类推多至一个面板上可以有五个开关称为五联开关。

"联"也称为"极"，单联开关也称为单极开关。

5）除了普通开关外，还有各种有特殊功能的开关，有带指示灯的开关、防水开关、延时开关、调光开关等。

6）一般开关，一个操作只能完成一个功能，如按一下开关，灯亮；再按一下开关，灯灭。称为单控开关。

另一种开关称为双控开关，即一个操作能完成两个功能，按一下开关，一条线路上的灯亮，而另一条线路上的灯灭；再按一下开关，则亮的灯灭，灭的灯亮。这种开关用来在两个位置控制一盏灯，如上、下楼梯灯。

7）开关的安装位置

① 跷板开关

跷板开关的安装高度是1.3m，即开关的下平面距本层地面的高度是1.3m。安装位置在门打开侧，门所在的室内墙上，距门口150～200mm，如图2-3-4所示。

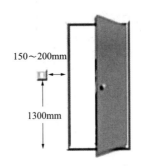

150～200mm

1300mm

图2-3-4 跷板开关安装位置

如果门内是走廊，可以把开关装在门打开侧垂直门口的墙上。

如果门打开侧没有能安装开关的墙面，比如是玻璃隔断，这时开关装在门打开侧门后的墙面上，距门边向前150～200mm。

② 拉线开关

拉线开关的安装位置与跷板开关相同，安装高度距顶棚100mm。拉线开关比较安全，常用于潮湿环境和有特殊要求的场所。

③ 厨房、卫生间的开关

一般开关都安装在房间内的墙面上，厨房、卫生间较潮湿，要求开关装在房间外的墙面上。如果一定要安装在厨房、卫生间内，应使用拉线开关或防水跷板开关。

8）开关的安装接线

接开关的线路比较简单，开关是线路的末端，到开关的是从灯头盒引来的电源火线，和经过开关返回灯头盒的回火线，如果是多联开关，则到开关的是火线和返回灯具的多根回火线。

先把接线盒中留好的导线理好，留出足够操作的长度，长出盒沿100～150mm。

9）双控开关的使用

双控开关有三个接线端子，中间的是公共端子，公共端子与另外两个端子，总是有一个是接通的，另一个是断开的，按一下开关钮，接通的一对端子断开，而断开的一对端子接通。双控开关的接线图，如图2-3-5所示。

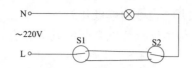

图 2-3-5　双控开关接线图

双控开关用来在两个位置控制一盏灯，最常用的就是楼梯灯控制，在一层楼梯口和二层楼梯口各装一只双控开关，控制一层楼梯休息平台上的楼道灯。上楼时在一层开灯，上到二层后按二层的开关关灯。如图 2-3-6 所示。

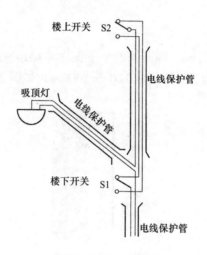

图 2-3-6　楼梯灯

10）节能延时开关

节能延时开关可以自动关闭电源起到节能的作用。

电子式节能延时开关不需要用手操作，通过声音启动开关，用电子器件延时关闭电源。开关内装有光线敏感器件和声音敏感器件，白天光线强时开关不动作，天黑光线暗了如果有声音，开关就会动作接通电源，一般延时一分钟后灯自动关闭。

电子式节能延时开关有两种：面板式；或把开关直接装在平灯座内，不需要在墙上另装开关。

3. 插座

插座分为单相插座和三相插座。

1）单相插座分为两孔插座和三孔插座，按国家标准插头必须是扁头的，插座也应该是扁孔的，但为了适应旧有的圆插头，有些两孔插座做成扁圆孔。

2）单相插座常用的规格为：250V/10A 的普通照明插座，250V/16A 的空调、热水器用三孔插座。

3）同样一个面板上只有一个插座称为单联插座，一个面板上有两个插座称为双联插座。方形 86 插座面板有单联插座和双联插座，组合方式有：单联两孔、单联三孔、双联两孔和双联二、三孔。这些插座的商品名为：单相两孔、单相三孔、单相四孔、单相五孔插座。各种插座，如图 2-3-7 所示。

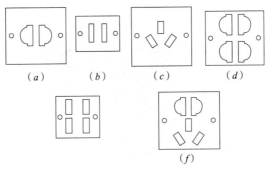

图 2-3-7 各种插座

（a）扁圆两孔；（b）扁两孔；（c）扁三孔；（d）扁圆四孔；（e）扁四孔；（f）扁圆五孔

还有带指示灯插座、带开关插座、三相四线插座。如图 2-3-8 所示。

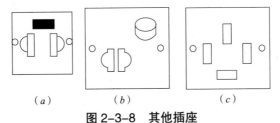

图 2-3-8 其他插座

（a）带指示灯插座；（b）带开关插座；（c）三相四线插座

4）一般插座称为普通插座，另有安全型插座、防溅水型插座。

安全型插座的插孔内装有安全挡板把插孔封住，主要是防止小孩往插孔中捅东西引起触电。使用时插头要从插孔斜上方向下撬动挡板再向内插入，要用较大力量才行。安全型插座，如图 2-3-9 所示。

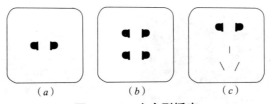

图 2-3-9 安全型插座

（a）两孔插座；（b）四孔插座；（c）五孔插座

防溅水型插座是在插座外加装防水盖，安装时要用插座面板把防水盖和防水胶圈压住。不插插头时防水盖把插座面板盖住，插上插头时防水盖盖在插头上方。如图 2-3-10 所示。

5）为了方便插拔插头，照明插座的安装高度为 0.3～1.8m，安装高度为 0.3m 的称为低位插座，安装高度为 1.8m 的称为高位插座。按需要，插座可以安装在设计要求的任何高度，如厨房插座要装在橱柜以上吊柜以下，在 0.85～1.4m 之间，一般可以装在 1.2m 高。安装位置要考虑将来用电器的位置和家具的摆放位置。

现在家里安装壁挂式空调和电热水器的较多，这些电器的安装位置较高，插头也不需要经常插拔，配用的电源插座的高度可以较高，在 2～2.3m 之间。

（a）　　　　　　　　　　　　（b）　　　　　　　　　　　　（c）

图 2-3-10　防溅水型插座

（a）闭合状态；（b）打开；（c）打开状态

安装高度为 0.3m 的插座要选用安全型插座，安装在卫生间的插座要选用防溅水型插座，空调和电热水器要选用 250V/16A 的插座。

6）插座的接线有两种情况：不需要分支直接接线；需要分支接线。

①直接接线的插座，在线路末端的插座，导线不需要分支直接接入插座的接线端。

②分支接线的插座，在线路中间的插座，导线要穿管进入插座盒，然后再穿另一根管到下一个插座盒，两段导线要在插座盒内进行连接，同时还要接插座。

为了便于接插座，要预备三根短导线长度约 150mm，把每根短导线与盒内同颜色的进线和出线用并头接法连接好，把接好的三组线先盘在盒底，再把导线的末端按正确的位置接在插座的接线端子上。

7）工业连接器

工业连接器是软电缆连接的一种插座，防护性较好。可以是两段软电缆连接用，如图 2-3-11 所示。也可以是固定安装在接线盒上，如图 2-3-12 所示。

图 2-3-11　电缆对接式

图 2-3-12　固定安装式

8）插座箱

由于体积较大，一个插座面板上只能装一个三相插座，如果一个位置需要几个三相插座，就需要安装接线空间较大的插座箱，箱内一般装有断路器进行控制。

4．灯具安装

1）电光源

电光源按其发光原理可分为：热辐射光源、气体放电光源、高强度放电光源和其他光源。

① 热辐射光源是利用电流将金属物加热到白炽程度而发光的光源，如白炽灯、碘钨灯。

② 气体放电光源是利用电流通过气体而发光的光源，这类光源具有发光效率高，使用寿命长等优点。如荧光灯、高压汞灯、高压钠灯。

③ 热辐射光源直接通电就可以点燃。气体放电光源点燃需要其他附件，荧光灯需要启辉器和镇流器，高压汞灯、高压钠灯需要镇流器或触发器。

2）灯具

灯具最基本的作用，就是给电光源通电，起到一个支持固定作用。如白炽灯的灯口。

灯具另一个主要作用，就是装饰效果，配合室内装修，达到良好的装饰效果，这样就需要各种不同样式的灯具。

3）吊装

① 软线吊灯

软线吊灯是最常用的灯具安装方式，是用软导线直接悬挂灯具的方法，如图 2-3-13 所示。

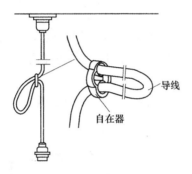

图 2-3-13 软线吊灯

安装软线吊灯要用以下部件：圆台、吊盒、软导线和吊灯口。现在使用的是一体化的吊盒，底座很大像一个圆台。

② 链吊、管吊灯

软线吊灯只能悬挂很简单的灯具，复杂的重量重的灯具，就要采用链吊、管吊灯，这样就可以制成多灯头的花灯。

4）座装

① 座灯头

座灯头也叫平灯口，可以直接装在顶板或墙面的接线盒上，如图 2-3-14 所示。

图 2-3-14 座灯头

② 普通吸顶灯，如图 2-3-15 所示。

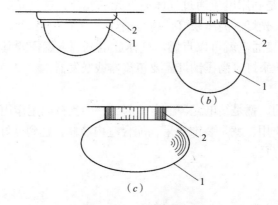

图 2-3-15　普通吸顶灯

（a）半圆罩；（b）圆罩；（c）扁圆罩
1—灯罩　2—底盘

普通吸顶灯有一个铁底盘，铁底盘装在屋顶的接线盒上，铁底盘上横装一个瓷灯口，吸顶灯有外罩不易散热，不能使用胶木灯口。在铁底盘沿上用螺钉固定灯罩。

5）嵌入式安装

白炽灯或紧凑式荧光灯在吊顶内安装，经常使用嵌入式筒灯，如图 2-3-16 所示。

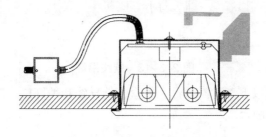

图 2-3-16　嵌入式筒灯

嵌入式灯具都有自己的灯箱，安装时先装灯箱后装灯体。

6）壁装

壁装的灯具叫壁灯，如图 2-3-17 所示。

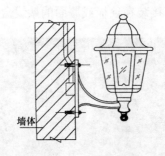

图 2-3-17　壁灯

小型壁灯可以直接安装在墙壁上的灯头盒上，大型壁灯要在墙上另外进行锚固。

7）荧光灯安装

① 荧光灯也叫日光灯，是一种气体放电发光的光源，灯具由灯管、镇流器和起辉器组成，另外还有支持灯管的底板、灯角、起辉器座等。荧光灯的发光效率是白炽灯的 3 ～ 5 倍，是一种节能型电光源。荧光灯的寿命较长，可达 3000 ～ 5000h。

② 由于灯具是长形，所以装荧光灯时灯头盒要在灯的一端，另一端直接在顶板上固定吊盒。灯头盒下面用荧光灯链吊专用吊盒，配吊链。荧光灯接线在吊盒内完成，这部分与吊白炽灯相同，由于荧光灯灯具较重，不能用导线直接吊挂，因此使用铁链吊挂，有时也可以使用钢管或铝管吊装。

③ 镇流器是一个铁芯线圈，新型的是电子镇流器。

④ 由于荧光灯电路中有一个大电感线圈，因此灯的功率因数很低，只有 0.45 左右，大量使用荧光灯时应加电容来提高功率因数。

⑤ 为了美观把镇流器和接线都封在灯具外壳内。成套灯具到货时，内部接线已接好，但与电源相接的导线没有装，由安装者安装，线接好后再把灯具外壳安装好。

⑥ 为了节能，现在荧光灯大多使用电子镇流器，荧光灯的功率因数大大提高。使用电子镇流器的荧光灯启动速度要比用电感镇流器快。

⑦ 电子镇流器有四根输出线，直接接在灯管的四个管脚上。

⑧ 为了满足装饰性要求有一种环形荧光灯，灯管是闭合的圆形，四个管脚集中在一起，用专用的四孔管角连接。

环形荧光灯一般做成吸顶灯，用于门厅、走廊等部位。

⑨ 节能型荧光灯

节能型荧光灯体积很小，也称为紧凑型荧光灯，这种荧光灯的发光效率比直管型荧光灯高将近一倍，可以节约电能。

紧凑型荧光灯经常做成灯泡的样子，直接使用白炽灯灯口。

8）灯具在吊顶上安装

灯具在顶板上安装，直接安装在灯头盒上。但灯具在吊顶上安装，灯具与顶板上的灯头盒分离，要安装在吊顶上的灯头盒上。顶板上的灯头盒与吊顶上的灯头盒之间，要增加一段导线连接，这段导线要穿在金属软管里加以保护。

9）高压汞灯和高压钠灯

高压汞灯和高压钠灯也是气体放电灯，一般功率较大，用于大面积照明，如广场、道路、厂房。

这些灯具也需要使用镇流器或触发器，但镇流器或触发器与灯具是分体安装的。

与此类似的还有金属卤化物灯、氙灯等。

5. 风机盘管和风机盘管调控器

① 风机盘管是中央空调系统的室内机，安装在房间内，由空调工程安装，但供电线路由电气工程完成。

② 风机盘管调控器就是风机盘管的开关，控制风机盘管上电动机的转速，来调整风量。有时还要调整风机盘管上的电磁阀，来调整温度。

③ 风机盘管一般安装在顶板下，风机盘管调控器安装在墙上电灯开关的位置。

6. 风扇安装

① 吊扇安装

吊扇安装与吊花灯相似，要先在混凝土顶板上安装吊扇钩，在吊扇钩上悬挂吊扇杆，最后把扇叶固定好。

在墙上要安装吊扇调速开关。

② 卫生间排风扇安装

卫生间排风扇有两种类型，一种直接装在风道口上，另一种装在吊顶上。装在吊顶上的排风扇。一般在装修时由通风工程负责安装。如图 2-3-18 所示。

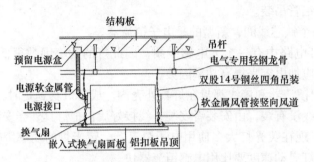

图 2-3-18　吊顶上的排风扇

排气扇的接线与吊顶内预置的管线连接，用门外的开关控制。

③ 壁扇安装

壁扇安装与壁灯安装相似，与壁灯不同的是，壁扇自带开关，不需要另外再在墙上安装开关。

④ 单相排风扇安装

单相排风扇用于室内需要通风换气的场合，可以装在吊顶上，也可以装在窗洞上、墙洞上，很多单相排风扇是双向的，单相排风扇自带开关。

7. 水位电气信号装置安装

水位电气信号装置安装用于大型建筑给排水系统，大型建筑给排水都要用水泵完成与市政管网的对接。

水位电气信号装置是用来控制水泵的启动和停止，装在建筑物内的水池、水箱内。如图 2-3-19 所示。

8. 低压控制电器

低压控制电器大多装在配电箱、控制箱里。

① 自动空气开关、漏电保护开关是配电箱里主要的电器，各干线和支线均由它们控制。

② 刀型开关、低压熔断器一般装在配电柜上，做隔离、保护用。

③ 组合控制开关、万能转换开关、接触器装在控制箱里，做机械设备控制用。

④ 磁力启动器、减压启动器是可以单独安装的电动机控制设备，直接装在墙面上或放在地上。

⑤ 控制器、电阻器、频敏变阻器用于绕线式电动机控制。多用于起重设备。

⑥ 按钮、电笛、电铃、测量表计、继电器、屏上辅助设备都是配电箱、控制箱上的监测显示设备。

⑦ 控制箱是用来安装低压控制电器的箱体，结构、类型与配电箱类似，安装方式基本相同。

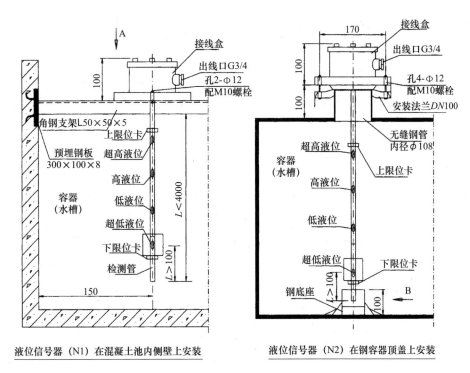

液位信号器（N1）在混凝土池内侧壁上安装　　　　液位信号器（N2）在钢容器顶盖上安装

图 2-3-19　水位电气信号装置安装

9. 蓄电池安装

高压开关一般是电动的，直流电源由蓄电池组提供。大型建筑内的应急电源 UPS、EPS 的电源也是由蓄电池组提供。

蓄电池都是组合成一个整体使用，称为蓄电池组，一个蓄电池组一般 24V，要组成 220V 供电，需要许多个蓄电池组串联、并联组合，放在电池架或电池柜内。

10. 太阳能电池安装

太阳能电池按规格制成太阳能电池板，组装在预先安装好的金属支架上。

第四节　外线工程

外线工程是指建筑物外的电气线路工程，脱离建筑物进行施工，但又要与建筑物发生关联。分为电缆线路工程和架空线路工程。

1. 电缆

① 电缆是在绝缘导线的外面加上增强绝缘层和防护层的导线，一般由许多层构成，一条电缆内可以有若干根芯线，电力电缆一般为单芯、双芯、三芯、四芯、五芯和六芯。

② 线芯的截面形状有圆形、半圆形、扇形等多种。线芯的外部是绝缘层。多线芯合并后外面再加一层绝缘层，绝缘层外是绝缘护套，护套外有时还要加钢铠，以增加电缆的抗拉和抗压强度，钢铠外还要加外层绝缘护套层。由于电缆具有较好的绝缘层和防护层，敷设时不需要另外再采用其他绝缘措施。

③ 除了电力电缆，常用电缆还有控制电缆、信号电缆、电视射频同轴电缆、电话电缆、移动式软电缆等。控制电缆用于各种控制线路，特点是截面小但芯数多。

④ 电缆的型号是由许多字母和数字排列组合而成的，型号中字母的排列次序和字符含义见表 2-4-1 和表 2-4-2。

电缆型号含义　　　　　　　　　　　　　　　　表 2-4-1

类别	绝缘种类	线芯材料
电力电缆（不表示）	Z—纸绝缘	T—铜（一般不表示）
K—控制电缆	X—橡皮绝缘	
P—信号电缆	V—聚氯乙烯	L—铝
Y—移动式软电缆	Y—聚乙烯	
H—市内电话电缆	YJ—交联聚乙烯	
内护层	其他特征	外护层
Q—铅包	D—不滴液	2 个数字
L—铝包	F—分相护套	（见表 2-4-2）
H—橡套		
V—聚氯乙烯套	P—屏蔽	
Y—聚乙烯套	C—重型	

外护层代号含义　　　　　　　　　　　　　　　　表 2-4-2

第一个数字		第二个数字	
代号	铠装层类型	代号	外皮层类型
0	无	0	无
1	—	1	纤维绕包
2	双钢带	2	聚氯乙烯护套
3	细圆钢丝	3	聚乙烯护套
4	粗圆钢丝	4	—

电缆型号写在前面，后面的数字下标是外护层的含义，只有铠装电缆才有。

电力电缆的规格以一根相线线芯的截面积为准。还要说明芯数，如 5 芯 $25mm^2$，每根线芯是 $25mm^2$；4 芯 $95mm^2$，每根线芯是 $95mm^2$。

$VV_{22}3×185$ 型电缆表示铜芯、聚氯乙烯绝缘、聚氯乙烯护套、钢带铠装、聚氯乙烯外护套电缆。3 芯截面 $185mm^2$。

2. 电缆线路的敷设方法

电缆线路的敷设方法有许多种，常用的有直接埋地敷设、电缆沟敷设、电缆隧道敷设、排管敷设和室内外明敷设。

（1）电缆直接埋地敷设

① 电缆直接埋地敷设是把电缆直接埋入地下，是在电缆根数较少，土壤中不含有腐蚀电缆的物质时采用的敷设方法。直接埋地敷设要使用铠装电缆。埋地深度一般大于 0.7m，农田中大于 1m。如图中没有标明一般取 0.8m。

② 电缆埋地敷设是在地上挖一条深度 0.8m 左右的沟，沟宽 0.6m，如果电缆根数较多，

沟宽要加宽，电缆间距不小于100mm。沟底平整后，铺上100mm厚筛过的松土或细砂土，作为电缆的垫层。电缆应松弛地敷在沟底，以便伸缩。在电缆上再铺上100mm厚的软土或细砂土，上面覆盖混凝土盖板或粘土砖，覆盖宽度应超过电缆直径两侧50mm，最后在电缆沟内填土夯实，覆土要高出地面（150～200mm），并在电缆线路的两端、转弯处和中间接头处竖立一根露出地面的混凝土标示桩，以便检修。如图2-4-1所示。

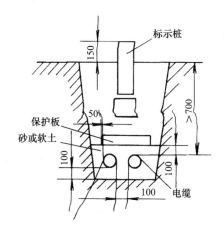

图2-4-1 电缆直接埋地敷设

③ 由于电缆的整体性好，不易做接头，每次维修需要截取很长一段电缆。在施工时，要预留出将来维修用的长度。一般电缆终端头预留1.5m，中间头预留2m，进建筑物预留1.5m。直埋敷设时，预留电缆采用把直线改成弧线的方法，将来需要用时，把弧线改回直线，直埋电缆的预留方式，如图2-4-2所示。

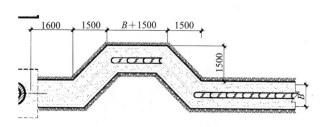

图2-4-2 直埋电缆预留做法

④ 电缆穿过铁路、公路、城市街道、厂区道路和排水沟时，应穿钢管保护，保护管两端宜伸出路基两边各2m，伸出排水沟0.5m。

⑤ 架空线有时不能直接引到建筑物，这时要使用一段电缆直接埋地引入建筑物，直埋电缆引至电杆的做法，如图2-4-3所示。

⑥ 直埋电缆进入建筑物时，由于室内外湿度差较大，电缆应采取防水防潮的封闭措施，制作密封电缆保护管。其做法如图2-4-4所示，穿墙的钢管与建筑物内敷设的钢管是一根钢管，在外墙内置入钢板，与穿过钢板的钢管焊接，用沥青或防水水泥密封。室外的管口要做密封，如图2-4-5所示。

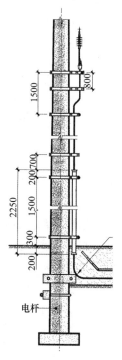

图2-4-3 直埋电缆引至电杆的做法

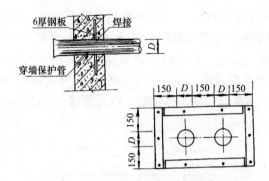

图 2-4-4　直埋电缆引入建筑物内的做法

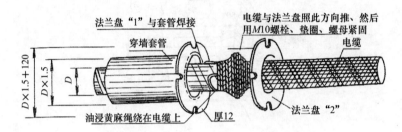

图 2-4-5　封闭式电缆穿墙保护管的做法

（2）电缆在排管内的敷设

直埋电缆敷设适用于允许经常开挖地面的场合，如果地面不允许经常开挖，为了避免在检修电缆时开挖地面，可以把电缆敷设在地下的排管中。用来敷设电缆的排管是用预制好的混凝土管块拼接起来的，也可以用多根硬塑料管或钢管绑扎成一定形式。图 2-4-6 是电缆排管敷设方法。

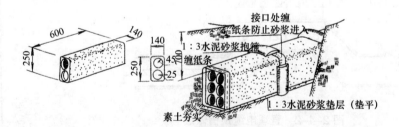

图 2-4-6　电缆排管敷设

排管顶部距地面，在人行道下为 0.5m，一般地区为 0.7m。施工时，先按设计要求挖沟，并在沟底以素土夯实，再铺 1∶3 水泥砂浆垫层，将清理干净的管块下到沟底，排列整齐，管孔对正，接口缠上胶条，再用 1∶3 水泥砂浆封实。整个排管对电缆人孔井方向有不小于 1% 的坡度，以防管内积水。

为了便于检修和接线，在排管分支、转弯处和直线段每 50～100m 处要挖一个电缆井（人孔井），以便工人进入井内检修电缆之用。人孔井的截面，如图 2-4-7 所示。

（3）电缆在电缆沟或电缆隧道内敷设

当平行敷设电缆根数很多时，可采用在电缆沟或电缆隧道内敷设的方式。电缆隧道可以说是尺寸较大的电缆沟，是在地下用砖砌或用混凝土浇灌而成，沟上加盖盖板，上面是地面。在电缆隧道中敷设，电缆均放在支架上，支架可以为单侧也可为双侧，每层支架上可以放若干根电缆。在沟内或隧道内敷设电缆的方法，如图2-4-8所示。

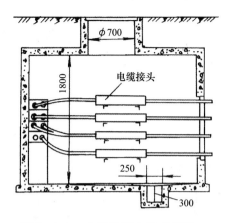

图2-4-7 电缆排管人孔井断面

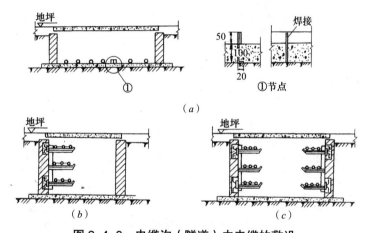

图2-4-8 电缆沟（隧道）内电缆的敷设

（a）无支架；（b）单侧支架；（c）双侧支架

有些小电缆沟就在地面下，沟底距离地面500mm，电缆直接摆放在沟底，在需要的位置也要设电缆井，维修时可以不下到井内进行操作，只要把手伸入井中，这种井叫手孔井。

（4）电缆明敷设

电缆明敷设是直接敷设在建筑构架上，可以像在电缆沟中一样，使用支架，也可以使用钢索悬挂或用挂钩悬挂，如图2-4-9所示。

（5）电缆桥架

① 在专用支架上先放电缆桥架，放入电缆后可以在上面加盖板，既美观又清洁。

② 电缆桥架用钢材或其他材质制作，分为槽式、盘式和梯级式，如图2-4-10所示。

③ 电缆桥架的安装方式，如图2-4-11所示。

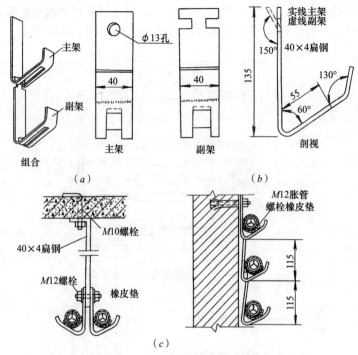

图 2-4-9 扁钢挂架及挂装示意图

（a）扁钢挂架；（b）挂架吊装；（c）挂架沿墙安装

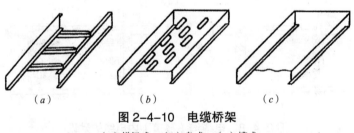

图 2-4-10 电缆桥架

（a）梯级式；（b）盘式；（c）槽式

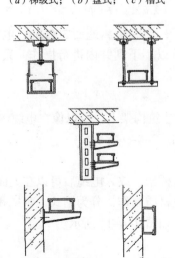

图 2-4-11 电缆桥架安装方式示意图

④ 桥架连接件

桥架安装时，除了直线段外，还要有弯曲、分支、变径等部位，要使用专门的桥架连接件，如图 2-4-12 所示。

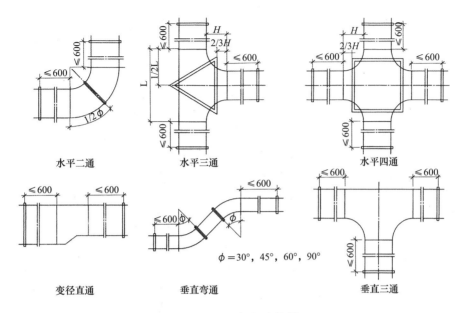

水平二通 水平三通 水平四通

变径直通 垂直弯通 垂直三通

$\phi = 30°，45°，60°，90°$

图 2-4-12 桥架连接件

⑤ 电缆桥架穿墙、穿楼板防火堵洞

电缆桥架穿墙、穿楼板必须用耐火材料把孔洞封死，防止发生火灾时，火势沿桥架蔓延，如图 2-4-13 所示。

（6）预分支电缆

电缆的封闭绝缘性要求很高，在现场进行电缆分支接头很困难。现在使用一种在厂家预制的电缆，叫做预分支电缆，事先向厂家提供规格尺寸，厂家制作好后在现场电缆竖井内进行安装。如图 2-4-14 所示。

预分支电缆用于一根主干电缆为全部楼层供电的设计。

（7）矿物绝缘电缆

矿物绝缘电缆简称 MI 电缆，国内习惯称为氧化镁电缆或防火电缆，它是由矿物材料氧化镁粉作为绝缘的铜芯铜护套电缆。

由于电缆全都是用无机物（金属铜和氧化镁粉）组成，它本身不会引起火灾，不可能燃烧或助燃，由于铜的熔点是 1083℃、氧化镁的熔点是 2800℃，因此该种电缆可以在接近铜的熔点的火灾情况下继续保持供电，是一种真正意义上的防火电缆。

由于矿物绝缘电缆采用的铜护套是无缝铜管，终端连接采用的密封泥又是一种可以长期浸泡在水中的高科技产品，所以水分子完全被阻隔在外，又是一种真正意义上的防水产品。

（8）电缆头的制作

由于电缆的绝缘层结构复杂，为了保证电缆连接后的整体绝缘性及机械强度，在电缆敷设时要制作使用电缆头。在电缆连接时要使用电缆中间头，在电缆起止点要使用电缆终端头。

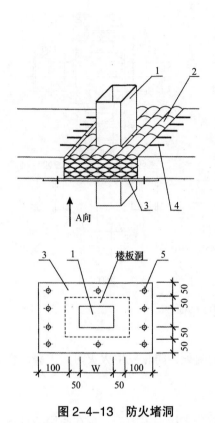

图 2-4-13　防火堵洞

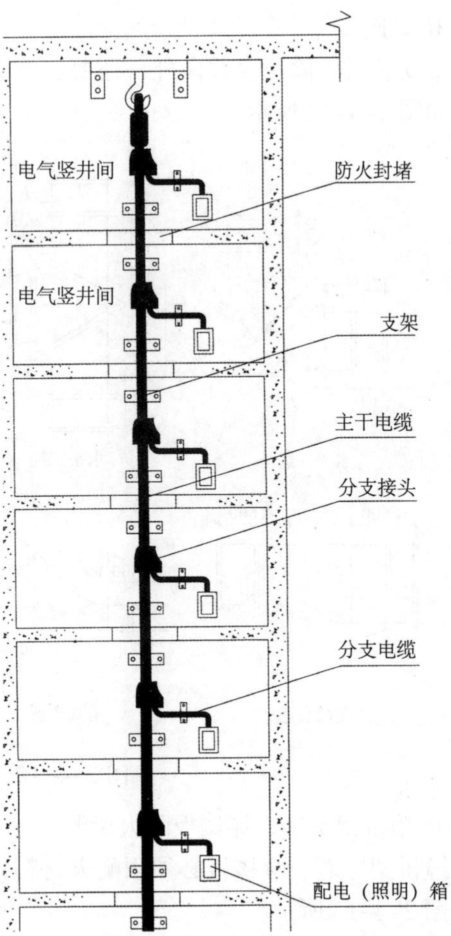

图 2-4-14　预分支电缆

1）电缆头的种类

制作电缆头的材料种类和方法有很多，目前使用的主要有：

干包电缆头，用绝缘带缠包，用于 1kV 以下电缆。

热缩式电缆头，用热缩塑料材料制成管材，受热后收缩紧包在电缆上。现在普遍使用。

冷缩式电缆头，用弹性橡胶材料制成管材，抽出支撑件，利用弹性紧包在电缆上。

2）电缆终端头

电缆终端头位于电缆终端，用来封闭电缆端口并与后续设备连接，每条电缆的两端都要做终端头。

① 低压干包电缆终端头

由于低压塑料电缆本身绝缘性能较好，因此大多采用简单工艺。

按线芯截面准备好接线端子、绝缘带、相色塑料胶粘带等材料。每相线芯端头上压接线鼻子，套上 ST 型塑料分叉手套，每相线芯上包扎两层相色绝缘带，分叉手套下口处及各分叉口处用塑料胶粘带包缠防潮。如图 2-4-15 所示。

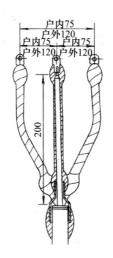

图 2-4-15 低压干包电缆终端头

② 热缩式电缆终端头。

按要求尺寸剥切好电缆各层绝缘及护套，并焊好接地线，压好接线端子。

在各相线根部套上黑色热缩应力管，用喷灯自下向上慢慢环绕加热，使热缩管均匀受热收缩。

在各相线套上红色外绝缘热缩管，自下而上加热收缩。热缩管套至接线鼻子下端，如图 2-4-16 所示。

在户外终端头上装雨裙，如图 2-4-17 所示。

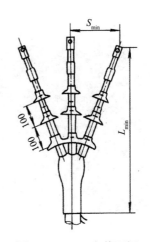

图 2-4-16 安装外绝缘管 图 2-4-17 安装雨裙

③ 冷缩式电缆终端头。

冷缩式电缆头套管用弹性橡胶制成，用螺旋状塑料衬圈支撑，使用时把套管套在电缆上，抽出塑料衬圈，套管就会紧密封固在电缆上。冷缩电缆头套管操作示意图，如图 2-4-18 所示。

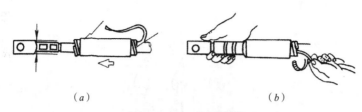

(a) (b)

图 2-4-18   冷缩套管

(a) 冷缩前；(b) 抽出塑料衬圈

3）电缆中间头

电缆中间头用于电缆的接续和分支。先将两个电缆端头剥切好，用接线套管压接，套内层绝缘，再加外层绝缘，如图 2-4-19 所示。

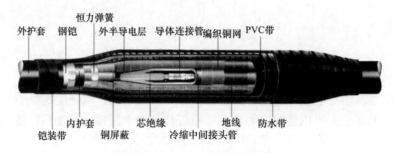

图 2-4-19   冷缩电缆中间头

（9）T 接端子和穿刺线夹

T 接端子和穿刺线夹是低压电缆在干燥环境进行分支连接使用的器件。

穿刺线夹不需要剥开电缆绝缘层，用金属尖刺刺穿绝缘，达到连接导电的作用，如图 2-4-20 所示。

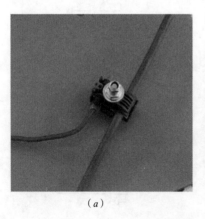

(a) (b)

图 2-4-20   穿刺线夹

T 接端子外部有绝缘外壳，使用时要剥掉一小段导线绝缘皮，如图 2-4-21 所示。

（10）电缆分支箱

电缆分支箱也被称为 T 接箱或 π 接箱。

当设计要求用多根电缆分楼层供电时，要使用电缆分支箱，如一根电缆为三个楼层供电，在其中一个楼层装一台电缆分支箱，电缆分支箱内装有隔离开关，主电缆进箱分成三根分电缆,分别给三个楼层供电。

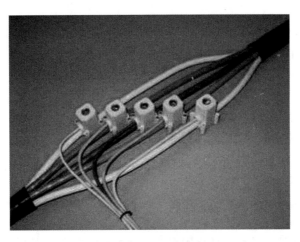

图 2-4-21 T 接端子

3. 架空线路的结构

架空线路由电杆、导线、横担、金具、绝缘子和拉线等组成,其结构如图 2-4-22 所示。

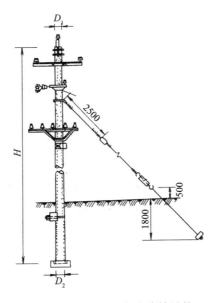

图 2-4-22 架空线路的结构

4. 架空线路使用的材料

(1)电杆

架空线路常用水泥杆。水泥电杆都采用环形截面,分为上下截面相同的等径杆和上细下粗的拔梢杆。等径杆一般用来接超长杆或组杆塔用,平常用的多为拔梢杆。

(2)导线

架空线路所用的导线分为裸导线和绝缘导线。

① 裸导线

裸导线主要用于郊外,有硬铝绞线和钢芯铝绞线,铝绞线的型号为 LJ,钢芯铝绞线的型号为 LGJ，其中：L 表示铝线，J 表示多股绞合线。钢芯铝绞线主要用于高压架空线路。

② 绝缘线

绝缘线是在裸线外面加一层绝缘层，绝缘材料有聚氯乙烯塑料和橡胶。塑料绝缘导线简称塑料线，型号 BLV 型。还有交联聚乙烯绝缘导线 BYJ。

（3）横担

横担装在电杆的上端，用来安装绝缘子或者固定开关设备及避雷器等。因此，应具有一定的长度和机械强度。

水泥电杆上的铁横担采用镀锌角钢制成，其规格根据导线的重量而定。

（4）金具

架空线路中所用的抱箍、线夹、垫铁、穿心螺栓、花篮螺栓、球头挂环、直角挂板和碗头挂板等金属件统称为金具。它是用来固定横担、绝缘子、拉线和导线的各种金属件。金具品种较多，一般可分为以下几类：

① 横担固定用金具。这类金具是用来把铁横担固定在水泥杆上的金属件。

② 连接金具。用来连接导线与绝缘子或绝缘子与杆塔横担的，属这类金具的有耐张线夹、碗头挂板、球头挂环、直角挂板、U 形挂环等。

③ 拉线金具用于拉线的连接和承受拉力的作用。属这类金具的有楔形线夹、UT 型线夹、钢线卡子、花篮螺栓等。

（5）绝缘子

绝缘子俗称瓷瓶，是用来固定导线并使导线与导线间、导线与横担、导线与电杆间保持绝缘；同时也承受导线的垂直压力和水平拉力。绝缘子必须具有良好的绝缘性能和足够的机械强度。

绝缘子按工作电压等级分：有低压绝缘子和高压绝缘子两种。按外形分：有针式绝缘子、蝶式绝缘子、悬式绝缘子和拉线用的菱形或蛋形拉线绝缘子。如图 2-4-23 所示。

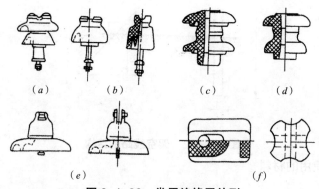

图 2-4-23 常用绝缘子外形

（a）针式瓷绝缘子（高压）；（b）针式瓷绝缘子（低压）；（c）蝴蝶形瓷绝缘子（高压）；
（d）蝴蝶形瓷绝缘子（低压）；（e）悬式瓷绝缘子；（f）拉紧绝缘子

安装前，应按有关电气试验规程，对绝缘子进行交流耐压试验。

（6）拉线

拉线可平衡（抵抗）水平风力和导线对电杆的拉力，从而改善电杆的受力情况，增加电杆的机械强度和稳定性。通常低压架空线路的耐张杆、转角杆、终端杆、分支杆都要安装拉线，而直线杆在一般情况下可不必装拉线。

根据拉线的结构和用途不同，可以分为7类，如图2-4-24所示。

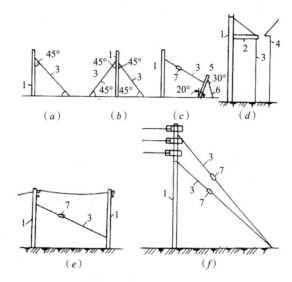

图2-4-24　拉线的种类

（a）普通拉线；（b）人字形拉线；（c）水平拉线；（d）弓形拉线；（e）共用拉线；（f）V形拉线

1—电杆；2—横木；3—拉线；4—房屋；5—拉桩；6—坠线；7—拉线绝缘子

5. 架空线路施工

架空线路施工包括：定位挖坑、立杆、组横担、做拉线、放线、架线、紧线和绑线等工程内容。

（1）定位挖坑

① 定位

首先根据设计图纸，勘测地形、地物，确定线路走向，然后确定终端杆、转角杆、耐张杆的位置，最后确定直线杆的位置。两杆之间间距：低压杆40～60m，高压杆50～100m，在一个直线段内，各杆间距尽量相等。

② 挖坑

视土质情况和杆侧向受力情况，杆下部有时要做基础底盘，及加装卡盘。底盘及卡盘的安装方式，如图2-4-25所示。

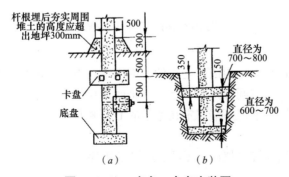

图2-4-25　底盘、卡盘安装图

（a）预制卡盘；（b）现场浇制卡盘

不设卡盘和底盘的电杆的杆坑，可以挖成圆形，挖坑可以使用专用工具如钢钎、夹铲、长柄锹等，也可以用螺旋钻洞器。

有卡盘和底盘的电杆的杆坑，为立杆方便可挖成阶梯形坑。

（2）立杆

立杆的方法有许多种，常用汽车式起重机立杆。

（3）组横担

组横担是把横担安装在电杆上，并在横担上装好所需的绝缘子。横担分为：单横担、双横担和三角排列横担，见图 2-4-26 ～图 2-4-28。

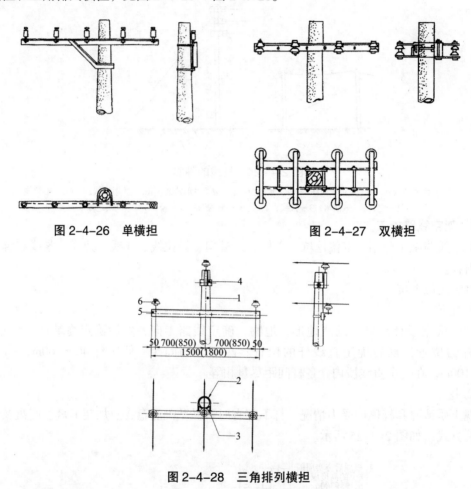

图 2-4-26　单横担　　　　　　图 2-4-27　双横担

图 2-4-28　三角排列横担

（4）安装拉线

拉线由上把、中把和下把组成。上把的上端固定在电杆上的拉线抱箍上，下端与中把上端连接，如果拉线从导线间穿过时，上、下把间用拉线绝缘子隔开。中把与下把的连接处安装调节用花篮螺栓。下把下端固定在地锚的 U 形拉环上。

（5）架设导线

架设导线主要包括放线、架线、紧线、绑扎等工序。

（6）进户线

进户线是从架空线路的电杆上引到建筑物第一支持点的一段架空导线。如图 2-4-29 所示。

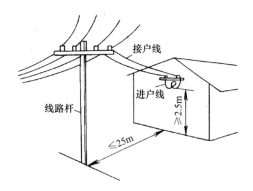

图 2-4-29　进户线

进户线在建筑物上横担的做法，如图 2-4-30 所示。

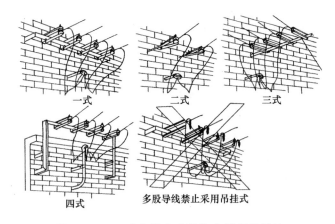

图 2-4-30　进户线在建筑物上横担的做法

（7）杆上变压器安装

与架空线路配套的变压器，安装在电杆组成的台架上，如图 2-4-31 所示。

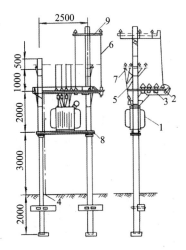

图 2-4-31　杆上变压器安装

1—变压器；2—高压跌开式熔断器；3—高压避雷器；4—高压引下线支架；5—低压引出线横担；
6—高压引下线；7—低压线引出线；8—变压器支架；9—高压引下线横担

53

第五节　防雷接地工程

防雷、接地工程是非电工程，施工的内容、方法、材料都与前面的强电工程不同。接地工程是每个建筑工程必不可少的工程项目，而防雷工程则是按防雷的需求进行设计施工。防雷工程中一定有接地工程的项目内容。

1. 接地装置

接地工程的施工对象是接地装置，接地装置包括接地体和接地线两部分。

（1）接地体

接地体是与土壤紧密接触的金属导体，可以把电流导入大地。接地体分为自然接地体和人工接地体两种。

1）自然接地体

自然接地体是兼作接地体用的埋于地下的金属物体。自然接地体包括直接与大地可靠接触的各种金属构件、金属井管、金属管道和设备（通过或储存易燃易爆介质的除外）、水工构筑物、类似构筑物的金属桩和混凝土建筑物的基础。在建筑施工中，可以选择用混凝土建筑物的基础底板钢筋、基础圈梁钢筋、桩基础钢筋、护坡桩钢筋作为自然接地体。

利用自然接地体可以节约钢材和人工费用。自然接地体的接地电阻符合要求时，一般不再设人工接地体，当不能满足要求时，可以再增加人工接地体。

在使用自然、人工两种接地体时，应设测试点和断接卡，使两种接地体可以分开测量。

2）人工接地体

人工接地体是特意埋入地下专门做接地用的金属导体，埋设方式分为垂直埋设和水平埋设两种。

① 垂直埋设的接地体。接地体宜采用圆钢、钢管、角钢等，水平埋设的接地体，宜采用扁钢、圆钢等。

接地体使用镀锌钢材，焊接处应涂防腐漆。在腐蚀性较强的土壤中，还应适当加大其截面或采取其他防腐措施。

垂直接地体的长度一般为 2.5m。为了减小相邻接地体的屏蔽效应，垂直接地体间的距离及水平接地体间的距离一般为 5m，当受地方限制时可适当减小。

② 水平接地体。水平接地体一般用于不能采用垂直接地体的场合，如多岩石地区、表土很薄的地方。接地体水平敷设，一般采用 40mm×4mm ～ 50mm×5mm 的镀锌扁钢或直径 16 ～ 20mm 的镀锌圆钢，埋设在深 0.8m 的沟内。

（2）接地线

接地线是被接地设备与接地体可靠连接的导体，有时一个接地体上要接多台设备，这时把接地线分为两段，与接地体直接连接的一段称为接地母线（接地干线），与设备连接的一段称为接地线（接地支线）。

人工敷设的接地母线一般为镀锌扁钢，规格为 25mm×4mm ～ 80mm×8mm，也可以使用镀锌圆钢，直径 12 ～ 19mm。

与设备连接的接地线可以是钢材料，也可以是铜或铝导线。

2．接地装置的施工

（1）接地体的埋设

接地体的根数由接地电阻的大小决定，设计要求接地电阻越小，需要接地体的根数就越多。

接地体的埋设深度为 0.6～1.0m，距建筑物间距大于 3m，先在地面按接地体的布置形式挖沟，把垂直接地体竖直打入地下，沟底留出 100mm 与接地母线连接，如图 2-5-1 所示。

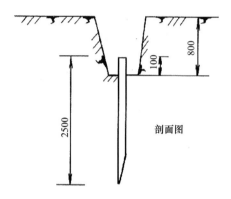

图 2-5-1　垂直接地体的埋设

多根接地体之间间距为 5m，用 40mm×4mm 镀锌扁钢焊接连接，焊接方式，如图 2-5-2 所示。焊接部位要涮沥青防腐。

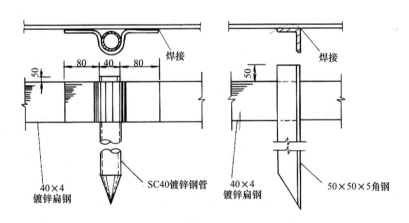

图 2-5-2　接地体与扁钢连线焊接方式

从埋设好的接地体引出接地母线，一般用 40mm×4mm 镀锌扁钢，与基础施工时预留出的接地母线室外端焊接。

（2）室内接地线的安装

在车间、变配电室等场合，许多设备外壳都要与接地母线连接，这时要在室内沿墙面明敷设接地母线，也叫接地干线，并在干线上做好分支线的接线端子，接地母线用卡子支持，安装高度由设计决定，一般距地 0.3m。如图 2-5-3 所示。

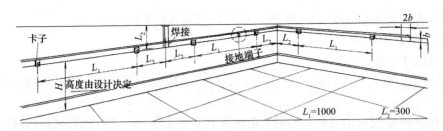

图 2-5-3 室内接地干线安装方法

（3）接地电阻测量

接地装置的接地电阻大小，是决定该装置是否符合要求的主要条件。接地电阻必须定期检测。检测时使用接地电阻测试仪测量，测量前将被测接地体从断开点断开。

（4）减小接地电阻的方法

在高土壤电阻率的场所，接地电阻值严重超标时，一般应采用以下方法。

① 外引接地法

将接地体引到附近的水井、泉水、河边、沟渠、水库、大树下等较潮湿的地方，或者在水下设接地装置。

② 换土法

将接地体坑内的高电阻率土换成低电阻率的土壤。

③ 接地体延长法

延长接地体或采用其他形式的接地体，增加与土壤接触面积，或者增加接地体的根数。

④ 深埋法

将接地体深埋于地下较潮湿的地方。

⑤ 化学处理法

一般是采用长效降阻剂掩埋接地体或者将炉渣、木炭、电石渣、石灰等与土壤均匀搅拌后掩埋接地体。第二种方法易流失且有腐蚀性，应作好防腐处理。

（5）总等电位连接

在电源进入建筑物处要对电源 N 线做重复接地，并从进线处起改为 TN-S 系统供电。每个电源进线处要埋设接地装置，此时，除了电源 N 线要与接地装置连接外，建筑物内的各种金属管道、金属构件都要与接地装置连接，这种连接称为总等电位连接。由于需要与接地装置连接的物体较多，一般在建筑物接地母线进线处设一只总等电位箱，箱内装接地端子板，把从接地体引来的接地母线和与各处连接的接地线都接在接地端子板上。

各条接地干线可以用镀锌扁钢，也可以用绝缘铜导线，与钢管和金属结构连接，焊接或用接地卡子压接，连接后用沥青做防腐处理。

在建筑物防雷装置系统中，除了在接地进线处做等电位连接外，设计中在楼上的某些楼层还要做防雷等电位连接，把楼内的所有金属管道和金属构件与防雷引下线连接。

（6）建筑物人行通道均压带安装方法

当避雷装置遭受雷击，雷电流从接地装置流入大地时，在接地体周围会产生跨步电压。为了防止造成跨步电压触电，建筑物周围都要采取均压措施。

许多时候在建筑物周围使用水平接地体，这时与建筑物的间距不要求小于 3m，可以在基础槽旁埋设，但水平接地体穿过人行通道时，要采用帽檐式做法，如图 2-5-4 所示。

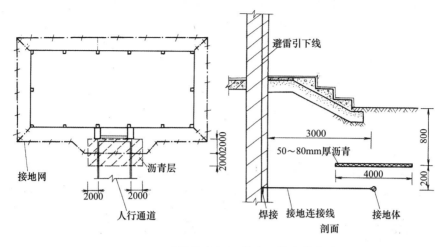

图 2-5-4　建筑物人行通道均压带安装方法

在人行通道处接地体上方要覆盖一层 50～80mm 厚的沥青层，宽度要超出接地装置 2m。如果人行通道是沥青路面，这层沥青层可以不敷设。

3. 雷电的危害

雷电的危害常见有三种形式：

（1）直接雷击

直接雷击又称直击雷。直接雷击的强大雷电流通过物体入地，在一刹那间产生大量的热能，可能使物体燃烧而引起火灾。

当雷电流经地面（或接地体）流散入周围土壤时，在它的周围形成电压降落，如果有人站在该处附近，将由于跨步电压造成伤亡。

（2）雷电感应

雷电感应又称感应雷，分为静电感应和电磁感应两种。

静电感应是建筑物金属屋顶或其他导体与上空的雷云产生静电感应，这种"静电感应电压"可能引起火花放电，造成火灾或爆炸。

电磁感应是雷电流产生变化的磁场，处在这一电磁场中导体会感应出较大的电动势和感应电流。若在导体回路有开口处，就可能引起火花放电。这对于存放易燃或易爆物品的建筑物是十分危险的。

（3）雷电波侵入

雷电波侵入又称高电位引入。由于架空线路或金属管道遭受直接雷击，或者由于雷云在附近放电使导体上产生感应雷电波，其冲击电压引入建筑物内，可能发生人身触电、损坏设备或引起火灾等事故。

4. 防雷措施和防雷装置组成

在电气安装工程中，建筑物常用的防雷措施有下列几种：

（1）防止直接雷击的措施

防直击雷的主要措施是设法引导雷击时的雷电流按预先安排好的通道泄入大地，从而避免雷云向被保护的建筑物放电。所谓避雷，实际上是"引雷"。

防止直击雷的防雷装置由接闪器、引下线和接地装置三部分组成。其中，接闪器是直接用来接受雷击部分，包括避雷针、避雷带、避雷网以及用作接闪器的金属屋面和金属构件等。引下线又称引流器，把雷电流引向接地装置，是连接接闪器与接地装置的金属导体。接地装置是引导雷电流安全地泄入大地的导体。

（2）防止雷电感应的措施

为防止感应雷产生火花，建筑物内的设备、管道、构架、电缆外皮、钢屋架、钢窗等较大的金属构件，以及突出屋面的放散管、风管等均应通过接地装置与大地作可靠的连接。

（3）防止雷电波侵入

为防止雷电波侵入，低压线路宜全线或不小于50m的一段用金属铠装电缆直接埋地引入建筑物入户端，并将电缆金属外皮接地。在电缆与架空线路连接处或架空线路入户端应装避雷器。

5. 防雷装置施工

（1）接闪器的安装

常用的接闪器有避雷针、避雷网（带）、避雷线。

① 避雷针

避雷针适用于保护细高的建筑物或构筑物，如烟囱和水塔等，或用来保护建筑物顶面上的附加突出物，如天线、冷却塔。避雷针可以用圆钢或钢管制作，把顶端砸尖，以利于尖端放电。

独立避雷针。保护较低矮的建筑或地下建筑及设备时，要使用独立避雷针，独立避雷针按要求用圆钢焊制铁塔架，顶端装避雷针体，如图2-5-5所示。

② 避雷网和避雷带

建筑物的屋顶面积较大，不宜采用避雷针，这时要使用避雷网或避雷带，避雷网是用圆钢沿建筑物顶面边沿敷设，大面积屋顶按防雷等级焊接成10m×10m或20m×20m的网格。如果屋顶形状复杂，则按屋顶外形安装。

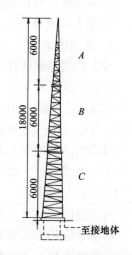

图2-5-5 独立式避雷针

有些建筑物不准安装露在表面的避雷网，这时要使用圆钢或扁钢，安装在建筑物结构表面内，外面用装饰面遮蔽，这就是避雷带。

如果楼顶上有女儿墙，避雷网安在女儿墙上，如无女儿墙，用混凝土块做支座。

把楼面凸出的金属物体都和避雷网焊成一体，这些物体有下水干管上排气口、共用天线铁架、太阳能热水器铁架等。安放网格时最好把屋面上的所有凸出的构筑物都覆盖上，如卫生间排气孔。

把避雷网与做引下线的柱内钢筋预留端焊接成一体。

（2）引下线的安装

引下线有明敷设、利用结构主筋和暗敷设两种。

① 引下线明敷设

明敷设引下线使用镀锌圆钢制作，使用支持卡子，沿墙面敷设。为了便于测量接地装置的接地电阻和检修引下线，在距地 1.8m 处设断接卡子，断接卡以下与接地线连接，并用保护管（竹管或塑料管）从地下 0.3m 至地上 1.7m 处进行保护。如图 2-5-6 所示。

② 引下线结构主筋敷设

引下线结构主筋敷设是二类防雷以下建筑物，利用建筑物混凝土柱内主钢筋做防雷引下线。主要是对钢筋的连接点进行焊接，保证电气连接。做引下线用的柱内主筋直径不小于 10mm，每根柱子内要焊接不少于 2 根主筋。主筋直径 10mm 以上焊接 4 根，主筋直径 16mm 以上焊接 2 根。

③ 引下线暗敷设

引下线暗敷设，是指某些结构要求较高的建筑，柱内主钢筋不容许作为防雷引下线使用，这时必须在柱内另外敷设作为引下线用的圆钢或铜线。

引下线暗敷设时如果是接人工接地体，这时要在距室外地坪 0.5m 外的外墙上做暗装断接卡子，上端用 φ12 镀锌圆钢与做引下线的钢筋焊接，下端接 40mm×4mm 镀锌扁钢接地线，如图 2-5-7 所示。

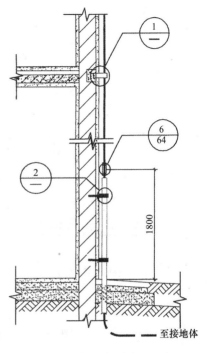

图 2-5-6 明装断接卡子及保护管

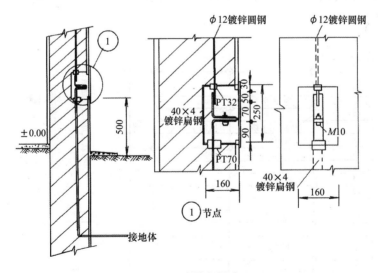

图 2-5-7 暗装断接卡子

如果利用建筑物基础钢筋做接地体，则要在室外 0.5m 处设测试点，并在地下 1.0m 处预留一处接地连接板，准备接地电阻达不到要求时连接人工接地使用，如图 2-5-8 所示。

（3）高层建筑物防侧向雷击

当建筑物高度过高时，层顶的避雷网就不能有效地防护建筑物的侧面，此时会遭侧向雷击。

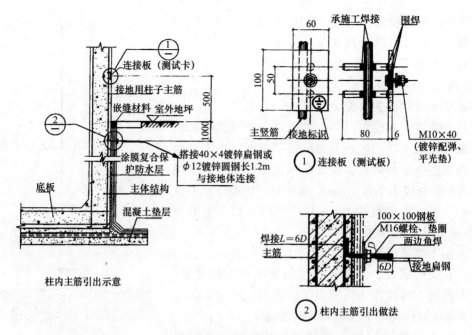

图2-5-8　利用基础钢筋时的测试点及预留连接板

① 为了有效防止侧向雷击，高层建筑物从首层起，每三层把结构圈梁水平钢筋焊接成环，并与做引下线的柱内主筋焊接，焊接数量不少于2根，称为均压环。从30m起，每向上三层在结构圈梁内敷设一条25mm×4mm的镀锌扁钢与引下线焊接，形成环形水平避雷带。如图2-5-9所示。

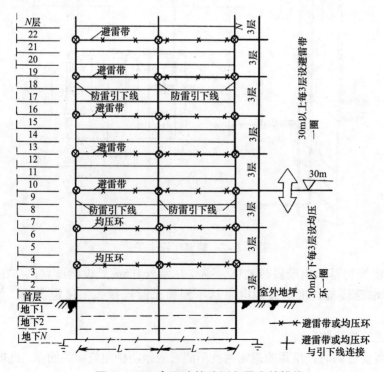

图2-5-9　高层建筑防侧向雷击的措施

② 高度超过 45m 的建筑，将 45m 以上外墙上的栏杆、门窗等较大金属物与防雷装置连接，如图 2-5-10 所示。

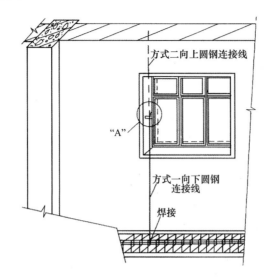

方式二向上圆钢连接线

"A"

方式一向下圆钢
连接线

焊接

图 2-5-10　金属窗与防雷装置连接

③ 玻璃幕墙跨接地线

玻璃幕墙金属框架竖向主龙骨两端，与和接地钢筋相连的预埋铁焊接，主龙骨断开处焊跨接地线，另每 20m 要焊一次跨接地线。

第六节　建筑智能化工程

包括：计算机应用、网络系统工程、综合布线系统工程、建筑设备自动化系统工程、有线电视、卫星接收系统工程、音频、视频系统工程、安全防范系统工程。可以看出与传统的弱电工程并不是一一对应。

1. 电话工程

电话信号是独立信号，两部电话机之间必须有两根导线直接连接。因此有一部电话机，就要有两根（一对）电话线。建筑物内到各用户电话机的电话线路数量很大。

① 电话电缆

电话系统的干线使用电话电缆，常用电缆有 HYA 型电话电缆。如：电话电缆规格标注为 HYV-10（2×0.5），其中 HYV 为电缆型号，10 表示电缆内有 10 对电话线，2×0.5 表示每对线为 2 根直径 0.5mm 直径的单芯铜导线。

② 电话线

电话线是连接用户电话机的导线。管内暗敷设使用的电话线是 RVB 型塑料并行软导线，或 RVS 型塑料双绞软导线，规格为 $2 \times 0.2 mm^2 \sim 2 \times 0.5 mm^2$。

③ 分线箱

电话系统干线电缆与用户电话线连接要使用电话分线箱，也叫电话组线箱或电话交接箱，是一个接线的空间。建筑物内的分线箱为暗装在楼道中，高层建筑安装在电缆竖井配电小间中。分线箱的规格为 10 对、20 对、30 对等等，分线箱内装有接线端子板，一端接干线电缆，另一端接用户电话线。如图 2-6-1 所示。

④ 电话插座

室内用户要安装暗装电话插座，也叫做电话出线口，用来连接用户室内电话机。电话插座规格与电器开关插座面板规格相同。

电话插座分为单插座和双插座，面板上为通信设备专用 RJ-11 插座，要使用带 RJ-11 插头专用导线与之连接。现在电话机都使用这种插头进行线路连接，比如话筒与机座的连接。使用插座型面板时，线路导线直接接在面板背面的接线螺钉上。插座上有四条线，只用中间的两条线。如图 2-6-2 所示。

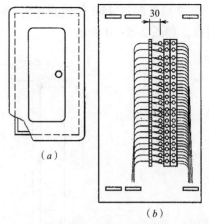

图 2-6-1 电话分线箱
(a) 分线箱；(b) 端子板

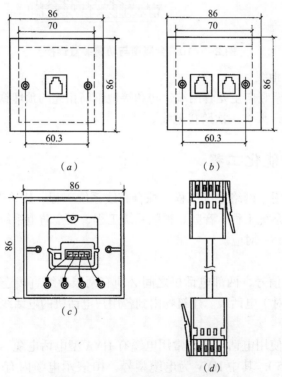

图 2-6-2 有插座型出线盒面板
(a) 单插座型；(b) 双插座型；(c) 面板背面的接线螺钉；(d) 带插头的电话线

电话插座安装方法与电源插座安装相同，安装高度距地面 0.3m，安装在便于装电话的地方，有要求电话插座与电源插座要间距 0.5m，所以要安排好各插座在墙面上的位置。一般电话机不需要电源，但如果使用无绳电话机，在主机和副机处都要留有电源插座。

2. 电视工程

（1）电视信号与传输

电视信号中包括图像信号（视频信号 V）和伴音信号（音频信号 A），两个信号经调制合成为一个频道的射频信号 RF。射频信号有两种传输方式：开路方式和闭路方式。

电视信号开路方式转输是指电视信号经发射天线，以电磁波的形式向空间发射，在接收位置用接收天线接收电视信号电磁波，供电视机收看。

电视信号闭路方式传输是指电视信号经射频电缆或光缆来传输的电视系统。闭路传输方式又称有线传输方式或电缆传输方式。闭路方式传输的电视信号不会对空间电磁波造成干扰，因此可以使用正常电视信号以外的增补电视频道。

电视信号还可以通过卫星传输，在赤道平面上空 35786km 处的同步轨道上，每隔 120° 安置一颗卫星，就可以实现除地球两极附近的盲区以外的全球通信，卫星相对于地球就像是静止不动的，一颗卫星就可转发很多电视节目。

接收卫星电视节目必须使用专门的抛物面型卫星接收天线和卫星电视接收机。接收天线必须对准卫星才能接收，因此一面天线只能同时接收一颗卫星的信号，要想同时接收多颗卫星的信号，就需要多面不同规格的天线。卫星电视信号经卫星电视接收机还原成普通视频和音频信号，一台卫星电视接收机同时只能接收一个卫星电视信号。

（2）电视系统设备

共用天线电视系统是指利用电视天线和卫星天线接收电视信号，并通过电缆将电视信号统一传输分配到用户电视机的系统。共用天线电视系统分为含有天线设备的共用天线电视系统（CATV 系统）和不含天线设备的有线电视系统（YSTV 系统）。

有线电视系统使用的主要设备和器材包括：宽带放大器、分配器等。

① 宽带放大器

电视信号要想进行传输，就要克服一路上的衰减，因此需要使用放大器把信号电平提高到一定水平，能放大所有频道信号而不失真的放大器叫宽带放大器。

② 分配器

分配器把一路电视信号平均地分成几路，传输到各支路中，有二分配器、三分配器、四分配器等。

信号在分配器上要有衰减，衰减量是一个支路 2dB，也就是说二分配器衰减 4dB，三分配器衰减 6dB。

暗敷施工时分配器和放大器放在电视设备箱里。

③ 分支器

分支器也是一种把信号分开连接的器件，与分配器不同的是，分支器是串接在干线里，从干线上分出几个分支线路，干线还要继续传输。干线通过分支器有 2dB 衰减，其他分支口的衰减量按需要进行选择，衰减量最大可到 24dB。分支器有一分支器、二分支器、三分支器和四分支器等。

分支器安装在楼道内的分支器箱内。

④ 用户盒

用户盒面板安装在用户墙上预埋的接线盒上，或带盒体明装在墙上。

用户盒有一个进线口，一个用户插座，用户插座有时是两个插口，其中一个输出电视信号，接用户电视机；另一个是 FM 接口，用来接调频收音机。

⑤ 工程用高频插头

与各种设备连接所用的插头，叫工程用高频插头，平时叫它 F 头。

卡环式 F 头存在着屏蔽性能差，容易脱落的现象。目前使用较多的是套筒型 F 头，压接时，要使用专用压接钳。

⑥ 与电视机连接用插头

接电视机的插头是 75Ω 插头。

⑦ 同轴电缆

天线信号要使用专门的同轴电缆传输。在共用天线系统中用 75Ω 同轴电缆与各种设备连接。电缆对电视信号的衰减除了与信号的频率有关外，还与电缆的长度及电缆的直径有关。一般频率越高衰减越大，线越粗衰减越小。

电缆按绝缘外径分为 5mm、7mm、9mm、12mm 等规格，用 Φ5、Φ7、Φ9、Φ12 表示。一般到用户端用 Φ5 电缆，楼与楼间用 Φ9 电缆连接，大系统干线用 Φ12 电缆敷设。

3. 综合布线工程

综合布线系统是建筑物或建筑群内部之间的传输网络，使用统一的传输导线，统一的接口器件。它使建筑物或建筑群内部的语音、数据通信设备、信息交换设备、建筑物物业管理及建筑物自动化管理设备等系统之间彼此相连，也能使建筑物内通信网络设备与外部的通信网络相连。

使用综合布线时，用户不必定义某个房间信息插座的具体应用，只把某种终端设备（如电话、计算机等）插入这个信息插座，然后在管理区和设备区的连接设备上做相应的接线操作，这个终端设备就被接入到各自的系统中了。综合布线可以适应各种用户的需求，不需要重复投资。

从理论上讲，综合布线系统可以支持几乎所有智能建筑中所有子系统的信号传送。但实际上综合布线系统主要传输的是通信系统和计算机网络系统的语音、数据、图形信息。在综合布线的系统设计中，不包括监控、保安、对讲传呼、时钟、消防报警等系统。

（1）综合布线系统的构成

综合布线系统示意图，如图 2-6-3 所示。

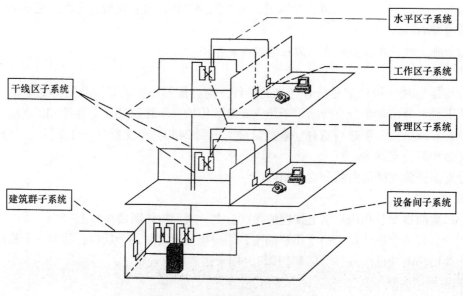

图 2-6-3 综合布线系统示意图

（2）综合布线系统设备

1）机柜、机架

综合布线系统的基本构架形式与电话系统近似，但是由于导线的根数远多于电话，接线位置要大得多，要使用机柜和机架。如图 2-6-4 所示。

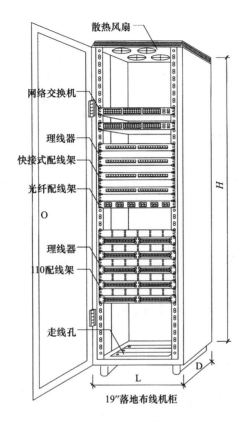

图 2-6-4　机柜

2）交换机

想与多个信息插座连接就要使用交换机，交换机是一进多出的设备，可以完成一条线缆与多个信息插座连接。

3）配线架

配线架是装在机柜上的标准接线端，分为快接式配线架和 110 配线架。

① 快接式配线架，正面是 8 位模块式插座，背面是 110 夹接式连接，常用快接式配线架型号有：12 口、24 口、48 口等。如图 2-6-5 所示。快接式配线架用于四对线双绞线电缆的连接，终端是用户计算机。

② 110 配线架，使用 110 连接块，夹接式连接，有 50 对、100 对、300 对等。如图 2-6-6 所示。110 配线架用于电话电缆、电话电缆与电话线的连接，终端是用户电话机。

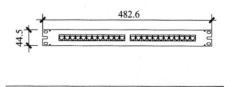

图 2-6-5　快接式配线架

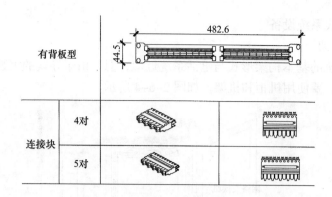

图 2-6-6　110 配线架

4）双绞线电缆

四对线双绞线电缆，俗称八芯缆，是计算机联网使用专门的网线。

工程中使用的 4 对线双绞线电缆多采用超 5 类电缆，6 类电缆也在一些工程中使用。

四对线以上的双绞线电缆，称大对数电缆，是作为电话系统的干线电缆使用。

5）光缆

电缆的传输距离只有 100m，远距离传输就要使用光缆。光缆里面是光纤，有单芯光缆和多芯光缆。光纤与电导体构成的传输媒体最基本的差别是，它的传输信息是光束，而非电气信号。因此，光纤传输的信号不受电磁的干扰。适用于大容量、长距离的通信。

光缆用于网络的干线，连接服务器和交换机，新的网络也有采用光纤到户的方式，所有的线路都使用光缆，这样的效果更好。

线缆、配线架、交换机的连接关系，如图 2-6-7 所示。

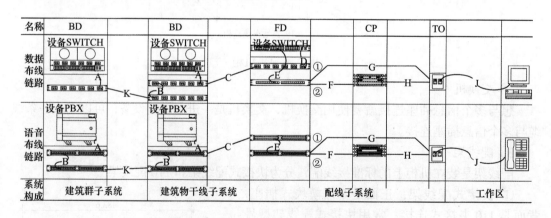

图 2-6-7　线缆、配线架、交换机的连接关系

图中：SWITCH 是交换机，PBX 是程控自动交换机。

6）信息插座

用来插接电脑的插座称为信息插座，它的外形与电话插座类似，比电话插座宽，有八根接线，电话插头可以插在信息插座上，使用靠中间的四根接线。信息插座有两部分组成，面板和八位信息模块，八位信息模块用来接线，接好线后卡在面板上。

信息插座采用统一的 RJ-45 标准，4 对双绞线电缆的 8 根芯线，按照一定的接线方式接在信息插座上，称为端接。

7）信息插头

与信息插座相接的是信息插头也称为 RJ-45 水晶信息插头，4 对线双绞线电缆的 8 根芯线，也要按照相同的接线方式接在信息插头上。

8）光纤插头与光纤插座

光纤的连接也要使用插头和插座。

（3）综合布线施工

① 信息插座的安装

信息插座由 RJ-45 信息模块和面板组成，模块嵌在面板上，接线时可以把模块取下。模块上接线叫做端接模块．

如果每个房间都有信息插座，要想两台计算机同时在两个房间上网，必须使用交换机。

外面来的网线先接在交换机上，再从交换机的多个输出口接到各个房间的信息插座。交换机要装在前端的接线箱内，也需要提供电源插座。

② 制作信息插头跳线

制作信息插头跳线就是在一段 4 对线双绞线电缆的两端装上 RJ-45 信息插头，用这条线连接两个信息插座，或用来连接计算机和信息插座。如图 2-6-8 所示。

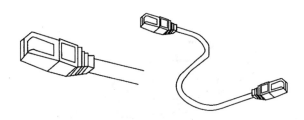

图 2-6-8　信息插头跳线

③ 制作光纤跳线

光纤跳线是在一段光缆的两端装上光纤插头，用这条线连接两个光纤插座。如图 2-6-9 所示。

图 2-6-9　光纤跳线

光纤跳线用于：终端盒至光纤配线架、光纤配线架至设备、光纤配线架内跳线。

④ 配线架安装打接

配线架要安装在机架上，管路里的线缆要接在配线架上，这个接线的工作叫做打线，要使用专门的打线工具，就是把线压进 110 接线块上的 V 形卡口内。两种配线架都是采用这种连接方法。如图 2-6-10 所示。

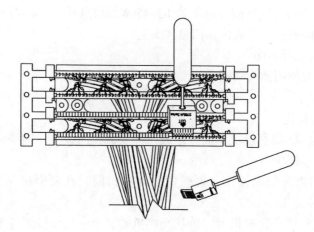

图 2-6-10　配线架安装打接

⑤ 线管理器安装

为了让机架上的线缆整齐，要使用理线器把线缆固定在横梁和立柱上，理线器，如图 2-6-11 所示。

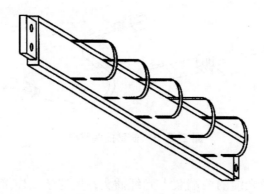

图 2-6-11　理线器

⑥ 安装 RJ-45 接头

如果工作区信息插座另一端直接连接到交换机上，这时线缆的一端端接在信息模块上，另一端在设备间就要安装 RJ-45 接头，准备插在交换机的插座上。

⑦ 跳线卡接

如果两边都是 110 配线架，中间要用跳线连接，这时直接用打线器把线缆两端打接在两边配线块上，一般用于电话线与大对数电缆连接。

⑧ 光纤连接

光纤连接是指光缆长度不够，需要两段永久连接的情况。

⑨ 光缆接续

光缆接续是指干线光缆到达接续位置，与分支光缆进行连接，使用插头连接的方法，连接位置是光缆终端盒，如图 2-6-12 所示。

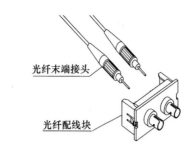

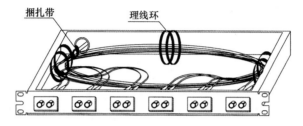

图 2-6-12 光缆终端盒

⑩ 线缆测试

综合布线施工完成后，要对整个线路进行测试，链路的定义，如图 2-6-13 所示。

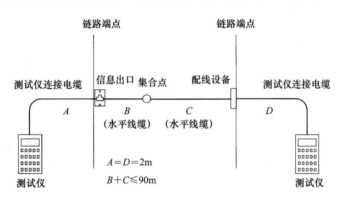

图 2-6-13 链路

4. 安全防范系统工程

（1）入侵报警系统

典型的防盗、防入侵探测报警系统由入侵探测器、传输系统、报警控制器和报警中心组成。当探测器检测到防范现场有入侵者时，产生报警信号并通过传输系统送到报警控制器。报警控制器经识别、判断后，发出声、光报警，并将报警信号送到报警中心。同时也可以控制多种外围设备，如打开现场照明灯、开启摄像机启动录像设备等。

① 入侵探测设备

入侵探测器是在有人不正常进入某个区域，或某些物体被不正常移动、破坏时能够及时发现，并发出报警信号的设备。

入侵探测器通过传感器将感知到的压力、振动、位移、温度、声响和光强等物理量的变化，转换成易于处理的电量，并进行放大、波形处理，通过报警控制器启动报警装置。

入侵探测器的种类很多，常用器材种类，见表 2-6-1。

常用入侵探测器   表 2-6-1

按用途或使用的场所不同分类	户内、户外、周界、重点物体防盗
按被探测物理量不同分类	微波、红外、开关式、超声波、次声波、声控、振动、视频运动式、激光、双技术等
按探测器的警戒范围分类	点、线、面、空间
按探测器的工作方式分类	主动式、被动式
按探测器输出的开关信号分类	常开型、常闭型、常开／常闭型
按探测器与报警控制器的连接方式分类	本机、有线、无线

入侵探测器的安装可以是分立的，也可以是总线制的。分立的探测器每个要单独走线。总线制的探测器都接在一条线路上，像照明线路一样。

② 入侵报警控制器

入侵探测器连接在入侵报警控制器上，当入侵探测器发现有入侵情况时，发出的电子信号传递到报警控制器，报警控制器会发出报警信号，如声、光信号报警，通报户主，通报公安机关。

总线制入侵报警控制器连接非总线制探测器时，可以使用地址模块实现总线控制。

③ 入侵报警中心显示设备

入侵报警中心显示设备是指警灯、警铃、警号，在现场发出报警型号。

④ 入侵报警信号传输设备

入侵报警信号传输设备是与公安机关连接的报警的设备。信号传输的方法有许多种，用电话线、电源线载波、网络、公用天线、专用线等。用户端安装发送设备，公安局安装接收设备

（2）出入口管理系统

出入口管理系统包括办公区人员出入智能门禁系统、保安对讲系统，是安防系统的一个组成部分。

1）出入口目标识别设备

出入口目标识别是对重要的出入口进行控制，如办公区、机房、库房、档案室、电梯出入口、办公室、财务室等。通过出入口目标识别的人员可以进入指定的区域。

出入口目标识别方式可分为三大类

① 密码识别。通过检验输入密码是否正确来识别进出权限。

② 卡片识别。通过读卡来识别进出权限。卡片种类很多，有磁卡、射频卡、IC 卡，还有光卡、红外卡，使用方式有接触式和非接触式。

③ 生物识别。通过检验人员生物特征来识别进出权限。有指纹型、掌纹型、视网膜型、虹膜型、声纹型、面部识别型，利用人体生理特征的相异性、不变性和再现性来进行识别。

2）出入口控制设备

出入口控制设备也叫门禁系统，由控制器与识别器组成，系统控制器安装在室内，只有识别器露在室外，其他所有控制线均在室内，识别器传递的是数字信号，因此，若无有效卡片或密码任何人都无法进门。

卡片识别门禁系统按管理规模及功能，可分为单一独立型或双门读卡控制机、小型系统（管理4门或8门读卡机）、中型系统（管理16～64门读卡机）、大型系统（管理128～256门读卡机）、超大型系统（管理256门读卡机以上）。控制器与管理中心通过局域网和因特网传递数据，利用现有的网络环境，管理中心只需在网域内，且位置可以随时变更，不需重新布线，很容易实现网络控制或异地控制。

3）楼宇保安对讲系统

楼宇保安对讲系统，也称为访客对讲系统，又称对讲机-电锁门保安系统。在住宅楼或居住小区，设立来访客人与居室中的人双向（可视）通话系统，经住户确认后，遥控入口大门的电磁门锁，允许来访客人进入。同时住户又能通过保安对讲系统向物业中心发出求助或报警信号。楼宇保安对讲系统主要由：主机户口机、户内机、电控锁、电磁吸力锁、电子密码锁、自动闭门器等。

（3）巡更设备

在一个大型保安系统中，要设保安人员巡逻，保安人员要按照规定的时间、规定的路线完成巡逻任务，电子巡更系统就是对巡逻情况进行监控的系统，是大型保安系统的一部分。

保安巡更系统的作用是：在防范区内制定保安人员巡更路线，并安装巡更站点，保安巡更人员携带巡更记录器，按指定的线路和时间到达巡更点，并进行记录，将记录信息传送到智能化管理中心。管理人员可调阅、打印各巡更人员工作情况，加强了保安管理，从而实现人防和技防的结合。

电子巡更系统就是用于自动检测巡更路线、巡更时间、巡更地点等巡更情况的电子控制系统。

① 信息钮。巡更人员每抵达一个巡更点，就必须按巡更信号箱上的按钮或刷卡等，向计算机管理中心报到。管理中心可通过显示屏上的指示灯了解巡逻路线上的情况。

② 通信座。巡更系统还配备有对讲机或对讲接驳插座，可向值班室报告情况。如果巡更人员因故未能在预定时间内到达某规定的巡更点时，巡更程序中断，计算机便会打印记录，以便查询。同时会发出报警信号，并显示出现异常情况的路线和地点，可立即派人前往查处。

（4）闭路监控电视系统

1）闭路电视监控系统由监控摄像设备、传输系统和视频控制设备组成。

① 监控摄像设备。用于获取被监控区域的图像，一般由:摄像机、镜头、云台、支架、云台控制器、防尘罩等组成。

② 传输系统。信号的传输分为有线和无线两种方式，有线传输常用：同轴电缆、控制电缆、视频分配器、视频补偿器和视频传输设备等。无线传输常用微波、红外线等。

③ 视频控制设备。用于显示和记录、视频处理、输出控制信号、接受前端传来的信号。一般包括：视频切换设备、多画面分割设备、录像设备、显示设备等。

系统配置的基本结构框图。如图2-6-14所示。

2）摄像设备主要就是摄像机。摄像机是前端设备的核心部件，它把被摄物体的光信号转变为电信号，通过传输系统送到中心控制室的终端设备上。

① 现在使用的摄像机都是固体器件摄像机，景物通过镜头成像在电荷耦合器件（CCD）上，转换成电信号。CCD摄像机分为黑白摄像机和彩色摄像机。

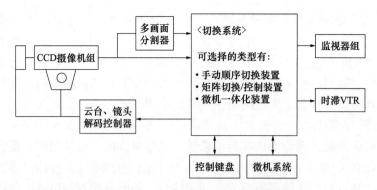

图 2-6-14　闭路监控电视系统结构框图

② 镜头。CCD 摄像机可以换用不同的镜头来满足不同的摄像要求，在选用镜头时，镜头尺寸和安装方式必须与摄像机尺寸和安装方式相同。

A. 镜头光圈分为手动光圈和自动光圈。手动光圈要由人工调整，用于不需要经常调整的固定场所。自动光圈可以用控制器远距离调整，可以方便地适应不同的环境变化。

B. 镜头焦距分为定焦距镜头和变焦距镜头。

C. 针孔镜头：镜头端头直径几毫米，可以隐蔽安装。

③ 一体摄像机。现在许多摄像机都是带镜头的一体机，如球形摄像机、半球形摄像机、高速球形摄像机等。

3）云台

云台是安装在摄像机、支持物上的工作台，用于摄像机与支持物之间的连接，它具有上下左右旋转运动的功能，固定于其上的摄像机可以完成定点监视或扫描式全景观察；同时可以提供预置位，限制摄像机旋转扫描范围。云台的种类很多，有手动云台、电动云台。

4）支架

支架是安装云台的支持物。支架安装在墙面上、吊顶上、立柱上。

为了保证摄像机工作的可靠性，延长其使用寿命，必须给摄像机配装具有多种特殊需要性保护措施的外罩，称为防护罩。防护罩可分为普通、密封、全天候、防爆等类型。

5）电源

摄像机使用直流电源，可以直接装在摄像机附近。

6）视频切换控制器

在多头单尾方式中，要使用一台监视器，显示多台摄像机的信号，同一时间监视器只能显示一个信号，因此需要连接、切换装置视频切换控制器。利用视频切换控制器可以任意选择切换其中的某一个信号进行显示，也可以设定自动按一定顺序显示各个信号。

7）矩阵控制器

系统规模较大时，信号连接、切换使用矩阵控制器进行控制。矩阵控制器按输入输出的回路数划分可分为小型、中型和大型。小型矩阵切换机输入回路数为小于 16 路。中型矩阵切换机输入回路数为 16 到小于等于 32 路。大型矩阵切换机采用微机控制输入回路数为大于 64 路。

8）多画面分割器

多画面分割器是用于在一台监视器上，同时显示一个摄像机的视频，或者同时显示两台以上摄像机的分割视频。多画面分割可省监视器，如 16 画面分割就可用一台显示器同时观察 16 台摄像机的画面，如需要仔细观察某一画画时。可将该画面调为满屏，使用起来非常方便。

9）视频电缆补偿器

如果视频信号传输距离较长，为了把监视用的信号的各频率成分都进行同样的传送，保证图像质量，在同轴电缆线路中要加设电缆补偿器，对电缆中的视频信号进行频率特性补偿。

10）解码器

摄像机数量很多的大系统，使用了矩阵控制器，这时就可以用数字方法控制，由矩阵控制器发出控制数字信号，在每台摄像机处安装解码器，每台解码器有自己的数字编码，可以识别属于本摄像机的控制信号代码，通过解码器把控制代码变成编码控制信号，控制本摄像机的动作。所有解码器可以并接在一根屏蔽电缆上，这样就简化了控制线路的敷设。有的解码器还可以在同一根同轴电缆上传输控制信号和视频信号。解码器宜安装在距离摄像机不远的现场。

11）采用计算机局域网传输的方式，是将图像信号与控制信号作为一个数据包，用发送器发送。在局域网内的任何一台普通 PC 机，通过分控软件就能调看任何一台摄像机输出的图像，并对其进行控制。

12）录像机

录像机是专门用来记录电视图像信号的一种磁记录设备。长时间录像机可以用一盘 180min 录像带记录 8h 以上的监控图像，最长记录时间可长达 960h，常用 24h 机型。

长时间录像机分时滞式（间歇录像方式）和实时式两种。

与录像配合使用的还有编辑机。

13）显示器

监视器作为视频处理显示器，是闭路监控电视系统的重要终端设备。

还有投影机、屏幕、LED 显示屏等显示设备。

（5）安全检查设备

安全检查设备有行李检查的 X 射线安全检查设备，X 射线安全检查设备数据管理系统。还有人员检查的金属武器探测门。

另外还有移动式安全检查设备。

（6）停车场管理系统

停车场管理系统是采用先进的识别技术，对进出车辆进行识别、管理、收费的一套控制系统。系统可实现实时记录车辆进出情况，司机无需摇下车窗，通过非接触刷卡确认可直接通行。将每一出入口的读卡控制器联网，可实现管理中心对车辆进出资料、收费记录等信号的查询，还具有停车场车位情况的显示、车辆到车位的引导指示系统。

停车场管理系统主要功能为：车辆出入口通道管理、停车计费、车库内外行车信号指示和车库内车位空额显示引导等。

在停车场管理系统中除了检测机构、各种信号显示设备外，还要安装出入口的闸门操作机构等设备。

① 车辆出入检测

车辆出入检测系统的功能是：记录车辆出入情况，并在车辆通过后控制闸杆放下。车辆出入检测方式有两种：光电（红外线）检测方式和环形感应线圈检测方式。

光电（红外线）检测方式，在水平方向上相对设置红外线发射和接收装置，当车辆通过时，红外光线被遮断，接收端即发出检测信号。

环形线圈方式使用电缆或护套线做成环形线圈，埋在车路地下，当车辆驶过时，其金属车体使线圈的电感量改变而形成检测信号。

② 车位检测器。车位检测是在每个车位设置探测器。探测器采用感应线圈探测器、超声波探测器和视频探测器等，感应线圈探测器要在每个车位安装探测线圈，超声波探测器要在每个车位安装超声波探测器，视频探测器则利用摄像头拍摄车位的图像，一个摄像头可以拍摄多个车位的情况，不但检测车位的占用情况，还可以传送现场监视图像。

③ 入口装置

入口车道设有满车位显示器、一台自动读卡器、一台出票机和一台电动闸门机、一台摄像机及二个车辆感应器。当车辆停在入口读卡器前时，该处的车辆感应器发出信号，自动读卡器准备工作。持月卡者将卡接近读卡器，如在有效期内，入口闸门机门臂自动升起，允许车辆驶入停车场。同时在控制中心的电脑屏幕上显示出该车的进入时间、月卡号码、单位名称、姓名、车牌号码等内容。临时停车者根据自动读卡器上的指示，按键取卡，同时自动捕捉停留在路口的车辆的图像，并将取卡人进入停车场之日期、时间等信息保存下来供查阅；此时入口闸门机会自动升起门臂，允许车辆驶入停车场。

当车辆驶过入口闸门机时，闸门机门臂后的车辆感应器发出信号，门臂自动降下。为了防止车辆没有完全通过门臂落下砸到车尾，可以同时安装红外检测设备，确认车辆完全通过。

④ 出口处装置

出口车道设一台出口读卡器、二个车辆感应器、一台自动闸门机及出口收费亭，亭内设收费系统管理设备一套。持月卡者将月卡交与收费管理器进行读卡，如在有效期内，出口闸门机会自动升起，允许车辆驶出停车场。同时在控制中心的电脑屏幕上显示出该车的出去时间、月卡号码、单位名称、姓名、车牌号码等内容。

持临时卡者将临时卡插入读卡器，收费电脑根据收费程序自动计费，并自动调出该车入场时的图像供收费人员进行对比，管理员确认后可收费放行。

计费结果自动显示在电脑屏幕及金额显示器上。驾车者交费后由管理员按下收费确认键，闸门机门臂自动升起，允许车辆驶出停车场。当车驶过出口闸门机时，闸门机门臂后的车辆感应器指令闸门机自动降下。

⑤ 车满显示系统

当车辆接近车库入口时，首先见到车位显示器、固定用户与临时访客的分类指示标志。若满车位显示指示灯未被点亮，则表示车辆可以进场。

车满显示系统的原理是按车辆计数或按车位上检测车辆是否存在。车辆计数是利用车道上的检测器来加减进出的车辆数，或是利用进出车库信号加减车辆数。

⑥ 计时收费管理系统

停车场的计时收费管理方式非常多，可以分为：自由出入型、读卡进/出型、交费出入型。

5. 音频、视频系统工程

音频系统工程包括厅堂扩声与公共广播系统和会议系统，在这两个系统中除了扩音设备外，还经常要涉及灯光、卡拉OK等设备的使用和安装。视频系统工程包括投影、幻灯、电子白板、直播机等设备的使用和安装。

（1）扩声系统

扩声系统通常由节目源（各类话筒、卡座、CD、LD或DVD等）、调音台（各声源的混合、分配、调音润色）、信号处理设备（周边器材）、功率放大器和扬声器系统等设备组成，如图2-6-15所示。

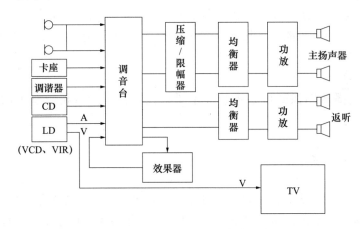

图2-6-15 典型扩声系统的组成

① 扬声器

扬声器是扩声系统的喉舌，直接影响声音的音质，是音响系统最关键的部分。

② 功率放大器

扬声器要用功率放大器来推动，从保证音质的角度来说，一般工程的功率放大器的功率配比是1～2倍，低音部分最好超过1.5倍，这样才能获得足够的力度感。

按用途不同功率放大器可以分为专业放大器、广播放大器和扩音机。

③ 扬声器与功率放大器之间的导线

连接扬声器的导线质量，会对音乐的还原效果有很大的影响，为了获得最好的放音效果，甚至要使用镀金导线。

由于功率放大器与扬声器连接有阻抗匹配的要求，这样就要求导线材质要好，另外截面要大，连接低阻扬声器一般要选用2～6mm² 的软导线连接。

远距离传输时，一般使用定压高阻抗输出，这时导线的截面就可以适当减小，为了减少外电波的干扰，一般使用双绞线，截面为1～1.5mm²。

④ 音源

常用的音源有各种话筒、录音机、激光唱盘VCD和DVD机。

⑤ 信号处理设备

音源与功率放大器、扬声器连接，就可以进行扩声广播，但由于音源众多，为了获得更好的音响效果，就需要在音源和功率放大器之间加入一些信号处理设备。

有调音台、均衡器、压缩/限幅器、扩展器和噪声门、延迟器和混响器。

（2）公共广播系统

公共广播系统主要用来对分散场所或户外场所进行播放，用于办公楼、商业楼、院校、车站、码头、饭店及火灾事故广播系统。

公共广播系统的特点是扬声器箱数量多、分散、功率小，对声音质量要求不高，扬声器箱可能放在室外，传输线路长，一般采用定压输出，使用线间变压器。

公共广播线路一般采用 $1.0 \sim 1.5mm^2$ 双绞线穿钢管敷设。

（3）会议系统

会议系统包括会议讨论系统、同声传译系统和会议表决系统。会议系统的特点是话筒多，扬声器多，功率要求不高，即要有会场扩声，还要有分散扩声。

所有参加讨论的人，都能在其座位上方便地使用话筒，还具有供录音和接入扩声系统输出的功能。

（4）视频系统

视频系统是播放图像的设备系统，主要有投影机、幻灯机、电子白板、直播机等设备。

第七节　消防工程

消防工程包括灭火系统和火灾自动报警系统两部分。灭火系统有：水灭火系统、气体灭火系统和泡沫灭火系统，属于水暖工程；火灾自动报警系统属于电气工程。

火灾自动报警系统是对建筑物内火灾进行监测、控制、报警、扑救的系统。

这一系统的基本工作原理是：当建筑物内某一现场着火或已构成着火危险，各种对光、温、烟、红外线等反应灵敏的火灾探测器便把现场实际状态检测到的信息（烟气、温度、火光等）以电气或开关信号形式立即送到报警控制器，报警控制器将这些信息与现场正常状态进行比较，若确认已着火或即将着火，则输出两路信号：一路指令声光显示动作，发出音响报警，显示火灾现场地址（楼层、房间），记录时间，通知火灾广播机工作，火灾专用电话开通向消防队报警等；另一路则指令设于现场的执行器（继电器、接触器、电磁阀等），开启各种联动消防设备，如喷淋水、喷射灭火剂、起动排烟机、关闭隔火门等。为了防止系统失灵和失控，在各现场附近还设有手动开关，用以报警和启动消防设施。

火灾自动报警系统中常用电气元件、装置和线路包括：火灾探测器、报警器、声光报警器、报警控制器和消防灭火执行装置等。

1. 火灾探测器

火灾探测器是整个报警系统的检测单元。分为点型探测器和线型探测器。

（1）点型探测器

点型探测器是指安装位置是一个点，一般安装在接线盒上。按工作原理分为：感烟式、感温式、火焰式、可燃气体式。

还有一种红外光束式，安装在大空间的两个对侧面，出现烟雾发生遮挡就会报警。

（2）线型探测器

线型探测器是条索状，一般敷设在条状或大体积发热体上，如电缆、传送带、油罐等。

按工作原理分为：感温电缆式、光纤式、老式空气管式。

（3）空气采样型探测器

空气采样型探测器由吸气泵通过采样管对防火分区内的空气进行采样。空气采样到主机由主机里面的激光枪进行分析，得出空气中的烟雾粒子的浓度。如果超过预定浓度，主机进行报警。

空气采样烟雾探测器多用于：烟雾探测，气体探测，极早期的报警或环境监控。能够用于电站、通信机房、矿厂、信息产业、LCD 制造、半导体无尘室、监狱、仓库、冷库、肮脏及危险的环境、古建筑、博物馆，以及医院，为用户提供可靠的极早期烟雾探测报警，保护生命和财产安全，远离火灾困扰。

2. 其他报警器材

（1）手动火灾报警按钮

手动火灾报警按钮可以起到确认火情人工发出火警信号的作用。报警区域内每个防火分区，应至少设置一只手动火灾报警按钮。从一个防火分区内的任何位置到最邻近的一个手动火灾报警按钮的步行距离，不应大于 30m。

手动火灾报警按钮应安装在建筑物内的安全出口、安全楼梯口、主要通道等经常有人通过的地方、各楼层的电梯间、电梯前室等明显便于接近和操作的部位。安装在墙上距地面高度 1.5m 处，且应有明显的标志。

（2）消火栓报警按钮

消火栓报警按钮安装在消火栓箱内，当发生火灾使用消火栓灭火时，手动操作向消防控制室发出火灾报警信号，同时启动消防水泵。

（3）声光报警器和警铃

声光报警器和警铃装在楼道里，发生火警时，控制开关闭合，接通电源发出声光报警或声音报警。

（4）消防报警电话插孔

在安装手动火灾报警按钮的位置，要安装消防报警电话插孔或电话，提供保安巡逻人员与消防控制中心的联系手段，手动火灾报警按钮上一般带有电话插孔。

3. 模块

火灾自动报警系统采用总线制连接，所有的器件都接在两根导线上，连接方式与照明灯具相同。系统中的探测器件是有编码地址的，但是系统中的通用设备是没有编码地址的，如水泵、防火门、通风机、警铃、广播喇叭等，要想把这些设备接入总线制火灾自动报警系统中，就要使用一些有编码地址的控制器件，这些器件是模块。模块分为输入（信号）模块和输出（控制）模块。

使用这些控制模块的目的，是利用模块的编码功能，通过总线制接线，对设备进行有目标的控制，减少系统接线，这些模块也要占用报警器的输出端口，与编码式探测器的地位相同。模块的连接方法与探测器的连接方法相同。

模块分嵌入式安装和明装两种。嵌入式安装，安装在接线盒上。明装模块可以集中安装在模块箱中。

线路较长时，如分楼层，为了便于线路分段施工、连接，需要安装消防端子箱，像电话系统的分线箱。

4. 火灾报警控制器

火灾探测器得到的信号要送往火灾报警控制器，大系统由于探测器很多，不能都接在一个报警控制器，一般先接在区域报警控制器上，再接到集中报警控制器上，报警控制器上可以显示出报警的探测器的具体位置。集中报警控制器放在消防控制中心，由这里对火灾进行处理。

（1）区域报警控制器

区域报警控制器既可以在一定区域内组成独立的火灾报警系统，也可以与集中报警控制器连接起来，组成大型火灾报警系统，并作为集中报警控制器的一个子系统。

区域报警控制器多采用小点数报警控制器，一般可以连接 16～96 只探测器，有的还可以连接 2～8 个联动装置。区域报警控制器一般为小型箱式，明装在墙壁上。

（2）集中火灾报警控制器

当建筑中设置的区域火灾报警控制器数量超过 3 台时，为便于管理和减少值班人员，需安装集中火灾报警控制器，时刻采集各区域火灾报警控制器有无火灾或故障信号出现，使值班人员及时采取有效措施，扑灭火灾或排除故障。

集中火灾报警控制器可以连接 1～32 个区域火灾报警控制器，可以连接数万个编码器件。

（3）联动控制主机

火灾报警控制器只是接收探测器的信号，显示报警位置，提示值班人员采取相应措施，并向消防队报警，并不能对外发出报警信号，及时采取灭火措施，这些功能要由配套的联动控制主机提供。

（4）报警联动一体机

由于技术提高，现在的消防系统都是使用报警联动一体机，包括区域报警控制器都使用一体机。

（5）重复显示盘

重复显示盘设置于每个楼层或消防分区，用于显示本区域内各个探测点的报警和故障情况。

一台火灾报警控制器可以连接 63 个重复显示盘。重复显示盘接收控制器送来的信号，发出火警声光信号，显示报警地址。

5. 火灾消防广播与对讲电话

发生火灾后，为了便于组织人员快速安全的疏散，以及广播通知有关救灾的事项，需要使用广播系统和警铃。火灾广播系统一般与正常广播系统合一，通过控制模块进行切换，当发生火灾时，广播系统被切换到消防广播中心，发出警报并指挥人员撤离。

扬声器的设置数量应能保证防火分区中的任何部位到最近一个扬声器的距离不超过15m，在走道交叉处或拐弯处应设扬声器，末端最后一个扬声器离墙不大于 8m。每个扬声器的功率不小于 2W。

在消防控制中心还要安装消防对讲电话主机。

6. 备用电源及电池主机

消防系统的设备都是工作在直流电源条件下，平时由交流电提供，发生火灾时交流电源要断电，控制中心必须准备备用直流电源，一般要求保证发生火灾报警后半小时供电。

第三章 电气工程识图

第一节 电气识图基本知识

1. 电气工程图的种类

电气工程图是阐述电气工程的构成和功能，描述电气装置的工作原理，提供安装接线和维护使用信息的施工图纸。一般一项工程的电气工程图，通常由以下几部分组成。

（1）首页

首页内容包括电气工程图纸的目录、图例、设备明细表、设计说明等。图例一般是列出本套图纸涉及的一些特殊图例。设备明细表只列出该项电气工程的一些主要电气设备的名称、型号、规格和数量等。设计说明主要阐述该电气工程设计的依据、基本指导思想与原则，补充图纸中未能表明的工程特点、安装方法、工艺要求、特殊设备的使用方法及其他使用与维护注意事项等。图纸首页的阅读，虽然不存在更多的方法问题，但首页的内容是需要认真读的。

（2）电气系统图

电气系统图主要表示整个工程或其中某一项目的供电方式和电能输送的关系。通过阅读电气系统图可以了解整个工程的供配电关系和规模，对工程有一个全面的了解。

（3）电气平面图

电气平面图是表现各种电气设备与线路平面位置的图纸，是进行建筑电气设备安装的重要依据。电气平面图包括外电总电气平面图和各专业电气平面图。外电总电气平面布置图是以建筑专业绘制的总平面图为基础，绘出变电所、架空线路、地下电力电缆等的具体位置并注明有关施工方法的图纸。在有些总电气平面图中还注明了建筑物的面积、电气负荷分类、电气设备容量等。专业电气平面图有动力电气平面图、照明电气平面图、变电所电气平面图、防雷与接地平面图等。专业电气平面图在建筑平面图基础上绘制，电气平面图由于采用较大的缩小比例，因此不能表现电气设备的具体位置，只能反映电气设备之间的相对位置。

（4）设备布置图

设备布置图是表现各种电气设备的平面与空间的位置、安装方式及其相互关系的图纸。通常由平面图、立面图、断面图、剖面图及各种构件详图等组成。

2. 电气工程图中的文字符号标注

电气工程中使用的元件、设备、装置、连接线很多，结构类型千差万别，安装方法多种多样，因此，在电气工程图中，元件、设备、装置、线路及安装方法等，都要用图形符号和文字符号来表达。阅读电气工程图，首先要了解和熟悉这些符号的形式、内容、含义以及他们之间的相互关系。

（1）图形符号

电气图形符号分为两大类，一类是电路图符号，用在电气系统图、电路图、安装接线图；另一类是平面图符号，用在电气平面图。

（2）文字符号

图形符号提供了一类设备或元件的共同符号，为了更明确地区分不同的设备、元件，尤其是区分同类设备或元件中不同功能的设备或元件，还必须在图形符号旁标注相应的文字符号。文字符号中的字母为英文字母。

还有一类文字标注是设备或元件的型号，这类文字大部分是汉语拼音，也有时是英文字母，要注意区分。

第二节　变配电工程图

1. 变配电工程图符号

变配电工程图图形符号和文字符号，见表 3-2-1。

变配电工程图图形符号和文字符号　　　　　　　　　　表 3-2-1

序号	名称	图形符号	文字符号	备注
1	单极开关		Q	开关通用符号
2	双线圈变压器		T 或 TM	
3	断路器		QF、QA	QA 表示自动开关
4	负荷开关		Q	
5	隔离开关		QS	
6	电压互感器		TV	
7	避雷器		FV 或 F	
8	跌落式熔断器		F、FU	无指引箭头符号为熔断器式刀开关

2. 变配电工程图

（1）变配电工程系统图

变配电所的规模较大时，由于设备数量多，所以系统图多采用按开关柜展开的方法绘制。

1）某工厂10kV变电所高压侧系统图，如图3-2-1所示。

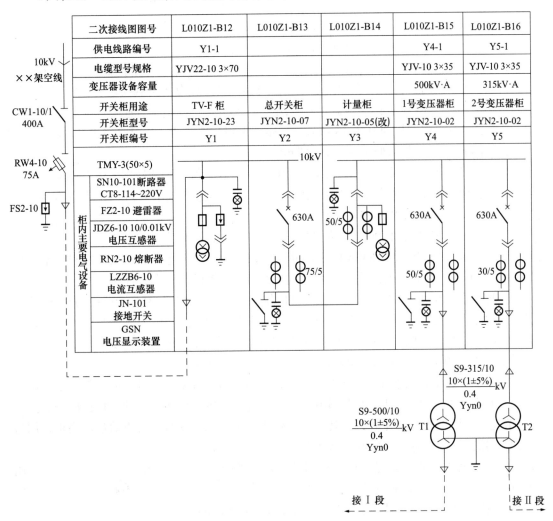

图 3-2-1 某工厂 10kV 变电所高压侧系统图

① 图3-2-1上部表格中，第一行为对应二次接线图的图号，第二行为供电线路编号，第三行为引入柜高压电缆的型号和规格，进线为交联聚乙烯铠装铜电缆，10kV，$3 \times 70 mm^2$，出线为交联聚乙烯铜电缆，10kV，$3 \times 35 mm^2$。第四行是变压器容量，第五行为高压开关柜用途，第六行为高压开关柜型号，第七行为高压开关柜编号。

② 下部表格左边一列是右侧各台高压柜内所安装的电器的型号，右面几列是各台高压柜内的接线系统图，由电器符号和连接线段组成。连接线段表示母线。

③ 在图3-2-1中，图左侧为电源进线情况。电源从架空线处使用高压电缆埋地引入，

在架空线转接电缆处的电杆上装一台 CW1-10/1 型 400A 户外隔离开关，隔离开关下装一组 RW4-10 型 75A 跌开式熔断器做线路的短路保护，另装 1 组 FS-10 型阀式避雷器做防雷电波保护。

④ 全部高压设备装在 5 台 JYN2 型手车式高压开关柜中。图中书名号样的符号《 》表示手车。符号内侧的是手车上的电器。

⑤ Y1 柜是一台电压互感器和避雷器柜，利用手车上的插头做隔离开关，手车上有一台电压互感器、一组阀式避雷器和一组户内型熔断器，在柜上装有感应式信号灯。电缆进入高压开关柜后，与开关柜顶上的硬铜母线连接，母线连接到 Y2 柜。

⑥ Y2 柜为开关柜，手车上装有一台型号为 SN10-101 的少油断路器，容量为 630A，其规格标注在左侧的设备型号表中。表中 CT8-114 ～ 220V 为断路器操动机构的型号，操动机构使用交流 220V 做脱扣器电源。断路器下口装两组 75/5 电流互感器，并接一组感应信号灯和维修时使用的接地开关 JN-101。断路器下口母线从柜下部接入 Y3 柜。注意：Y2 柜左侧的主母线与 Y3 柜右侧的主母线是断开的。

⑦ Y3 柜为计量柜，手车上为一组计量用电流互感器和一台计量用电压互感器，电压互感器用熔断器做短路保护。在柜中上段母线上接一组感应式信号灯，作为电压显示装置。柜上部母线连接至 Y4、Y5 柜。

⑧ Y4、Y5 柜为两台相同的断路器柜，作为 1 号、2 号变压器的分路主开关柜。两台柜中手车上各装一台容量为 630A 的少油断路器，一组电流互感器，一组电压显示信号灯和一组接地开关。两台柜通过高压电缆分别与两台变压器的高压套管连接。

⑨ 两台变压器为 S9 型油浸变压器，T1 为 500kV·A，T2 为 315kV·A，分别向两组低压柜供电，变压器低压侧额定电压 0.4kV，无载调压范围 ±5%。两台变压器的连接组别均为 Yyn0，高低压侧均为星形连接，低压侧中性点接地，并引出中性线。

2）某工厂 10kV 变电所低压侧系统图，如图 3-2-2 所示。

① 图 3-2-2 中，共有 15 台低压柜，分为两组，P1 ～ P8 为一组，柜上部由 Ⅰ 段母线连接，P10 ～ P15 为另一组，柜上部由 Ⅱ 段母线连接，P9 为联络柜，把两段母线连起来，一般情况下两段母线是断开的，当其中一台变压器出故障维修时，可以通过联络柜，用另一台变压器向一些较重要的配电回路送电。

② P1 柜和 P15 柜分别是两台变压器低压侧电缆引入柜，由于低压侧电流很大，使用 3 根 1kV 单芯 500mm² 塑料绝缘铜芯电缆作引入电缆（3（VV-1，1×500）），电缆进入低压柜后直接接在柜上部的母线上，母线规格为 60mm×6mm。

③ P2 柜和 P14 柜分别是两段低压母线上的总开关柜，柜中装有主断路器 DW15、隔离开关 HD-13、电流互感器 LMZ1，还装有三只电流表，一只电压表及转换开关、一只功率表、一只功率因数表和一只电能表。母线在柜上断开，进线端接进线隔离开关，出线端接出线隔离开关。

④ Ⅰ 段上的 P3 ～ P7 和 Ⅱ 段上 P11、P12 为同一型号的分路配电柜，每个柜上有两条动力支路，分别用隔离开关和断路器 DZX10 控制，每一支路上装三只电流互感器和三只电流表，并安装一只电能表计量各支路用电量。各支路用电缆引出，送往各个车间。

⑤ P13 柜为厂区总照明配电柜，柜中装有一只总隔离开关，隔离开关下口装总电流互感器和电流表、电能表。总隔离开关下面分为 4 个支路，由 4 只断路器控制，断路器下口

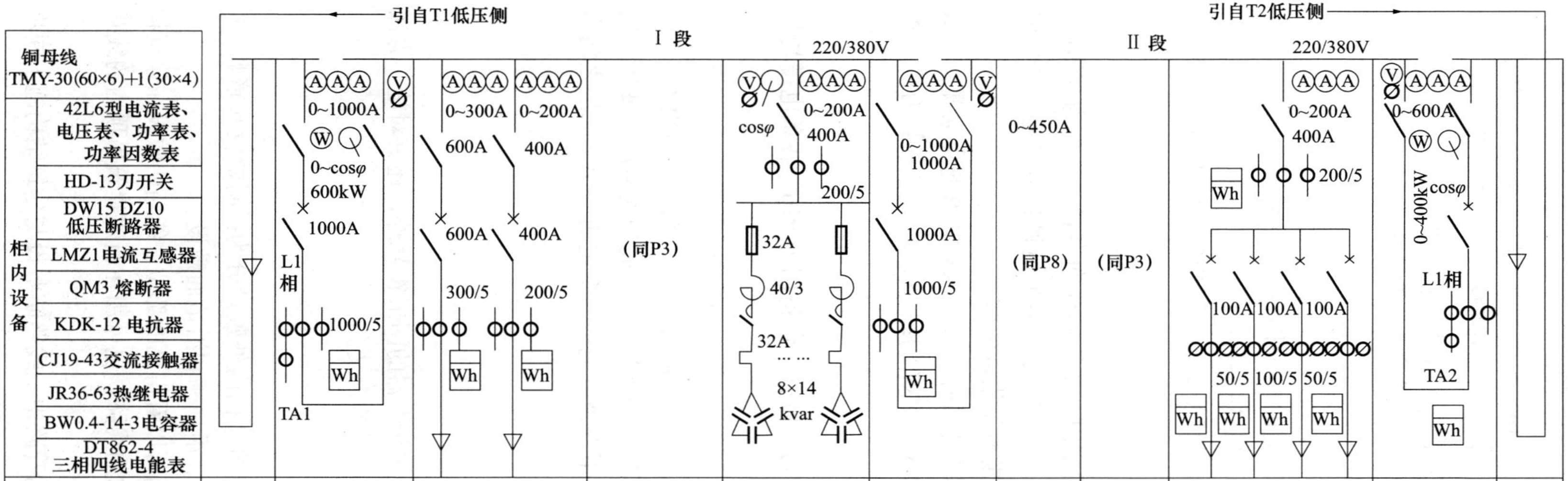

配电柜编号	P1	P2	P3		P4~P7	P8	P9	P10	P11、P12	P13				P14	P15
配电柜型号	PGL2-01	PGL2-06C-01	PGL2-28-06		PGL2-28-06	PGJ1-2	PGL2-06C-02	PGJ1-2	PGL2-28-06	PGL-40-01 改				PGL2-07D-01	PGL2-01
配电线路编号	PX1		PX3-1	PX3-2	PX4~PX7				PX11、PX12	PX 13-1	PX 13-2	PX 13-3			PX15
用途	电缆受电	1号变低压总开关	工装、恒温车间动力	机修车间动力	锻工、金工、冲压装配等车间动力	电容自动补偿(1)	低压联络	电容自动补偿(2)	热处理车间等及备用	办公楼照明	生活区照明	防空洞照明	备用	2号变低压总开关	电缆受电
回路计算电流(A)		750	300	200	200~300		750		60~400	50	100	50		600	
低压断路器脱扣器额定电流(A)		1000	400	300	300~400		1000		100~600	80	100	80	100	800	
低压断路器瞬时脱扣器额定电流(A)		3000	1200	900	900~1200		3000		500~1800	800	1000	800	1000	2400	
配电电缆型号规格	3(VV-1 1×500)		VV22-1 3×150+1×50	VV22-1 3×95+1×35						VV22-1 3×35+1×10	同左	同左	同左		3(VV-1 1×500)
二次接线图图号		OZA.354.223	OZA.354.240		同P3		OZA.354.240		OZA.354.240	OZA.354.240(改)				OZA.354.223	
备　注	电缆无铠装	TA1为电容补偿柜(1)用	Wh为DT862型220/380V		同P3	112kvar		112kvar	Wh为DT862 220/380V	Wh为三相四线柜宽改为800mm				TA2为电容柜(2)用	电缆无铠装

图 3-2-2　某工厂 10kV 变电所低压侧系统图

装各支路互感器和电能表，各支路用电缆引出送往各照明区域。

⑥ P8 柜和 P10 柜分别为两段母线上的补偿电容柜，柜内装有隔离开关、电流互感器、电流表、电压表、功率因数表，另装两组三相电容器组，由接触器 CJ10-40 控制，并装两组电抗器 KDK-12。电容器可以根据用电负荷的功率因数情况自动切换。

⑦ P9 柜为两段母线的联络柜，柜中装设两台隔离开关、一台断路器，并装有电流互感器、电流表、电压表和电能表。柜的型号与 P1 柜相同。

（2）变配电所平面图

为了便于施工，成套图纸中还要有与系统图对应的电气平面图及立面图。

上述变电所的平面图和立面图，如图 3-2-3 和图 3-2-4 所示。

本变电所为二层建筑，底层为变压器室和高压开关室，二层为低压配电室和值班室。在楼梯中间留有吊装孔，用来吊装低压柜。

① 底层

底层图中两台变压器分别放置在两间变压器室内，变压器横向布置，上部为高压侧，下部为低压侧。高压电缆由高压柜引来，低压电缆引向二层 PX-1 柜和 PX-15 柜。高压电缆采用穿保护管沿地敷设，低压电缆采用梯式电缆桥架沿墙明敷设。

变压器室右侧为高压开关室，图中标出了高压柜的位置，10kV 电源进线位置，及低压各支路电缆的出线位置，图上部为高压柜 PX3 ～ PX7 的线路电缆，图右侧为高压柜 PX11 ～ PX13 的线路电缆。

② 二层

二层为低压配电室，15 台低压柜为 Л 型排列，另有一台备用柜 P16，各条电缆均敷设在电缆沟内。

③ 立面布置图

图 3-2-4 为变电所的立面布置图，其中一幅为 Ⅰ-Ⅰ 剖面，另一幅为 Ⅱ-Ⅱ 剖面。

在剖面图中可以看到，为了通风散热，变压器室的下层为 1m 高的通风层，变压器安装在混凝土梁上，便于下层通风。在高压柜的后下部是电缆沟。变电所一层与二层之间为一夹层，高 600mm，作为低压电缆沟使用。

第三节　内线工程图

在内线工程的系统图和平面图上，除了各种线路电器的图形符号外，还有对施工方法的文字标注符号，在读图之前，必须先熟悉这些符号的含义。

1. 线路敷设方法及在工程图上的表示方法

（1）线路敷设基本方法

线路的敷设方法不同，位置也不同，按在建筑结构内外敷设分为：明敷设和暗敷设；按在建筑结构上的位置分为：沿墙、沿柱、沿梁、沿顶棚和沿地面敷设。

① 线路明敷设：线路敷设在建筑物结构表面可以看得见的部位。线路明敷设在建筑物全部完工以后进行，一般用于简易建筑或新增加的线路，也可用在新建建筑吊顶内的线路施工。

② 线路暗敷设：线路敷设在建筑物结构内的管路中。线路暗敷设与建筑结构施工同步

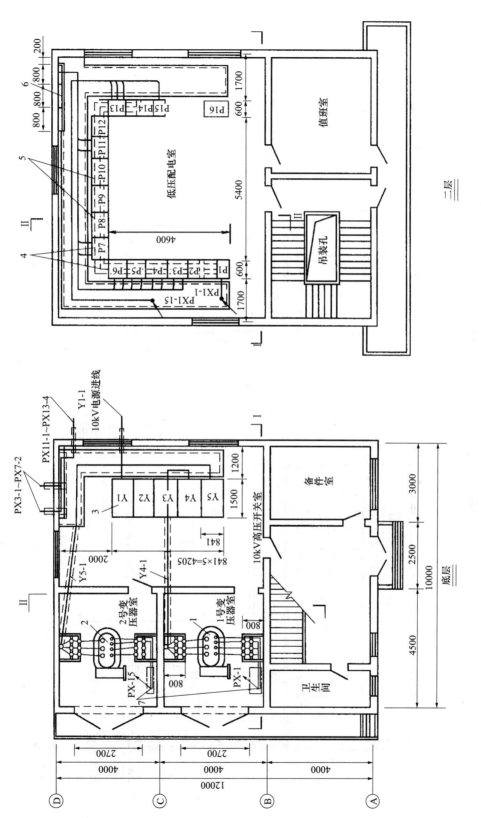

图 3-2-3 某工厂 10kV 变电所平面布置图

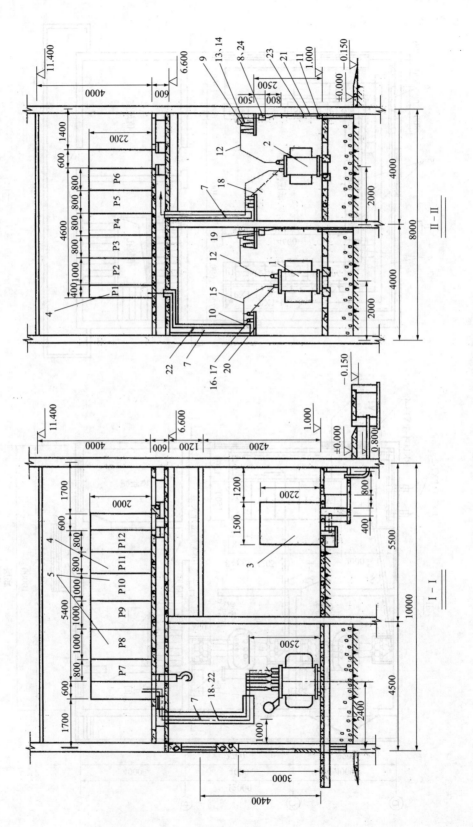

图 3-2-4 某工厂 10kV 变电所立面布置图

进行，施工过程中首先把各种导管和预埋件置于建筑结构中，建筑完工后再进一步完成线路敷设工作。线路暗敷设是建筑物内线路敷设的主要方式。

③ 各种线路敷设的方法也叫配线方法。常用的室内线路敷设方法是穿导管配线，穿导管配线就是将导线穿在导管中，暗敷设就是指这种方法。不同的场所，对导管材质有不同的要求。

④ 穿管常用的导管有两大类：钢导管和塑料导管。

（2）线路及敷设方法在工程图上的表示方法

工程图中线路的配线方法及施工部位都要用文字标注，文字符号，见表 3-3-1。

标注线路安装方式和敷设部位的文字符号　　　　　表 3-3-1

序号	导线敷设方式和部位	文字符号	序号	导线敷设方式和部位	文字符号
1	用瓷瓶或瓷柱敷设	K	14	沿钢索敷设	SS
2	用塑料线槽敷设	PR	15	沿屋架或跨屋架敷设	BE
3	用钢线槽敷设	SR	16	沿柱或跨柱敷设	CLE
4	穿水煤气管敷设	RC	17	沿墙面敷设	WE
5	穿焊接钢管敷设	SC	18	沿顶棚面或顶板面敷设	CE
6	穿电线管敷设	MT（TC）	19	在能进人的吊顶内敷设	ACE
7	穿聚氯乙烯硬质管敷设	PC	20	暗敷设在梁内	BC
8	穿聚氯乙烯半硬质管敷设	FPC	21	暗敷设在柱内	CLC
9	穿聚氯乙烯波纹管敷设	KPC	22	暗敷设在墙内	WC
10	用电缆桥架敷设	CT	23	暗敷设在地面内	FC
11	用瓷夹敷设	PL	24	暗敷设在顶板内	CC
12	用塑料夹敷设	PCL	25	暗敷设在不能进人的吊顶内	ACC
13	穿金属软管敷设	CP			

图中线路标注的一般格式如下：

$$a - d\,(e \times f) - g - h$$

其中：

a——线路编号或功能符号；

d——导线型号；

e——导线根数；

f——导线截面积（mm^2）；

g——导线敷设方法的符号；

h——导线敷设部位的符号。

后面照明系统图中干线标注：WAL1 － BV（5×16）－ SC40 － FC。

其中：

WAL1——线路编号；

BV——导线型号，塑料绝缘铜芯导线；

5×16——导线根数和规格，5 根导线，截面 $16mm^2$；

SC40——导线敷设方法，穿直径 40mm 焊接钢管敷设；

FC——导线敷设部位，暗敷设在地面内。

2. 照明设备在工程图上的表示方法

照明设备的各种标注符号主要用在平面图上，有时也用在系统图上。电气照明设备包括灯具和开关，此外单相日用电器也属于照明线路上的设备，它们包括各种插座、空调器、电风扇、电铃、电钟等。在电气平面图上还要标出配电箱。表 3-3-2 ～表 3-3-5 列出了各种照明设备的图形符号。

常用照明灯具在平面图上的图形符号　　　　　　　　　　　　　　　　表 3-3-2

序号	名称	图形符号	备注
1	灯具一般符号	⊗	
2	防水防尘灯	⊗	
3	安全灯	⊖	
4	隔爆灯	●	
5	顶棚灯	▼	
6	球形灯	●	
7	花灯	⊗	
8	壁灯	◖	
9	荧光灯具一般符号	⊢—⊣	
10	三管荧光灯	▤	
11	五管荧光灯	⌐5	
12	防爆荧光灯	 ⊢—◀	
13	安全出口标志灯	▭	
14	导轨灯导轨	 ⊢—▭	

照明开关在平面图上的图形符号　　　　　　　　　表 3-3-3

序号	名称		图形符号	备注
1	开关，一般符号			
2	带指示灯的开关			
3	单极开关	明装		除图上注明外，选用 250V　10A，面板底距地面 1.3m
		暗装		
		密闭（防水）		
		防爆		
4	双极开关	暗装		
5	三极开关	暗装		
6	单极拉线开关			1. 暗装时，圆内涂黑 2. 除图上注明外，选用 250V　10A；室内净高低于 3m 时，面板底距顶 0.3m，高于 3m 时，距地面 3m
7	单极限时开关			
8	双控开关（单极三线）			1. 暗装时，圆内涂黑 2. 除图上注明外，选用 250V　10A，面板底距地面 1.3m

插座在平面图上的图形符号　　　　　　　　　表 3-3-4

序号	名称		图形符号	备注
1	单相插座	暗装		1. 除图上注明外，选用 250V　10A 2. 明装时，面板底距地面 1.8m；暗装时，面板底距地面 0.3m 3. 除具有保护板的插座外，儿童活动场所的明暗装插座距地面均为 1.8m 4. 插座在平面图上的画法 隔墙
2	带接地插孔的单相插座	明装		
		暗装		
		密闭（防水）		
		防爆		
3	带接地插孔的三相插座	暗装		1. 除图上注明外，选用 380V　15A 2. 明装时，面板底距地面 1.8m；暗装时，面板底距地面 0.3m

配电箱在平面图上的图形符号   表 3-3-5

序号	名称	图形符号	备注
1	屏、台、箱、柜一般符号	 ▭	
2	动力配电箱（动力照明配电箱）	▬	除图上注明外，配电箱画在墙外时为明装，箱底距地面 1.2m ；配电箱画在墙内时为暗装，箱底距地面 1.4m。但明暗装配电箱箱顶距地面不高于 2.0m
3	照明配电箱（屏）	▬	
4	事故照明配电箱（屏）	 ⊠	
5	多种电源配电箱（屏）	◨	
6	电源自动切换箱（屏）	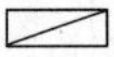 ⊟	
7	配电箱（台、屏、柜）编号和出线示例	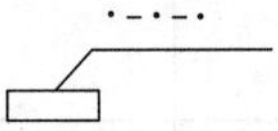 ▭⌐·—·—·	配电箱（台、屏、柜）的编号 ·—·—· 编号 └─ 楼层或分区号 电气设备常用 文字符号见表4-11
		 AL-2-3 ▬	二层 3 号照明配电箱
		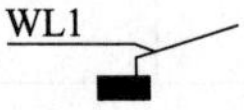 WL1 ▬⌐	照明分支线标注文字符号见表4-11
8	电能表箱	▯▭	
9	插座箱（板）	◁▭	除图上注明外，箱底距地 1.2m
10	地面插座箱（盒）	⊠	
11	就地插座箱（按钮箱）	◉	
12	π 接箱（分线箱）	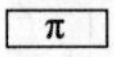 π	
13	不间断电源	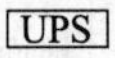 UPS	
14	电容器柜（屏）	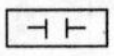 ⊣⊢	

照明灯具的种类很多，安装方式各异，为了能在图上说明这些情况，在灯具符号旁要用文字加以标注。灯具的安装方式，如图 3-3-1 所示。

标注灯具安装方式的文字符号，见表 3-3-6。

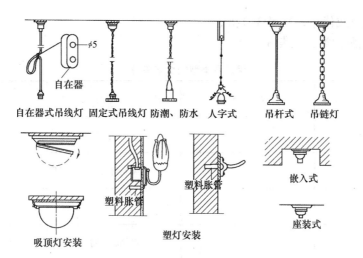

图 3-3-1　灯具安装方式示意图

标注灯具安装方式的文字符号　　　　　　　　　　　　　　　表 3-3-6

序号	安装方式	文字符号	序号	安装方式	文字符号
1	吊线式	CP	9	吸顶或直附式	S
2	自在器吊线式	CP	10	嵌入式	R
3	固定吊线式	CP1	11	顶棚上安装	CR
4	防水吊线式	CP2	12	墙壁上安装	WR
5	吊线器式	CP3	13	台上安装	T
6	吊链式	Ch	14	支架上安装	SP
7	吊杆式	P	15	柱上安装	CL
8	壁装式	W	16	座装式	HM

灯具标注的一般格式如下:

$$a-b\frac{c\times d\times L}{e}f$$

其中:

a——某场所同类灯具的个数;

b——灯具类型代号,见表 3-3-7;

c——灯具内安装的灯泡或灯管的数量;

d——每个灯泡或灯管的功率(W);

e——灯具安装高度,灯具底部至地面(m);

f——安装方式代号，见表 3-3-6；

L——电光源种类，见表 3-3-8。

常用灯具类型的文字符号   表 3-3-7

灯具名称	文字符号	灯具名称	文字符号
普通吊灯	P	工厂一般灯具	G
壁灯	B	荧光灯灯具	Y
花灯	H	隔爆灯	G 或专用符号
吸顶灯	D	水晶底罩灯	J
柱灯	Z	防水防尘灯	F
卤钨探照灯	L	搪瓷伞罩灯	S
投光灯	T	无磨砂玻璃罩万能型灯	W_w

电光源种类的代号   表 3-3-8

序号	电光源类型	文字符号	序号	电光源类型	文字符号
1	氖灯	Ne	7	荧光灯	EL
2	氙灯	Xe	8	弧光灯	ARC
3	钠灯	Na	9	荧光灯	FL
4	汞灯	Hg	10	红外线灯	IR
5	碘钨灯	I	11	紫外线灯	UV
6	白炽灯	IN	12	发光二极管	LED

例如：

$$6-S\frac{1\times10\times LED}{2.5}Ch$$

表示该场所有 6 盏这种类型的灯；灯具的类型是搪瓷伞罩灯（S），每个灯具内有 1 个灯泡；功率 10W；光源种类是发光二极管（LED）；采用链吊式安装（Ch）；安装高度 2.5m。

在电气平面图上，经常要说明线路施工的其他问题，如导线走向、照明情况等。说明这些问题的符号，见表 3-3-9。

电气平面图上的一些其他符号　　　　　　　　　　表 3-3-9

序号	名称		图形符号	备注
1	走线槽	地面明槽		
		地面暗槽		
2	线槽内配线		※	※注明回路号及导线极数和截面
3	电缆桥架		※	※注明回路号及电缆芯数和截面
4	向上配线			
5	向下配线			
6	垂直通过配线			
7	盒（箱）一般符号		○	
8	连接盒或接线盒		⊙	
9	伸缩缝，沉降缝穿线盒		▯ ▯	
10	导线、导线组、电线、电缆、电路、传输（如微波技术）线路、母线（总线）	一般符号		1. 当用单线表示一组导线时，若需示出导线数，电力线和照明干线可加标注线标注所选导线数，照明支线可加小短斜线或画一条短斜线加数字表示，当未画短斜线时，则表示为两根导线
		示出三根导线		
		示出三根导线	3	2. 照明支线除图上注明外，均选用 BV-2.5 聚氯乙烯绝缘铜线
11	引入、引出线	引入线		1. 电力电缆由地下引入、引出时，埋地深度除图上注明外，一般为电缆上皮距室外地面 800mm
		引出线		2. 220/380V 架空线路引入、引出时，管线与首层屋面平，但从支持绝缘子起距室外地面不小于 2.7m
12	挂在钢索上的线路			
13	应急照明线路		—— ——	除图上注明外，应急照明及低压线路选用 BV-2.5 聚氯乙烯绝缘铜线，控制及信号线路选用 BV-1.0 聚氯乙烯绝缘铜线
14	50V 及以下电力和照明线路		— — —	
15	照度		Ⓐ	A 照度值（lx）

3. 内线工程图识读

下面以一栋别墅楼为例，说明内线工程图的读图方法。

本建筑为二层砖混结构，层高 3.0m，厨房、卫生间、客厅和餐厅有吊顶，室内外高差 0.6m，进线电缆埋深 0.8m，照明支路使用 SC15 焊接钢管，穿 BV-2.5 塑料绝缘铜芯导线。

（1）照明系统图

别墅楼的照明系统图，如图 3-3-2 所示。

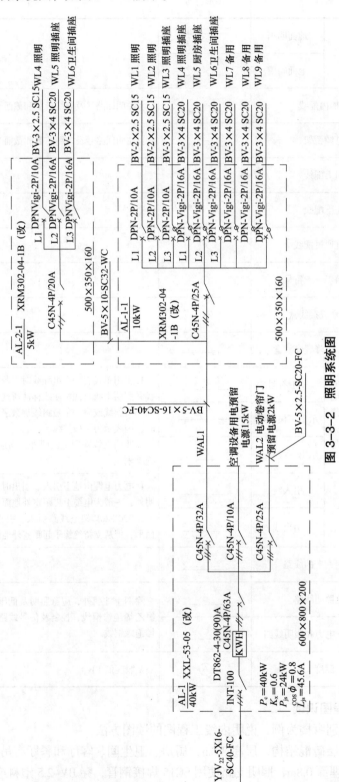

图 3-3-2　照明系统图

1）配电箱

图中的三个虚线框表示三个配电箱，其中 AL-1、AL-1-1、AL-2-1 是配电箱的编号，AL-1 表示一层的一级箱，AL-1-1 表示一层的 1 号二级箱，AL-2-1 表示二层的 1 号二级箱。配电箱的编号和后边的线路编号，是为了便于在不同图纸上找到同一电器和线路的对应关系。比如系统图和平面图的对应关系。XXL-53-05（改）、XRM302-04-1B（改）是配电箱的型号，600×800×200、500×350×160 是配电箱的尺寸，宽 × 高 × 厚。

对一个配电箱而言，图左边的线路是配电箱的输入回路，图右边的线路是配电箱的输出回路，输入回路一般只有一条，输出回路会有若干条，AL-1 有三条输出回路，AL-1-1 有九条输出回路，AL-2-1 有三条输出回路。

2）干线

AL-1 与 AL-1-1 之间的线路，既是 AL-1 的输出回路，也是 AL-1-1 的输入回路，为了便于描述把这样的线路称之为：干线。

干线：箱到箱的线路。

图中 AL-1-1 与 AL-2-1 之间的线路，也是干线。另外还有一条特殊的干线，就是 AL-1 左侧的输入回路，这条线路是从本系统以外的供电点引来的，也是干线，处于系统的电源入口，称为：进线。

3）支线

① 图中各配电箱的输出回路，没有接箱的，都标注了线路的功能，如照明、照明插座，这些线路连接的是具体的用电器，这样的输出回路，称为：支线。

② 按照所标功能不同，分为不同的功能支线。

③ 照明支线：线路里连接的是灯具和电灯开关。如 AL-1-1 箱的 WL1 支线。

④ 插座支线：线路里连接的是单相插座。如 AL-1-1 箱的 WL3 支线。

⑤ 动力支线：线路里连接的是动力设备或三相插座。如 AL-1 箱的中间一条输出线，标注的是空调设备用电预留电源 15kW。

⑥ 此外在其他专业工程中还有，电话支线、电视支线、网络支线等。

（2）首层照明平面图

本照明平面图的图例符号，见表 3-3-10。

本图图例符号 表 3-3-10

图例	名称	规格	安装方式	备注
⑤	卧室、起居室灯具	灯泡容量：60W	吸顶	
Ⓐ	防潮型吸顶灯	灯泡容量：40W	吸顶	
㉛㉝	尖扁圆吸顶灯	灯泡容量：40W	吸顶	
⊗	花灯	灯泡容量：4×40W	吸顶	
◖	壁灯	灯泡容量：40W	距地 2.5m	

图例	名称	规格	安装方式	备注
W1	厕所排气扇插座	～220V 20A	距地 2.0m 暗装	防潮防溅型
W2	厕所吹风机插座	～220V 20A	距地 2.0m 暗装	防潮防溅型
W3	厕所设备桑拿等插座	～220V 10A	距地 1.8m 暗装	防潮防溅型
C1	厨房用三孔插座	～220V 10A	距地 1.8m 暗装	防潮防溅型
C2	厨房用三孔二孔插座	～220V 10A	距地 1.4m 暗装	防潮防溅型
	三孔二孔插座	～220V 10A	距地 0.3m 暗装	安全型
	单联二联单控开关		距地 1.4m 暗装	
	单联双控开关		距地 1.4m 暗装	
	配电箱		距地 1.4m 暗装	
TP	电话插座		距地 0.3m 暗装	
	电话组线箱		距地 0.5m 暗装	
TV	电视插座		距地 0.3m 暗装	
VF	放大器箱		距地 0.5m 暗装	
	多频道放大器			
	二分支器			
	四分配器三分配器			
	终端电阻			
TD	网络信息插座		距地 0.3m 暗装	
DN	配线设备		距地 1.4m 暗装	
	感烟探测器			
	气体探测器			

图例	名称	规格	安装方式	备注
▭	火灾自动报警装置		距地 1.4m 暗装	
——///	一般电气线路			
——DN——	网络线路			
——F——	电话线路			
——V——	电视线路			
——×——×——	避雷线			
——/— —/—	接地装置	－40×4 镀锌扁钢		
Ⓜ	接地测试点		距地 0.5m 暗装	

注：灯具型号由甲方选定

首层照明平面图，如图 3-3-3 所示。

1）读平面图从线路的引入点开始，图中右侧中部是电源引入点，对照系统图，可以看到进线的标注，并找到第一个配电箱 AL-1。在第一个配电箱 AL-1 符号上，可以看到上下有两条输出线，沿着每条线读下去直到最末端为止。先看向上的线段，对照系统图上是 WAL2 线，线段上有一个小斜线上面标 5，表示这段线路有 5 条导线，这是表示一段线路导线根数的方法。见表 3-3-9。线路末端标注要装一个电动卷帘门控制箱，距地 1.4m。这段线路的标注是：BV（5×2.5）－ SC20 － FC，表示有 5 根、截面积 2.5mm² 的塑料绝缘铜芯导线、穿直径 20mm 的焊接钢管、沿地面内暗敷设。

2）配电箱 AL-1 向下，是 WAL1 线，末端是配电箱 AL-1-1，线段上标的也是 5 条导线。线路的标注是：BV（5×16）－ SC40 － FC，表示有 5 根、截面积 16mm² 的塑料绝缘铜芯导线、穿直径 40mm 的焊接钢管、沿地面内暗敷设。

3）配电箱 AL-1-1 引出两条照明支线。

① 先看 WL1 线。从配电箱左下角向左向下，跨过一条线，向下进入餐厅接一个花灯，从这个花灯向周围出几根线，要一根一根走到底。向下是另一个花灯，回到第一个花灯向右上是一个单控双联开关，这两个花灯是一组由这个双联开关控制，到开关的线段上有三个小斜线，表示从开关到花灯这一段线路是三根导线。

② 回第一个花灯向左进客厅，又是一组两个花灯，上面是一个双联开关。

③ 回第一个花灯向右进书房，是一个 5 号灯，向左上是一个单控单联开关。

④ 从 5 号灯向下平台上有一个 313 灯，向左上室内是一个单联开关。

⑤ 从 AL-1-1 配电箱引出的 WL1 线，已经完全走到了尽头，这条支线就读完了。

⑥ 在读照明支线图时要先看灯，再找到对应的开关，这样就不会有遗漏。

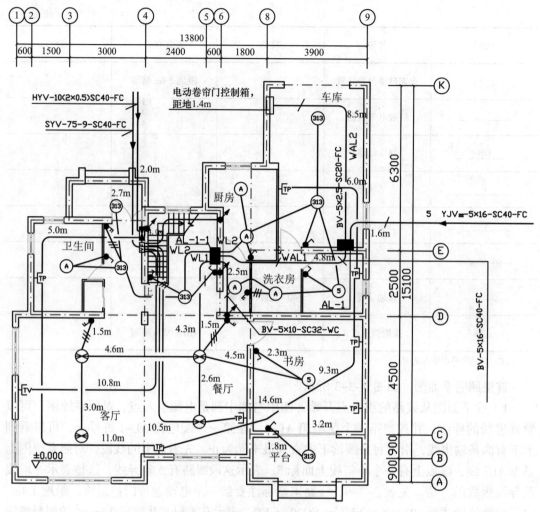

图 3-3-3　首层照明平面图（1：100）

4）配电箱 AL-1-1 引出 WL2 线有左右两条，与系统图上不同，如果出一条线，图面会很乱，看不清。实际施工时，为了便于操作也会采取从箱出两根管的方法。

① 先向左 WL2，从箱左上角向左向下，接楼梯口 313 灯，向右上是一个单联开关，线段上标 4 根线。开关右侧有一个向上的箭头，表示线路由此沿墙向上。

② 回 313 灯向左上是一个双控单联开关，是楼梯灯开关。

③ 回 313 灯向左向上到门厅 313 灯，向左上是一个双联开关，向上门外有另一个 313 灯。从门厅 313 灯向左进卫生间是一个 A 灯，一个单联开关在门外。

④ 向右 WL2，从箱右上角向右上，接厨房两个 A 灯，向下是一个单联开关。A 灯向右进车库，接两个 313 灯，向下是一个单联开关。

⑤ 回 313 灯向下进工人房，接一个 5 号灯，一个单联开关在左侧门旁。5 号灯向左进洗衣房，接洗衣房内外两个 A 灯，一个双联开关在左侧门外。

（3）二层照明平面图

二层照明平面图，如图 3-3-4 所示。

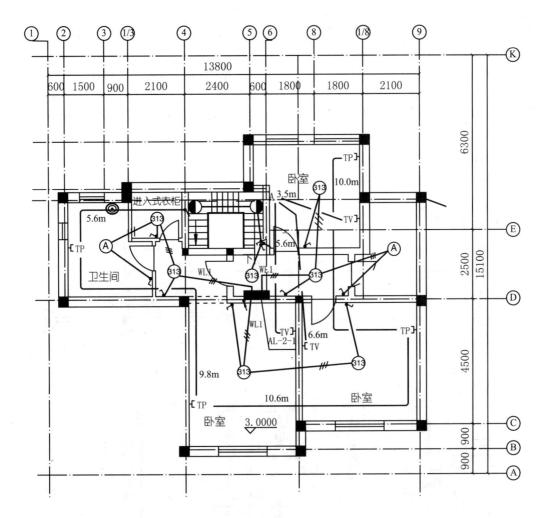

二层电气平面图 1：100

图 3-3-4　二层照明平面图

1）二层照明平面的电源引入点在一层，从一层 AL-1-1 箱引出，AL-1-1 箱右下角向右向下，在 D 轴上有线路引上箭头。线路的标注是：BV（5×10）— SC32 — WC，表示有 5 根、截面积 10mm² 的塑料绝缘铜芯导线、穿直径 32mm 的焊接钢管、沿墙面内暗敷设。

2）二层照明平面图中间是二层配电箱 AL-2-1，AL-2-1 箱左下角有线路引出箭头，表示线路从下层引上。

3）二层照明只一条支线 WL1，但分三个方向，向下进主卧室，是一个 5 号灯，向上是一个单联开关。从 5 号灯向右进次卧室，是一个 5 号灯，向上是一个单联开关。

① WL1 向左进小楼道，是一个 5 号灯，向下是一个单联开关。从 5 号灯向上进进入式衣柜，是一个 5 号灯，向下是一个单联开关。从 5 号灯向左进主卫生间，是一个 A 灯，向右下是一个单联开关。

② WL1 向右进楼道，是一个 313 灯，向左下是一个单联开关。从 313 灯向右进卫生

间，是一个 A 灯，向左下是一个单联开关。从 313 灯向上进客卧，是一个 5 号灯，向下是一个单联开关。

4）楼梯口附近的灯，不属于二层，而是一层 WL2 支线的末端。楼梯口是一个 313 灯，向右上是一个单控单联开关和一个双控单联开关。双控单联开关是楼梯灯开关，与一楼楼梯口的另一个双控单联开关配合，控制楼梯两侧的两个壁灯。开关右侧有线路引上箭头。

（4）首层插座平面图

首层插座平面图，如图 3-3-5 所示。

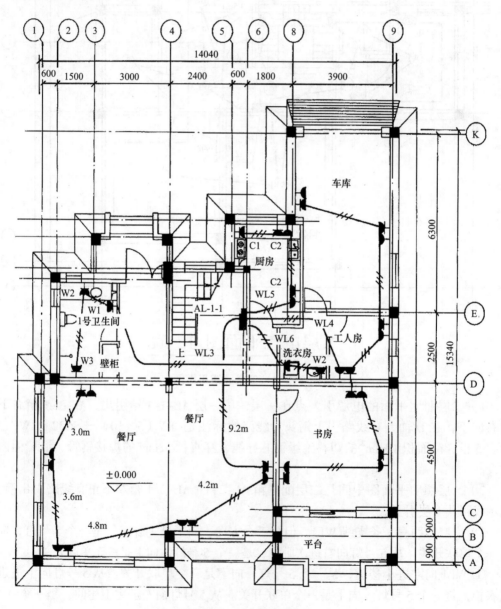

图 3-3-5　首层插座平面图

插座平面图读起来要比照明平面图容易得多。

① WL3 支线从 AL-1-1 箱中间向左向下进餐厅，接第一个双联插座，然后沿外墙一圈共 5 个双联插座。

② WL4 支线从 AL-1-1 箱中间向右进工人房，接第一个双联插座，经工人房另一个双联插座，进车库接两个双联插座。

在工人房第一个双联插座处，穿墙进入书房，书房有三个双联插座。

③ WL5 支线从 AL-1-1 箱右上角向右进厨房，接两个 C2 双联插座，一个 C1 单联插座。

④ WL6 支线从 AL-1-1 箱右下角向右进洗衣房，接一个单联插座，再接另一个 W2 单联插座。从单联插座向左，进一层卫生间有三个单联插座，分别是 W1、W2、W3。

⑤ 插座线路每段线段都标三根小斜线，表示都是三根导线。单相三孔插座要接三根线，分别是 L、N、PE 线。

（5）动力工程图

与照明工程图相比，动力工程图要简单一些，由于动力设备数量较少，同时，每条动力支线末端只有一台设备。

1）动力系统图

动力系统图与照明系统图格式相同，本图中较特殊的是几台设备控制箱，如图 3-3-6 所示。

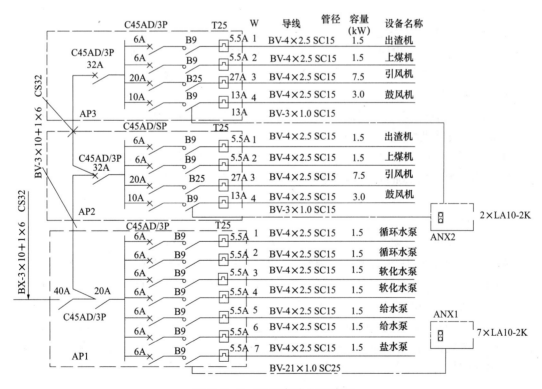

图 3-3-6　锅炉房动力系统图

① 图中有三台配电箱，由于箱内装有接触器，也称控制配电箱，另有两台按钮箱。主配电箱 AP1 箱体尺寸为 800mm×800mm×120mm。配电箱 AP2、AP3 的箱体尺寸为 800mm×400mm×120mm，两台按钮箱尺寸 ANX1 为 800mm×250mm×100mm，ANX2 为 200mm×250mm×100mm。

② 电源从 AP1 箱左端引入，线路的标注是：BV（3×10 ＋ 1×6）－SC32，表示使用橡胶绝缘铜芯导线（BX），3 根截面积 10mm²，1 根截面积 6mm²，穿直径 32mm 焊接钢管（SC）。电源进入配电箱后接主开关，开关型号为 C45AD/3P 容量 40A，D 表示短路动作电流为 10～14 倍额定电流，箱内开关均为此型号。主开关后是本箱主开关，容量为 20A 的 C45A 型断路器，AP1 箱共有 7 条输出回路，每条回路为 6A 断路器，后面接 B9 型交流接触器，作电动机控制用；热继电器为 T25 型，作电动机过载保护用，动作电流 5.5A。AP1 箱控制 7 台水泵。操作按钮装在按钮箱 AXT1 中，箱内为 7 只 LA10-2K 型双联按钮。控制线为 21 根截面积 1.0mm² 塑料绝缘铜芯导线，穿直径 15mm 焊接钢管，BV（21×1.0）－SC15。本图动力设备均放置在地面，因此所有管线均为沿地面内敷设。从配电箱到各台水泵的线路，均为 4 根截面积 2.5mm² 塑料绝缘铜芯导线，穿直径 15mm 焊接钢管，BV（4×2.5）－SC15，4 根导线中 3 根为相线，1 根为保护零线。各台水泵功率均为 1.5kW。

③ AP2 与 AP3 为两台相同的配电箱，分别控制两台锅炉的风机和煤机。到 AP2 箱的电源从 AP1 箱 40A 开关下口引出，接在 AP2 箱 32A 断路器上口，导线为塑料绝缘铜芯导线，3 根截面为 10mm² 和 1 根截面为 6 mm²，穿直径 32mm 焊接钢管，BV（3×10 ＋ 1×6）－SC32。从 AP2 箱主开关上口引出向 AP3 箱的电源线，与接入 AP2 箱的导线相同。每台配电箱内为 4 条输出回路，2 条回路为 6A 断路器、1 条回路为 20A 断路器、1 条回路为 10A 断路器，20A 回路的接触器为 B25 型，其余回路为 B9 型。热继电器为 T25 型，动作电流分别为 5A、5A、27A 和 13A。导线均为 4 根截面积 2.5mm² 塑料绝缘铜芯导线，穿直径 15mm 焊接钢管 BV（4×2.5）－SC15。出渣机和上煤机的功率为 1.5kW，引风机功率为 7.5kW，鼓风机功率为 3.0kW。

④ 两台鼓风机的控制按钮装在按钮箱 ANX2 内，其他设备的操作按钮装在配电箱门上。按钮接线为 3 根 1.0mm² 塑料绝缘铜芯导线，穿直径 15mm 焊接钢管，BV（3×1.0）－SC15。

2）动力平面图

图 3-3-7 为锅炉房动力平面图，表 3-3-11 为主要设备材料表。

① 图中电源进线在图右侧，沿厕所、值班室墙引入到主配电箱 AP1。从 AP1 向左下为到 AP2 箱和 AP3 箱的导线。AP1 箱的 7 条引出线分别接到水处理间的 7 台水泵上，按钮箱装在水处理间侧面墙上。

② 配电箱 AP2、AP3 装在锅炉房墙壁上，上煤机、除渣机在锅炉右侧，鼓风机在锅炉左侧。引风机装在锅炉房外间，按钮箱装在外间墙上，控制线接入按钮箱处有一段沿墙敷设。图中的标号与材料表中编号相对应。

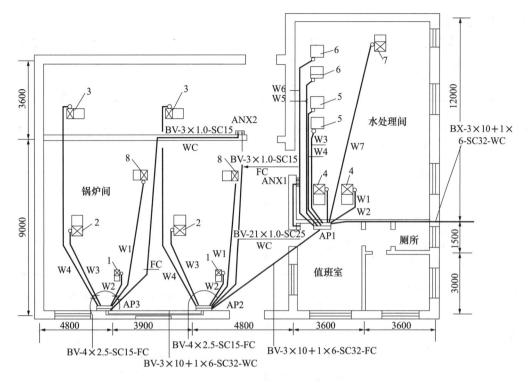

图 3-3-7 锅炉房动力平面图

设备材料表　　　　　　　　　　　　　　　　　表 3-3-11

序号	名称	容量（kW）
1	上煤机	1.5
2	引风机	7.5
3	鼓风机	3.0
4	循环水泵	1.5
5	软化水泵	1.5
6	给水泵	1.5
7	盐水泵	1.5
8	出渣机	1.5

第四节　外线工程图

1. 电缆线路工程图

① 电缆线路不受外界自然条件的影响，运行可靠，同时通过居民区无高压危险，且具有节约用地、美化市容、便于管理、日常维护量小等优点。多用于对环境要求较高的城

市中的供电线路。

② 电缆线路电气工程图是描述电缆敷设、安装、连接的具体布置及工艺要求的简图，一般用平面布置图表示。在平面布置图上常用的图形符号，见表 3-4-1。

电缆线路常用图形符号
表 3-4-1

图形符号	说明	图形符号	说明
────○────	管道线路，管孔数量，截面尺寸或其他特性（如管道的排列形式）可标注在管道线路的上方 示例：6 孔管道的线路	▭▭	手孔的一般符号
────○⁶────		(a)	电力电缆与其他设施交叉点 a—交叉点编号 （a）电缆无保护 （b）电缆有保护
------------	电缆铺砖保护	(b)	
───▭───	电缆穿管保护，可加注文字符号表示其规格数量		
───⌒───	电缆预留	◁═══	电缆密封终端头（示例为带一根三芯电缆）
3 ◇ 3	电缆中间接线盒		
3 ◆ 3	电缆分支接线盒	✳ =====	电缆桥架 ＊为注明回路号及电缆截面芯数
──▭──	人孔一般符号，需要时可按实际形状绘制		

③ 图 3-4-1 是一个电缆工程的竣工平面图，图中标出了电缆线路的走向、敷设方法、各段线路的长度及局部处理方法。

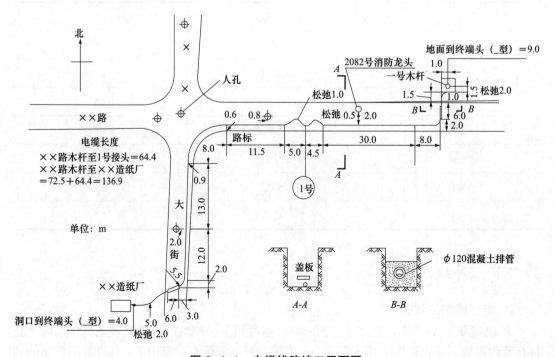

图 3-4-1　电缆线路竣工平面图

④ 图 3-4-1 所示为 10kV 电缆线路平面图，电缆采用直接埋地敷设，电缆从 ×× 路北侧电杆引下穿过道路沿路南侧敷设，到 ×× 大街转向南，沿街东侧敷设，终点为造纸厂，在造纸厂处穿过大街，按规范要求在穿过道路的位置要穿混凝土管保护。

⑤ 图右下角为电缆敷设方式的断面图。剖面 A–A 是整条电缆埋地敷设的情况，采用铺砂盖保护板的敷设方法，剖切位置在图中 1 号位置右侧。剖面 B–B 是电缆穿过道路时加保护管的情况，剖切位置在图中 1 号木杆下方路面上。这里电缆横穿道路时使用的是直径 120mm 的混凝土保护管，每段管长 6m，在图右上角电缆起点处和左下角电缆终点处各有一根保护管。

⑥ 电缆全长 132.4m，其中包含了在电缆两端和电缆中间接头处必须预留的松弛长度。

⑦ 图中间标有 1 号的位置为电缆中间接头位置，1 号点向右直线长度 4.5m 内做了一段弧线，这里要有松弛量 0.5m，这些松弛量是为了将来此处电缆头损坏修复时所需要的长度。向右直线段 30 + 8 = 38m，转向穿过公路，路宽 2 + 6 = 8m，电杆距路边 1.5 + 1.5 = 3m，这里有两段松弛量共 2m（两段弧线）。电缆终端头距地高度为 9m。电缆敷设时距路边 0.6m，这段电缆总长度为 64.4m。

⑧ 从 1 号位置向左 5m 内做一段弧线，松弛量为 1m。再向左经 11.5m 直线段进入转弯向下，弯长 8m。向下直线段 13 + 12 + 2 = 27m 后，穿过大街，街宽 9m。造纸厂距路边 5m，留有 2m 松弛量，进厂后到终端头长度为 4m。这一段电缆总长为 68m，电缆敷设距路边的 0.9m 与穿过道路的斜向增加长度相抵不再计算。

2. 架空电力线路工程图

架空电力线路的造价低、架设简便、取材方便、便于检修，所以使用广泛。但由于架空电力线路暴露在空气中，受气候环境等条件的影响较大，因此线路的安全性、可靠性稍差。在有足够的架设空间和不妨碍观瞻的情况下，一般供电线路都采用架空电力线路。

在架空电力线路工程图中，需要用相应的图形符号，将架空线路中使用的电杆、导线、拉线等表示出来，见表 3-4-2。

架空电力线路工程图常用图形符号　　　　表 3-4-2

图形符号	说明	图形符号	说明
——○——	架空线路	○◦	单接腿杆（单接杆）
○_C^{A—B}	电杆的一般符号（单杆，中间杆）①	◦○◦	双接腿杆（品接杆）
○H	H 形杆	形式1 / 形式2	有 V 形拉线的电杆
○——	带撑杆的电杆		
○——	带撑拉杆的电杆	形式1 / 形式2	有高桩拉线的电杆
○•	引上杆（小黑点表示电缆）		
⊕	电杆保护用围桩（河中打桩杆）		
形式1 / 形式2	拉线一般符号（示出单向拉线）	○a-^b_cAd	带照明灯的电杆的一般画法

注：① A—杆材或所属部门，B—杆长，C—杆号。

在架空电力线路工程平面图中，有时还会有发电、变电设备，它们的图形符号，见表3-4-3。

发电、变电设备平面图符号 表3-4-3

序号	图形符号		说明
	规划（设计）的	运行的	
1	○V/V	◐V/V	变电所（示出改变电压）
2	○	◐	杆上变电站
3	▭	▨	火力发电站（煤、油、气等）

图3-4-2是一条10kV高压架空电力线路工程的平面图。

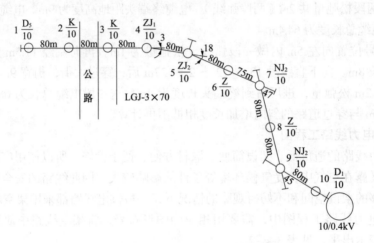

图3-4-2 10kV架空电力线路平面图

线路杆位明细表，见表3-4-4。

线路杆位明细表 表3-4-4

电杆编号	1	2、3	4	5
杆型示意图				
杆型（代号）	D_5	K	ZJ_1	ZJ_2
横担	$2×L90×8$	$L63×6$	$L63×6$	$2×L63×6$
拉线	GJ-50			GJ-50

续表

电杆编号	1	2、3	4	5
底盘	DP$_6$			DP$_6$
卡盘			KP$_8$	
拉线盘	LP$_6$			LP$_6$

电杆编号	6、8	7、9	10
杆型示意图	500／7800／1700	200／200／450·510·150／7200／1700	200／500·150／7650／1700
杆型（代号）	Z	NJ$_2$	D$_1$
横担	L63×6	2×（2×L90×8）	2×L90×8
拉线		GJ-50/2 组	GJ-50
底盘		DP$_6$	DP$_6$
卡盘			
拉线盘		LP$_6$/2 个	LP$_6$

1）从图上可以看出，新线路共 10 根电杆，此外要装一台变压器，变压器台架需要 2 根电杆，这样一共 12 根电杆，电杆全部使用 10m 混凝土杆。12 个杆坑，坑深 1.7m，其中 1、5、7、9、10 号杆下要装 DP6 型底盘，4 号杆下要装 KP8 型卡盘。

2）图中 1 号杆、5 号杆、10 号杆上装一组普通拉线，4 号杆、9 号杆装两组普通拉线，共 7 组普通拉线。拉线使用 GJ-50 钢绞线，GJ 表示钢绞线，50 表示钢绞线直径 50mm。

3）每根拉线下面有一个拉线盘，要挖一个拉线盘坑。

4）组装横担，单横担 6 组，双横担 7 组。

①1 号杆是起点终端杆 D$_5$，为了增加横担强度，杆上安装一组双横担。杆下有一组跌开式熔断器，使用一组单横担。

②10 号杆是终点终端杆 D$_1$，杆上安装一组双横担。

③2 号杆、3 号杆是跨越杆 K，杆上安装一组单横担。

④4 号杆是直线转角杆 ZJ$_1$，杆上安装一组单横担。

⑤5 号杆是直线转角杆 ZJ$_2$，杆上安装一组双横担。

⑥6 号杆和 8 号杆是直线杆 Z，杆上安装一组单横担。

⑦7号杆和9号杆是耐张转角杆 NJ₂，杆上安装两组双横担。

第五节　防雷接地工程图

1. 防雷接地工程图中的符号

防雷接地工程图中常用的符号，见表3-5-1。

防雷接地工程图常用符号 表3-5-1

序号	名称		符号	说明
1	避雷针		●	
2	避雷带（线）		 —×——×—	
3	实验室用接地端子板	明装	⊕*	1. 除图上注明外，面板底距地面 1.2m 2. * 为端子数，用 1,2,3…表示
		暗装	⊕*	
4	接地装置	有接地极	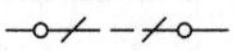 —○✓——	
		无接地极	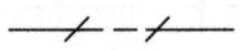 ———	
5	接地一般符号		⏚	如表示接地状况或作用不够明显，可补充说明
6	无噪声（抗干扰）接地		 ⏚	
7	保护接地		 ⏚	本符号可用于代替序号5符号，以表示具有保护作用，例如在故障情况下防止触电的接地
8	接机壳或底板		⊥	
9	等电位		 ▽	
10	端子		○	
11	端子板		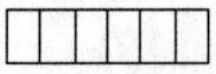 ▢▢▢▢▢	可加端子标志
12	等电位连接		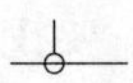 ⊥	
13	易爆房间的等级符号	含有气体或蒸气爆炸性混合物	⓪区 ①区 ②区	
		含有粉尘或纤维爆炸性混合物	⑩区 ⑪区	
14	易燃房间的等级符号		㉑区 ㉒区 ㉓区	

由于电气系统接地的施工内容和方法与防雷接地略有不同，这里分别用两个例子说明

定额的使用方法。

（1）电气系统接地

①电源外线进入建筑物后，按规定电源 PEN 线要做重复接地，同时内线系统的配电箱、金属管线也要与接地装置可靠连接，为了防止建筑物内的其他金属管线出现带电伤人的现象，建筑物内的水管、暖气管、燃气管道等也要与接地装置可靠连接，称为总等电位联结。

②建筑物电气系统接地系统图，如图 3-5-1 所示。

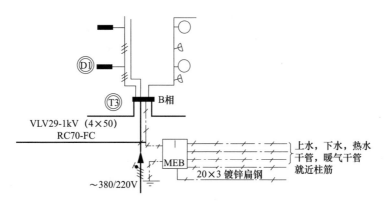

图 3-5-1　接地系统图

③建筑物电气系统接地平面图，如图 3-5-2 所示。

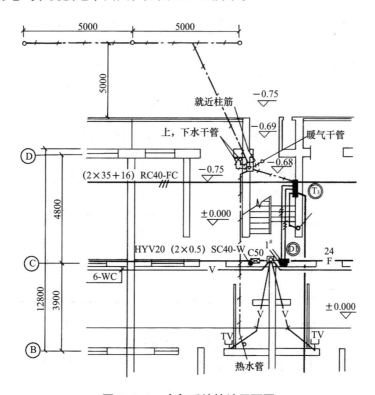

图 3-5-2　电气系统接地平面图

④ 从接地系统图 3-5-1 中可以看到，接地母线接到总等电位联结箱 MEB 箱，MEB 箱内有接地铜排，接地母线接在铜排上，接地线从铜排接至各处需要接地的金属体。首先从 MEB 箱接到总配电箱 T3，这一段接地线埋在地下使用 40mm×4mm 镀锌扁钢。MEB 箱箱体用 20mm×3mm 的镀锌扁钢与最近的柱子钢筋进行焊接。从接地铜排上接出的另外 4 条接地线分别与上水、下水、热水干管及暖气干管连接，使用 BV-25mm 塑料绝缘铜芯导线穿 SC20 焊接钢管埋地敷设，与管道连接使用管箍压接。各个连接位置见平面图 3-5-2。

⑤ 平面图中 MEB 箱装在单元门右侧墙上，安装高度 0.5m。主配电箱 T3 安装在对面墙上，安装高度 1.4m。上、下水干管和暖气干管距 MEB 箱很近，热水干管位置在卫生间内。接地装置为 3 根接地极，使用 Φ19 镀锌圆钢。接地极距建筑物外墙距离 5m，接地极间距 5m。接地母线从接地极接到 MEB 箱。室外接地母线埋深 0.8m。

（2）防雷接地

防雷接地平面图，如图 3-5-3 所示。

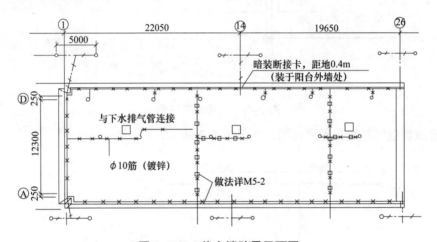

图 3-5-3　住宅楼防雷平面图

图 3-5-3 为六层砖混住宅楼，檐高 20m，楼顶安装避雷网。楼顶四周避雷网安装在女儿墙上，中间的分隔网部分安装在混凝土块上，楼顶上突出的金属管道，要与避雷网连接。利用楼的构造柱钢筋作防雷引下线，每根构造柱内焊 4 根钢筋。每根构造柱下埋设一组接地装置，每组接地装置为 2 根 Φ19 的圆钢接地极，间距 5m，图上方的接地装置距楼阳台外沿 4m，图下方的接地装置距楼阳台外沿 1.5m。接地母线在距室外地坪 0.4m 处与构造柱上引出的引下线连接，作暗装断接测试卡子。室外接地母线埋深 0.8m，使用 40mm×4mm 镀锌扁钢。

第六节　建筑智能化工程图

1. 电话工程图

在首层照明平面图 3-3-3 和二层照明平面图 3-3-4 中有电话和电视的平面位置，电话工程的系统图，如图 3-6-1 所示。

① 图 3-6-1 中，中间的 F-1 是电话分线箱（组线箱），型号是 STO-10，10 表示接 10 对线的分线箱，尺寸是 200mm×280mm×120mm。

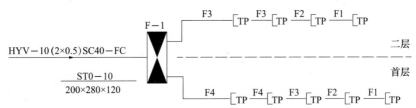

注：电话支线为RVS－2×0.5穿SC15管。

图 3-6-1 电话工程系统图

② 箱左侧是电话干线进线，使用电话电缆 HYV － 10（2×0.5）SC40 － FC，HYV 是电话电缆型号、10 是 10 对线芯、2×0.5 是每对线芯由 2 根直径 0.5mm 的单芯硬线绞合而成、SC40 是穿直径 40mm 的焊接钢管、FC 是沿地面内敷设，由于是从室外引入，进入室内时要作密封电缆保护管。

③ 箱右侧是两条电话支线，首层共 5 部电话机在一条支线上，二层共 4 部电话机在一条支线上，电话支线使用电话线 RVS－2×0.5－SC15，RVS 是导线型号：软双绞线、2×0.5 是每条电话线由 2 根截面 2×0.5mm² 的多股软线绞合而成、SC15 是穿直径 15mm 的焊接钢管、敷设位置与电源插座相同在地面内、墙面内敷设。

④ 从图 3-8 上可以看到，房间里共安装 9 部电话，其中卫生间和主卧室内的电话使用同一个电话号码，为两部电话并联，其余每部电话均为独立的电话号码。从室外引入 10 对线电话电缆，在一层进入电话分线箱，分线箱安装高度 0.5m。一层和二层所有电话线均为穿一根钢管敷设，图中 F4 表示管内有 4 条电话线，F3 表示管内有 3 条电话线，以此类推。电话出线口使用单插座型。

⑤ 首层电话进线在 4 号轴左侧，进入电话分线箱（组线箱），然后向左沿外墙绕房半周，共 5 个电话插座 TP。

⑥ 二层线从 4 号轴沿墙上楼，向左沿外墙绕房半周，共 4 个电话插座。

2. 电视工程图

电视工程的系统图，如图 3-6-2 所示。

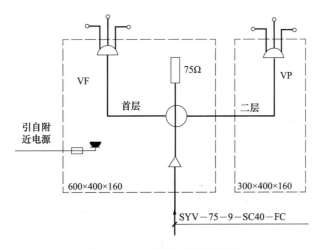

图 3-6-2 电视工程系统图

① 图 3-6-2 中有两个电视设备箱，分别装在首层和二层。

② 电视干线电缆也是埋地引入，SYV–75–9–SC40–FC，SYV 是电视电缆的型号、75 是 75Ω 同轴电缆、9 是直径 9mm 的同轴电缆，SC40 是穿直径 40mm 的焊接钢管，FC 是沿地面内敷设，进入建筑物时要使用密封电缆保护管。

③ 首层电视设备箱 VF 内安装一只放大器，一只二分支器，一只三分配器。三分配器引出 3 条支线接一层 3 个用户插座 TV。二分支器上端有一只 75Ω 终端电阻。箱内要装一个电源插座。

④ 二层电视设备箱 VP 内安装一只三分配器，分配器的 3 条支线接二层 3 个用户插座。

⑤ 从图 3–6–2 上可以看到，电视电缆进入室内后，接入电视设备箱。设备箱安装高度距地 0.5m，箱右侧引出 3 条支线接一层 3 个用户插座 TV，分别在餐厅、客厅和书房。

⑥ 箱右侧最上面一条是首层到二层的干线，从 6 号轴沿墙上楼，引到二层电视设备箱。

3. 综合布线工程图

综合布线工程图图形符号，见表 3–6–1。

综合布线工程图图形符号 表 3–6–1

序号	图形符号	说明	序号	图形符号	说明
1	MDF	总配线架	11	ADO/DD	家居配线装置
2	ODF	光纤配线架	12	——onTO	信息插座（n 为信息孔数）
3	FD	楼层配线架	13	TP	电话出线口
4	FD	楼层配线架	14	TV	电视出线口
5	▷◁	楼层配线架（FD 或 FST）	15	☐	信息插座
6	⊗	楼层配线架（FD 或 FST）	16	nTO	信息插座（n 为信息孔数）
7	BD	建筑物配线架（BD）	17	——onTO	信息插座（n 为信息孔数）
8	▷◁	建筑物配线架（BD）	18	TP	电话出线口
9	CD	建筑群配线架（CD）	19	TV	电视出线口
10	▷◁▷◁	建筑群配线架（CD）	20	PABX	程控用户交换机

序号	图形符号	说明	序号	图形符号	说明
21	LANX	局域网交换机	26		电话机
22		计算机主机	27		电话机（简化形）
23	HUB	集线器	28		光纤或光缆的一般表示
24		计算机	29		整流器
25		电视机			

（1）综合布线工程系统图，如图 3-6-3 所示。

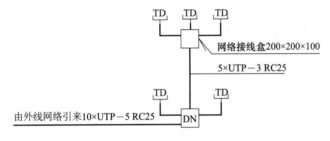

图 3-6-3　综合布线工程系统图

① 图 3-6-3 中有两个网络接线盒 DN，尺寸是 200mm×200mm×100mm。

② 左侧是进线 10×UTP － 5，10 是 10 根 4 对双绞线电缆、UTP 是非屏蔽型、5 是 5 类线、RC25 是穿直径 25mm 的水煤气焊接钢管。

③ 首层 2 个信息插座 TD。到每个信息插座的支线均使用与进线相同的双绞线电缆。

④ 首层到二层接线盒，用的是 5×UTP － 3，5 根 3 类线，同样是穿直径 25mm 的水煤气焊接钢管。

⑤ 二层有 3 个信息插座 TD。

（2）综合布线工程平面图，如图 3-6-4 所示。

图 3-6-4 中，网线由外线网络引来，使用也是埋地引入，进入 6 号轴侧配线箱，距地 1.4m。在一层只有 2 个信息插座 TD，1 个在客厅，1 个在书房。

上二层的线从 6 号轴沿墙上楼。

4. 闭路监控电视系统工程图

闭路监控电视系统的器件数量较少，分布较分散，平面图较简单，下面主要分析系统图。

闭路监控电视系统图，如图 3-6-5 所示。

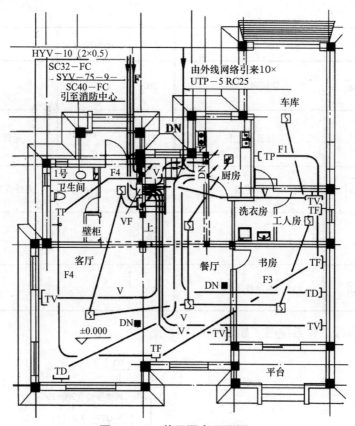

图 3-6-4　首层弱电平面图

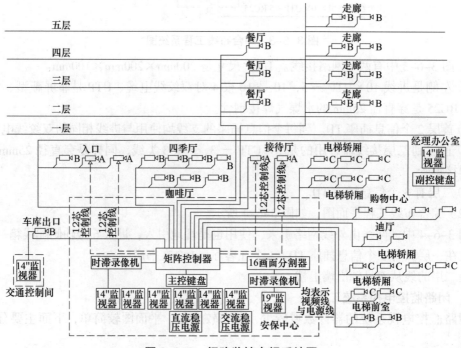

图 3-6-5　闭路监控电视系统图

系统图中的设备明细，见表3-6-2。

设备明细 表3-6-2

序号	名称	型号	规格	单位	数量
1	半球形全方位摄像机	BC350	黑白	台	4
2	半球形定焦摄像机	BL350	黑白	台	46
3	针孔摄像机	CCD-600PH	黑白	台	12
4	矩阵控制器	V80X81CP		台	1
5	时滞录像机	TLRC-960	960h	台	2
6	16画面分割器	V816DC		台	1
7	监视器		14″黑白	台	8
8	监视器		19″黑白	台	1
9	主控键盘	V1300C-RVC		台	1
10	副控键盘	V1300C-RVC		台	1
11	直流稳压电源	4NICC78H		台	6
12	交流稳压电源	4NIC-B5		台	2

系统图中的图例符号，见表3-6-3。

图例符号 表3-6-3

图形符号	说明	图形符号	说明
▭◁	摄像机	A	半球形全方位摄像机
▱◁	带云台的摄像机	B	半球形定焦摄像机
SW	切换控制器	C	针孔摄像机

① 系统图下部的虚线框中，是安保中心主控室里的设备，核心是矩阵控制器，所有的摄像机都接在矩阵控制器，16画面分割器接一台19时监视器，监视器上可以同时出现16个画面。

② 不同的摄像机分布在入口、车库、接待厅、电梯、购物中心、餐厅、咖啡厅等场合。

第七节　消防工程图

1. 消防工程图中常用图形符号

消防工程图中常用图形符号，见表 3-7-1。

消防工程图常用图形符号　　　　　　　　　　　　　　　　　表 3-7-1

图形符号	说明	图形符号	说明	图形符号	说明
＊	火灾报警装置 ＊包括: Ac—集中报警装置 Aa—区域报警装置 Fi—楼层显示装置	☐	M—防火门闭门器 FR—中继器 Fd—送风风门出线口 Fe—排烟风门出线口 Fc—控制接口 Fch—切换接口	⊗L ⊗U	液面报警器
				◑	消火栓
				⊗⊗	消火栓启泵按钮及信号灯
				FW	水流指示器
感温探测器	感温探测器	火灾警铃	火灾警铃	消防泵	消防泵
S	感烟探测器	◁	火灾报警发声器		
△	感光探测器	◁	火灾报警扬声器	FM A B	电控防火门
↙	气体探测器				
⊟	红外线光束感烟发射器		火灾光信号装置	FL	电控防火卷帘门
⊟	红外线光束感烟接收器			70℃	防火阀
F	报警电话插孔		非电量接点一般符号 ＊包括: SP—压力开关、压力报警开关 SU—速度开关 ST—温度开关 SL—液位开关 SB—浮球开关 SFW—水流开关	280℃	防火调节阀
Y	手动报警装置				排烟阀
BLHF	组合声光报警装置 包括: B—声信号 L—光信号 H—手动报警装置 F—电话插孔 （专用）				排烟防火阀
					风机
				⊕	建筑物标志灯
					单面显示安全出口标志灯
压力报警阀	压力报警阀	非消防电源	非消防电源		双面显示安全出口标志灯
出线口与接口 ＊包括:	出线口与接口 ＊包括:	线性感温探测器	线性感温探测器		
		空气管感温探测器	空气管感温探测器		火灾楼层显示灯

2. 消防工程系统图

消防工程系统示意图，如图 3-7-1 所示。图中使用的图例，见表 3-7-2。

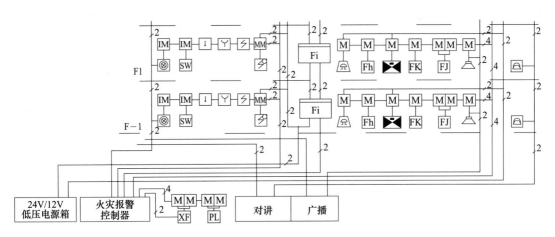

图 3-7-1　消防工程系统示意图

消防系统图图形符号含义　　　　　　　　　　　　　表 3-7-2

名称	图形符号	名称	图形符号	名称	图形符号
非消防电源	Fh	区域显示器	Fi	防火卷帘	FJ
控制模块	M	水流信号开关	SW	空调机	FK
主模块	MM	消防泵	XF		
输入模块	IM	喷淋泵	PL		

① 图中火灾报警控制器，具有集中报警和联动控制功能。报警控制器采用数字控制总线方式。在消防中心控制室还有低压电源箱，为火灾探测器和模块提供直流电源。此外在图中还有对讲电话设备和火灾广播设备。

② 火灾报警控制器上示出 6 条输出回路，左边第一条回路接各个消火栓按钮，这些按钮并联在一起，用于手动报警和手动控制消防水泵启动。消火栓按钮上接有输入模块 IM，操作按钮时会同时发出报警信号并显示报警位置。

③ 第二条回路接各个火灾探测器和输入模块，向火灾报警控制器输入报警信号并显示报警位置。图中有水流信号开关 SW 接输入模块 IM、电子感温探测器、地址编码手动报警按钮、地址编码离子感烟探测器、非地址编码离子感烟探测器接主模块 MM。

④ 第三条回路接楼层区域显示器 Fi，在每个楼层显示报警位置。

⑤ 第四条回路接各个控制模块，火灾报警控制器输出控制信号，控制各个设备动作。这些设备有警铃、非消防电源 Fh、防火排烟阀、空调 Fk、防火卷帘 FJ、广播扬声器等。

⑥ 第五条回路接控制模块，自动控制启动控制消防泵 XF 和喷淋泵 PL。

⑦ 第六条回路是消火拴按钮手动启动控制消防泵的控制线。

3. 消防平面图

消防平面图，如图 3-6-4 所示。

① 平面图 3-6-4 中消防控制线从消防中心引来，同样是埋地引入建筑物，在建筑物内 4 号轴左侧电视设备箱旁，安装一台报警控制器，距地 1.4m。从报警控制器引出两路控制线，分别接一层和二层的火灾探测器。

② 一层有 7 只感烟式火灾探测器，分别在门厅、楼梯口和各个房间。在厨房有 1 只可燃气体探测器。门厅有 1 只火灾报警按钮和 1 只消防警铃。

第四章 电气设备安装工程定额

通用安装工程预算定额共十二册，其中与电气工程相关的有：机械设备安装工程、电气设备安装工程、建筑智能化工程、自动化控制仪表安装工程、消防工程、通信设备及线路工程。最主要用的是：电气设备安装、建筑智能化和消防工程三册。

第一节 电气设备安装工程定额册说明

册说明是每册定额的总体说明，是执行本册定额要遵循的共性规定。

1）第四册《电气设备安装工程》（以下简称本定额）适用于工业与民用建筑项目中的10kV以下电气设备安装工程。10kV以上的工程要使用电力行业的定额。

2）电气设备安装工程中常会有涉及混凝土类的项目，这时要按照册说明规定，执行相应册的定额项目。

有时还会出现本册定额的定额子目与其他册相近的情况，不能哪个价高用哪个，本册工程只能用本册定额相应子目。只有本册定额找不到可用子目时，才可以借用其他册定额的项目。

① 架空线路工程中的钢管杆基础，执行第一部分《房屋建筑与装饰工程预算定额》相应项目。

② 灯具安装工程中的组立铁杆基础，执行第一部分《房屋建筑与装饰工程预算定额》相应项目。

③ 本定额设备安装未包括基础浇筑及二次灌浆，基础浇筑执行第一部分《房屋建筑与装饰工程预算定额》相应项目；二次灌浆执行第三册《静置设备与工艺金属结构制作安装工程》相应项目。

④ 排管敷设定额中未包括土方、砌筑、混凝土、模板、钢筋等项目，均执行第四部分《市政工程预算定额》相应项目。如：管井工程。

3）有关规定：本定额均不包括施工、试验、空载、试车用水和用电，已经含在《房屋建筑与装饰工程预算定额》相应项目中。带负荷试运转、系统联合试运转及试运转所需油、气等费用，由发承包双方另行计算（通常列入工程建设其他费）。

4）建筑物檐高

建筑物檐高以室外设计地坪标高作为计算起点。

① 平屋顶带挑檐者，算至挑檐板下皮标高；

② 平屋顶带女儿墙者，算至屋顶结构板上皮标高；

③ 坡屋面或其他曲面屋顶均算至墙的中心线与屋面板交点的高度；

④ 阶梯式建筑物按高层的建筑物计算檐高；

⑤ 突出屋面的水箱间、电梯间、亭台楼阁等均不计算檐高。

建筑物檐高关系到企业管理费计算基数。

5）通用安装工程费用标准详见附录（二）。

6）超高降效增加费：

① 超高降效增加费是指操作高度（指操作物高度距楼地面距离）超过定额规定的高度时所发生的人工降效费用。

② 本定额的操作高度除各章节另有规定者外，均按 5m 以下编制；当安装高度超过 5m 时，其超过部分的人工工日乘以下列系数（表 4-1-1）：

系数 表 4-1-1

操作高度	8m 以内	12m 以内	16m 以内	20m 以内	30m 以内
超高系数	1.10	1.15	1.20	1.25	1.60

③ 要注意操作物高度与图上所标注的安装高度的区别，安装高度是指设备下平面距本层地面的高度，操作物高度是指具体操作点的高度，如吊灯的安装高度是指吊灯下平面距本层地面的高度，而操作物高度是吊灯的安装点是屋顶板的高度。如：吊灯安装高度 5m，顶板高度 5.4m，那么这盏灯的安装就属于超高，人工工日要乘以系数 1.1。一般室内安装超高的机会不多，外墙上的安装项目容易出现超高的情况，室内的明配管线施工，会出现超高的情况。

第二节 变压器安装

变配电工程的项目分布在四章定额里，分别是变压器安装、（高压）配电装置、母线安装和控制设备和低压电器安装，此外还会用到导线敷设的项目。

1. 变压器安装定额内容及工程量计算规则

1）本章包括：油浸电力变压器，干式变压器，网门、保护网，绝缘垫，变压器保护罩安装等 5 节共 20 个子目。工作内容中的"接线"系指一次部分（不包括低压侧的铜质软连接安装）。

2）变压器安装分为油浸电力变压器安装和干式变压器安装两节，按变压器规格容量 kV·A 划分定额子目，计量单位：台。工作内容除了本体安装、附件安装等外，还有接地一项。注意接地是指把变压器接地端子，与准备好的接地装置进行连接，接地装置施工要另行计算。

变压器安装定额要另计主材费。变压器安装区别不同容量按设计图示数量计算。

3）清单项目中有整流变压器、自耦变压器、带负荷调压变压器、电炉变压器、消弧线圈，这些项目实际施工遇到较少，定额中没有单设子目，执行油浸电力变压器安装相应子目；非晶变压器执行油浸电力变压器相应定额子目，定额人工、机械费乘以系数 0.7。

4）网门、保护网是高压配电室做间隔、安全隔离用的，绝缘垫铺在变配电室地面上，安装时按设计图示尺寸以 m² 计算。如发生现场制作，费用另计。配电间隔框架执行本册铁支架制作安装相应子目。

5）干式变压器一般装在变压器柜里，与低压开关柜并排安装，方便低压母线连接。但有些场合干式变压器需要单独安装，由于干式变压器的接线端在变压器两侧，容易发生触电事故，需要安装变压器保护罩。变压器保护罩安装，定额按变压器设备自带编制。按设计图示数量以台计算。变压器保护罩主材费不需另计。

6）设备安装均未包括支架的制作安装，需要时执行本册支架制作安装相应子目。

7）设备中需注入或补充注入的绝缘油，应视作设备的一部分。

8）未包括工作内容：

①端子箱、控制箱的制作、安装。

②二次喷漆。

③变压器干燥和油过滤。

④变压器铁梯及母线铁构件的制作安装。

⑤各种电气设备的烘干处理，电缆故障的查找，由于设备元件缺陷造成的更换、修理和修改。

⑥变压器现场吊芯试验。

⑦变压器减震、抗震措施。指设计要求加装的抗震措施。

原全国定额和其他地方定额有变压器干燥、油过滤和变压器现场吊芯试验的项目，由于这些项目在北京地区施工中很少出现，定额没有编制。

2. 定额应用举例

图 3-2-1 中，一层变压器室内装有两台变压器，一台型号为 S_9-500/10，另一台型号为 S_9-315/10。

1）工程量统计

变压器安装的工程量统计表，见表 4-2-1。

变压器安装工程量统计表　　　　　　　　　　表 4-2-1

序号	工程项目	单位	计算公式	数量
1	油浸电力变压器安装	台		2.000
2	变压器基础扁钢安装	m	1.5×2×2	6.000
3	绝缘垫安装	m²	（4＋4）×4.5	36.000

工程量统计过程如下：

①油浸电力变压器安装，2 台。

图 3-2-3 中，一层变压器室内装有两台变压器，1 台是 S_9-500/10 型油浸电力变压器，另 1 台是 S_9-315/10 型油浸电力变压器。

②变压器基础扁钢安装，6m。

变压器下部要安装钢基础，使用 200×8 扁钢。每台变压器下部两根，每根长度 1.5m。两台变压器 4 根，长 6m。

③绝缘垫安装，36m²。

变压器室内满铺绝缘垫，按房间面积计算，每个房间 4×4.5m，共 36m²。

2）预算价计算（预算价就是图 1-1-1 中的直接工程费。）

变压器安装的预算价计算表，见表 4-2-2。

变压器安装预算价计算表 表 4-2-2

序号	定额编号	定额项目	单位	单价	计算公式	数量	合价	人工费
1	1-1	油浸电力变压器安装容量 630kV·A 以内	台	1599.89		2.000	3199.78	1567.54
2	主材费	S₉-500/10 油浸电力变压器	台	46140.00		1.000	46140.00	
3	主材费	S₉-315/10 油浸电力变压器	台	33140.00		1.000	33140.00	
4	1-19	绝缘垫安装	m²	8.17		36.000	294.12	269.28
5	主材费	绝缘垫 10mm	m²	6.00	1.0300×36	37.080	222.48	

① 定额编号 1-1，油浸电力变压器安装容量 630kV·A 以内，2 台。

实际安装的两台变压器是 500kV·A 和 315kV·A，定额最小项目容量是 630kV·A，所以两台不同容量变压器使用同一个定额子目。

② 变压器主材费，定额表中没有主材名称，需另计主材费，按实际发生数量计算。S₉-500/10 油浸电力变压器，1 台；S₉-315/10 油浸电力变压器，1 台。

定额中没有变压器干燥、变压器油过滤和变压器现场吊芯试验的定额子目内容，如需要时可另行计算。

③ 定额编号 1-19，绝缘垫安装，36m²。

④ 绝缘垫主材费，37.08m²。

定额表中有主材名称，但没有单价，需另计主材费，按定额表中数量栏中给定的数量（1.0300）计算。

数量（1.0300）称为定额含量，意为一个定额计量单位所含主要材料的数量，计算时用定额含量乘以定额数量，即为主材数量 1.0300×36 = 37.08m²。

变压器基础扁钢安装留到后面第十三章再做。

本表给出了定额单价和计算出的合价，是为了说明预售价的计算过程，这一过程将来由计算机自动完成，后面的例题中不再演示。人工费合计是人工费单价乘以数量得出，单列是因为安装工程是以人工费作为取费基数。

第三节　配电装置安装

配电装置是指高压配电装置，即变配电工程中的高压电器安装。

1. 配电装置安装定额内容及工程量计算规则

1）本章包括：互感器、高压熔断器、避雷器、高压成套配电柜、组合式成套箱式变电站、成套箱式开闭器等 6 节共 26 个子目。工作内容中的"接线"系指一次部分（不包括焊压铜、铝接线端子）。

2）北京定额只有互感器的安装按设计图示数量以台计算。高压熔断器、避雷器的安装按设计图示数量以组计算，高压熔断器三相为一组，注意这里定额计量单位是"组"，而不是"台"或"个"，三个为一组。

安装工程中的设备安装都是成套设备，一般不做单独电器安装，这里的互感器、熔断器、避雷器安装都是指成套设备外单独安装的，很少出现。

因此，清单中的：油断路器、真空断路器、SF6 断路器、空气断路器、真空接触器、隔离开关、负荷开关、干式电抗器、移相及串联电容器、集合式并联电容器、并联补偿电容器组架、交流滤波装置组架等项目，在北京定额中均未出现。如工程中出现，按种类、规格借用相应定额子目即可。

3）高压成套配电柜按柜内设备，分为断路器柜、电压互感器避雷器柜和其他电器柜。除了装有断路器、电压互感器避雷器的以外的计量柜、变压器柜均执行其他电器柜。

① 高压成套配电柜安装分为固定式和手车式，固定式高压柜在大城市已基本不使用，主要使用手车式高压柜。

② 手车式高压柜是全封闭式的，一般用于建筑物内敞开是的变配电室里，高压柜、变压器和低压柜都放在同一个空间。

③ 固定式高压柜是开启式的，一般用于独立变配电室，放置在单独的高压配电室内，如果没有独立的房间，就要在大房间内设置配电间隔，装网门、保护网隔离，保证非操作人员不靠近带电运行中的高压柜。

④ 环网柜是一个单独的子目。负荷开关操作的高压柜也执行环网柜子目。

⑤ 高压成套配电柜的安装按设计图示数量以台计算。

⑥ 高压成套配电柜安装按单母线柜编制，如果为双母线柜时相应定额乘以系数 1.15。

⑦ 高压成套配电柜柜间母线安装，北京定额是按随设备成套配置编制的。

4）组合式成套箱式变电站的安装，按箱内变压器的规格划分定额子目，有单台变压器和两台变压器之分。

组合式成套箱式变电站的安装，按设计图示数量以台计算，一个集装箱体为一台。组合型成套箱式变电站容量超过 2000kV·A，按解体安装分别执行相应定额子目。

5）成套箱式开闭器安装，按箱内开关回路数划分定额子目，按设计图示数量计算。

6）本章未包括工作内容：

① 设备安装均未包括支架、基础槽钢或角钢制作及安装，需要时执行本册相应定额子目。

② 配电柜的二次油漆或喷漆，设备的干燥，设备试验。

③ 各种电气设备的烘干处理，电缆故障的查找，由于设备元件缺陷造成的更换、修理和修改。

④ 组合型成套箱式变电站、开闭器接地网敷设有关内容。

2. 定额应用举例

图 3-2-1 中，高压室内有 5 台高压柜 Y1 ～ Y5，使用手车式高压开关柜。5 台高压柜中 Y1 为进线柜，柜内安装避雷器和电压互感器。Y2 为总开关柜，柜内安装主断路器和电流互感器。Y3 为计量柜，柜内安装电流互感器和电压互感器及仪表。Y4、Y5 为出线柜，柜内安装断路器和电流互感器。高压柜上使用 50×5 带形铜母线连接。

1）工程量统计

配电装置安装工程的工程量统计表，见表 4-3-1。

配电装置安装工程量统计表　　　　　　　　表 4-3-1

序号	工程项目	单位	计算公式	数量
1	高压成套开关柜安装	台		5.000
2	高压柜基础槽钢安装	m	4.205×2 + 1.5×6	17.410
3	高压柜基础扁钢安装	m	4.205×2 + 1.5×2	11.410
4	绝缘垫安装	m²	（4＋4）×2.5	20.000

工程量统计过程如下：

① 高压成套开关柜安装，5 台。

图 3-2-3 中，一层高压开关室中装有 5 台高压开关柜。

② 高压柜基础槽钢安装，17.41m。

基础槽钢在高压柜下面，高压柜的四边都放在槽钢上，使用 10 号槽钢。图中长边 4.025m，短边 1.5m，共两个长边，六个短边，4.205×2 + 1.5×6 = 17.41m。

③ 高压柜基础扁钢安装，11.41m。

基础扁钢在槽钢下面，预埋在混凝土里，只在电缆沟的四周有，使用 100mm×6mm 的扁钢。共两个长边，两个短边，4.205×2 + 1.5×2 = 11.41m。

④ 绝缘垫安装，20m²。

高压柜前面的地面上满铺，（4＋4）×2.5 = 20m²。

2）预算价计算

后面各章节的预算价计算表不再计算预算价，只列出定额数量。

配电装置安装的预算价计算表，见表 4-3-2。

配电装置安装预算价计算表　　　　　　　　表 4-3-2

序号	定额编号	定额工程项目	单位	计算公式	数量
1	2-11	高压成套开关柜安装手车式断路器柜	台		3.000
2	主材费	高压成套手车式断路器柜	台		3.000
3	2-12	高压成套开关柜安装手车式电压互感器避雷器柜	台		1.000
4	主材费	高压成套手车式电压互感器避雷器柜	台		1.000
5	2-13	高压成套开关柜安装手车式其他电器柜	台		1.000
6	主材费	高压成套手车式计量柜	台		1.000
7	1-19	绝缘垫安装	m²		20.000
8	主材费	绝缘垫 10mm	m²	1.0300×20	20.600

① 定额编号 2-11，高压成套开关柜安装手车式断路器柜，3 台。

在前面说明中，高压开关柜使用手车式高压开关柜。其中 Y2、Y4、Y5 三台开关柜中安装少油断路器（SN10-101）。

②高压成套手车式断路器柜主材费，3台。

③定额编号2-12，高压成套开关柜安装手车式电压互感器避雷器柜，1台。

高压开关柜Y1为电压互感器（JDZ6-10）避雷器柜（FZ2-10）。

④高压成套手车式电压互感器避雷器柜主材费，1台。

⑤定额编号2-13，高压成套开关柜安装手车式其他电器柜，1台。

高压开关柜Y3为计量柜，执行其他电器柜定额。

⑥高压成套手车式计量柜主材费，1台。

⑦定额编号1-19，绝缘垫安装，20m²。

⑧绝缘垫主材费，20.6m²。

绝缘垫主材数量1.0300×20＝20.6m²。

高压柜基础槽钢、基础扁钢安装留到后面第十三章再做。

高压柜柜间二次线连接，使用铜导线时，要使用盘柜配线定额。使用电缆时，要使用控制电缆定额。

第四节　母线安装

1. 母线安装定额内容及工程量计算规则

1）本章包括：带形母线，共箱母线，低压封闭式插接母线槽，始端箱、分线箱等4节共47个子目。

2）带形母线一节中包含：带形铜母线安装、铜母线伸缩接头安装、母线绝缘热缩管安装、穿通板安装、穿墙套管安装和支持绝缘子安装。

①带形铜母线安装按铜母线截面划分定额子目，并分为每相一片、每相两片、每相三片、每相四片。每相几片是指母线截面大于1200mm²时，需要两片以上母线叠放，满足截面要求。

②铜母线伸缩接头，是在母线长度超过20m以上时，母线要分段，用伸缩接头连接，防止母线热胀冷缩变形。按每相片数划分定额子目。定额是按成品编制的。

③现在柜内母线都要套绝缘热缩管进行绝缘，减少触电事故发生。按套管直径划分定额子目。

④穿通板安装、穿墙套管安装，是有室内架空母线时，穿过墙壁时使用。穿通板分为高压型、低压型定额子目，穿墙套管按法兰形状划分定额子目。

⑤母线要安装在支持绝缘子上。分为一孔、二孔、三孔定额子目。

⑥带形钢母线安装执行铜母线安装定额。铜母线安装中不包括支架的制作安装。带形母线区别片数按设计图示尺寸以单相长度（含预留长度）计算。

3）共箱母线按箱体尺寸和箱内母线截面划分定额子目。低压封闭式插接母线槽按额定电流量划分定额子目，并区分水平安装和竖直安装。

共箱母线和低压封闭式插接母线槽的支架，定额是按成品编制的，采用非成品金属支架，应执行第十三章铁构件相应子目。

共箱母线、低压封闭式插接母线槽区别安装方式按设计图示尺寸以中心线长度计算。

4）始端箱是低压封闭式插接母线槽连接开关柜的箱体。分线箱是低压封闭式插接母线槽中途向外分接线用的配电箱，按额定电流量划分定额子目。

始端箱、分线箱按设计图示数量以台计算。

硬母线配置安装预留长度见表4-4-1。

硬母线配置安装预留长度表 单位：m/根 表4-4-1

序号	项目	预留长度	说明
1	带形、槽形母线终端	0.3	从最后一个支持点算起
2	带形、槽形母线与分支线连接	0.5	分支线预留
3	带形母线与设备连接	0.5	从设备端子接口算起
4	多片重型母线与设备连接	1.0	从设备端子接口算起
5	槽形母线与设备连接	0.5	从设备端子接口算起

2. 定额应用举例

图3-2-1中，高压柜上使用50×5带形铜母线连接（TMY-3（50×5））。变压器高、低压套管与电缆连接使用带形铜母线。图3-2-2中，低压配电屏上的母线使用60×6带形铜母线，零母线使用30×4带形铜母线（TMY-3（60×6）＋1（30×4））。

（1）工程量统计

母线安装工程的工程量统计表，见表4-4-2。

母线安装工程量统计表 表4-4-2

序号	工程项目	单位	计算公式	数量
1	高压带形铜母线安装 50×5mm²	m	（1.55＋1.24＋0.3＋0.5）×3	10.770
2	低压带形铜母线安装 60×6mm²	m	（1.55＋0.97＋0.3＋0.5）×3	9.960
3	低压零母线安装 30×4mm²	m	1.55＋0.97＋1.79＋（6.6－1＋0.6－2.5）＋1.55＋0.8＋0.8＋0.3＋0.3＋0.8＋1＋1＋0.5＋1.55＋0.97＋1.79＋3.7＋（0.3＋0.5）×2	24.670
4	高压支持绝缘子安装	个	3×2×2	12.000
5	低压支持绝缘子安装	个	4×2×2＋6	22.000
6	铁支架制作、安装 50×5mm 角钢	m	（0.8＋0.2）×2×4＋1×2×4	16.000

工程量统计过程如下：

①高压带形铜母线安装，使用50×5mm²带形铜母线，10.77m。

在高压配电柜的顶部安装带形母线，但第二章配电装置安装中规定，高压成套配电柜柜间母线安装，定额是按随设备成套配置编制的。因此只需要计算柜外部分。同样第四章配电装置安装中规定，低压成套配电柜柜间母线安装，定额是按随设备成套配置编制的。

在图3-2-3中，除了高压柜之间连接的带形母线外，高压电缆从高压柜引到变压器室后，也要使用带形母线与变压器高压套管连接。在图3-2-3中，每间变压器室的上部是高压母线的平面，可以从图上量出水平长度，根据图上所标尺寸线，折算出从电缆头到变压器高压套管的水平长度为 1.55m，测量时从图中表示端子的圆圈的圆心量起，由于三条母线长度相同，只测量中间的一根长度即可。母线的竖直长度可以从图 3-2-4 Ⅱ—Ⅱ 剖面图上量出，长度为 1.24m。另外根据定额章说明规定要增加预留量，带形母线终端预留长度 0.3m，带形母线与设备连接预留长度 0.5m，这样高压母线与电缆头连接处增加 0.3m，与变压器高压套管连接处增加 0.5m。单根高压母线的总长度为 1.55 + 1.24 + 0.3 + 0.5 = 3.59m，三相母线总长度为 3.59×3 = 10.77m。

②低压带形铜母线安装，使用 60×6mm² 带形铜母线。9.96m。

在变压器室中从变压器低压套管到低压电缆要使用带形母线连接，水平长度为 1.55m，竖直长度为 0.97m。低压母线与低压电缆连接处增加 0.3m，与变压器低压套管连接处增加 0.5m。单根低压母线的总长度为 1.55 + 0.97 + 0.3 + 0.5 = 3.32m，三相母线总长度为 3.32×3 = 9.96m。

③低压零母线安装，使用 30×4mm² 带形铜母线。24.67m。

低压供电是三相四线制，零线使用带形铜母线，从变压器低压侧零线端子引至低压配电屏底部，沿低压电缆桥架敷设。在图 3-2-3 中，零母线水平长度与低压母线相同为 1.55m。零母线竖直到电缆桥架的长度与低压母线竖直长度相同为 0.97m。零母线横向到母线桥的长度，从图 3-2-3 上可以量出为 1.79m。1 号变压器零母线接至 P1 柜，在图 3-2-4 Ⅱ—Ⅱ 剖面图中左侧为 1 号变压器，从图中读出，母线支架距地 2.5m，一层标高 6.6m，一层地坪标高 1.0m，一层层高 5.6m，二层配电屏下有 0.6m 夹层，为电缆沟，这样从低压母线支架到 P1 屏的高度为 5.6 + 0.6 - 2.5 = 3.7m。从左侧墙边到 P1 屏长度为 1.55m。1 号变压器到 P1 屏的零母线长度为 1.55 + 0.97 + 1.79 + 3.7 + 1.55 = 9.56m。

2 号变压器零母线沿电缆桥架向上引至 P5 屏下电缆沟处，沿柜下电缆沟绕至另一组低压屏起点 P10 屏，沿沟中心线计量，桥架出口处为 P5 屏，过 P6 屏拐弯过 P7、P8、P9 到 P10 屏计算到屏中心线，长度为 0.8 + 0.8 + 0.3 + 0.3 + 0.8 + 1 + 1 + 0.5 = 5.5m。2 号变压器零母线总长为 1.55 + 0.97 + 1.79 + 3.7 + 5.5 = 13.51m。

每根零母线终端预留长度 0.3m，与变压器低压套管连接处增加 0.5m。零母线总长 9.56 + 13.51 +（0.3 + 0.5）×2 = 24.67m。

④高压支持绝缘子安装。12 只。

带形铜母线要安装在支持绝缘子上，接变压器处在母线支架上每根横梁上装 3 只支持绝缘子，从图上看支架为两道横梁，要装 6 只支持绝缘子，两台变压器共装 6×2 = 12 只。使用高压一孔支持绝缘子。

⑤低压支持绝缘子安装。22 只。

同样低压母线也要安装低压支持绝缘子，母线支架上绝缘子安装与高压相同为 16 只支持绝缘子，零母线在桥架内要使用 6 只绝缘子，低压支持绝缘子总数为 16 + 6 = 22 只。

高、低压柜内支持绝缘子安装不计。

⑥母线铁支架制作、安装。16m。

变压器室内两台变压器接高低压电缆的母线，都要由支持绝缘子支持，支持绝缘子安装在铁支架上。图 3-2-4 Ⅱ—Ⅱ 剖面图中可以看到，变压器两侧有 4 副铁支架，采用同样的尺寸规格，支架使用 50×5（mm）的角钢制作，图上标注支架边长 0.8m，埋入墙中

0.2m，支架边全长 1m，两根边长 2m。安装绝缘子的横梁长 1m，两道横梁 2m，每副支架用角钢 4m，4 副铁支架共用角钢 4×4 = 16m。

（2）预算价计算

母线安装的预算价计算表，见表 4-4-3。

母线安装预算价计算表 表 4-4-3

序号	定额编号	定额工程项目	单位	计算公式	数量
1	3-1	带形铜母线安装 每相一片 $250mm^2$	m	10.77 + 24.67	35.440
2	主材费	带形铜母线 $50×5mm^2$	m	1.0130×10.77	10.910
3	主材费	带形铜母线 $30×4mm^2$	m	1.0130×24.67	24.990
4	3-2	带形铜母线安装 每相一片 $500mm^2$	m		9.960
5	主材费	带形铜母线 $60×6mm^2$	m	1.0130×9.96	10.090
6	主材费	母线金具	套	0.7040×（9.96 + 35.44）	31.960
7	3-22	支持绝缘子安装一孔	个	12 + 22	34.000
8	主材费	高压支持绝缘子	个	1.0050×12	12.060
9	主材费	低压支持绝缘子	个	1.0050×22	22.110

① 定额编号 3-1，带形铜母线安装每相一片 $250mm^2$，35.44m。

高压带形铜母线 50×5 = 250（mm^2），低压零母线 30×4 = 120（mm^2），均在 $250mm^2$ 以内，这样数量为 10.77 + 24.67 = 35.44m。

② $50×5mm^2$ 带形铜母线主材费，10.91m。

在定额材料表中，带形铜母线主材定额含量是（1.0130）m，$50×5mm^2$ 带形铜母线数量为 1.0130×10.77 = 10.91m。

③ $30×4mm^2$ 带形铜母线主材费，24.99m。

$30×4mm^2$ 带形铜母线数量为 1.0130×24.67 = 24.99m。

高压带形铜母线和低压零母线规格不同，主材费要分别计算。

④ 定额编号 3-2，带形铜母线安装每相一片 $500mm^2$，9.96m。

低压带形铜母线 60×6 = 360（mm^2），在 $500mm^2$ 以内，数量为 9.96m。

⑤ $60×6mm^2$ 带形铜母线主材费，10.09m。

$60×6mm^2$ 带形铜母线数量为 1.0130×9.96 = 10.09m。

⑥ 母线金具主材费，31.96 套。

带形铜母线安装定额的主材，在定额材料表中除了带形铜母线外还有母线金具。在计算主材费时要特别注意这种多种主材的情况。母线金具的定额含量是（0.7040），每 m 母线使用 0.7040 套母线金具。母线金具数量为 0.7040×（9.96 + 35.44） = 31.96 套。

⑦ 定额编号 3-22，支持绝缘子安装一孔，34 个。

支持绝缘子安装不区分高压支持绝缘子和低压支持绝缘子，共有 12 + 22 = 34 个。

⑧ 高压支持绝缘子主材费，12.06 个。

在定额材料表中，有绝缘子主材定额含量，是（1.0050）个，计算主材费时要用定额含量乘以定额数量，绝缘子数量为 1.0050×12 = 12.06 个。

⑨ 低压支持绝缘子主材费，22.11 个。

低压支持绝缘子数量为 1.0050×22 = 22.11 个。

母线铁支架制作、安装留到后面第十三章再做。

第五节　控制设备及低压电器安装

1. 控制设备及低压电器安装定额内容及工程量计算规则

（1）本章包括：控制屏，继电、信号屏，模拟屏，低压开关柜（屏），弱电控制返回屏，硅整流柜，可控硅柜，低压电容器柜，自动调节励磁屏，励磁灭磁屏，蓄电池屏（柜），直流馈电屏，事故照明切换屏，控制台，控制箱，配电箱，插座箱，控制开关，低压熔断器，限位开关，控制器，接触器，磁力启动器，减压启动器，电磁铁（电磁制动器），快速自动开关，电阻器，油浸频敏变阻器，分流器，小电器，端子箱，风扇，照明用开关，插座，其他电器，盘柜配线，木套箱，焊压铜接线端子，阀类接线、风机盘管接线等共 40 节 178 个子目。

（2）低压开关柜（屏）安装适用于变配电室、配电小间及机房成排安装的低压配电柜，成排配电柜是指一次电源为母线连通供电的低压配电柜。定额中已包含柜（屏）内支母线与主母线的安装和连接费用，但柜外母线桥上主母线的安装应执行母线安装相应定额子目。

① 低压开关柜（屏）安装，不分类型只一个定额子目，但另有一个屏边定额子目。低压开关柜为了便于安装，侧面和底面是开启的，为了安全一排柜子两端的两个侧面必须封闭，两侧封闭用的钢板就是屏边，一排柜子两端两个屏边。

② 低压开关柜（屏）、低压电容器柜用在变配电室的低压室内，低压开关柜（屏）也会装在大型建筑的低压配电室内。

（3）控制屏，继电、信号屏，模拟屏，低压开关柜（屏），弱电控制返回屏，硅整流柜，可控硅柜，低压电容器柜，自动调节励磁屏，励磁灭磁屏，蓄电池屏（柜），直流馈电屏，事故照明切换屏均为配电室内或工厂车间内使用的设备，不会在一般建筑配电工程中出现。

① 控制屏用于大型设备控制。屏是指只有前面板的架子，现在一般都用柜代替。

② 继电、信号屏是专门用来安装继电、信号设备的。

③ 模拟屏安装在高压配电室，同步模拟显示高压设备的运行状态。也可以装在控制室内，同步模拟显示被控设备的运行状态。按模拟屏宽度划分定额子目。

④ 弱电控制返回屏是楼宇设备自动化系统中，安装智能系统与变配电设备信号连接设备柜子。

⑤ 硅整流柜、可控硅柜，是把交流电变成直流电的设备，用于需要使用直流电供电的场合，如电镀、电解加工。按额定电流、额定功率划分定额子目。

硅整流设备安装，不包括附带的控制箱、电源箱和设备以外配件的安装。硒整流设备安装，执行硅整流设备相应定额子目。

⑥自动调节励磁屏、励磁灭磁屏用于直流电动机相关项目。

⑦蓄电池屏（柜）用于安装蓄电池组的工程项目。

⑧直流馈电屏用于直流配电线路。

⑨事故照明切换屏安装在低压配电室内。

（4）控制台安装和控制箱安装，用于动力设备控制。控制台是一个桌子样的平台，按台面宽度划分定额子目。控制箱是悬挂式安装，分为机旁、墙上安装。控制台和控制箱输出的是动力支线。

（5）配电箱、柜不分动力和照明，区别回路和安装方式，按设计图示数量以台计算。

1）配电箱安装进线不计算回路，馈出线和备用回路以系统图为准均计算回路数。

2）配电箱安装不分动力和照明箱。按回路数划分定额子目。

3）户表箱按回路执行配电箱相应子目。

4）配电箱安装分为落地安装、嵌入式安装和墙上柱上明装。

①配电箱落地安装的主材名称为配电柜，习惯也称为配电柜安装。

②配电箱嵌入式安装，习惯也称为配电箱暗装。

③配电箱墙上柱上明装，也称为配电箱悬挂式装。

5）配电箱箱体安装是指安装一个空箱体，箱体内可以安装任何电气设备，用于需要自主安装箱内器件时使用。

配电箱安装是成套设备安装，含箱体和箱内设备整体安装。凡执行配电箱安装的定额子目，不得再执行配电箱箱体安装子目。

6）配电箱安装工作内容中已包含盘芯拆装费用。

配电箱的箱体和里面的盘芯是可以拆开的，配电箱运到现场后，要先把盘芯拆出，安装时要先安装箱体，然后再装入盘芯进行接线。一个配电箱安装项目，要先拆后装，分两次安装完成。有时安装工作要由两支队伍分别施工，根据不同的施工情况，结算时费用要进行拆分给付。

（6）插座箱安装，用于需要集中安装多个三相插座，插座箱一般带三相开关。

（7）控制开关安装，含自动空气开关安装、漏电保护开关安装、刀型开关安装、组合控制开关安装、万能转换开关安装和风机盘管调控器。

除风机盘管调控器外，其他开关均为自己组装配电箱时使用。建筑工程中安装的一般为成套设备，如成套配电箱，这些开关安装的定额均不会使用。

风机盘管调控器是中央空调系统室内机开关，装在墙面电灯开关位置。定额含金属软管敷设。

（8）低压熔断器安装、限位开关安装、控制器安装、接触器安装、磁力启动器安装、减压启动器安装、电磁铁（电磁制动器）安装、快速自动开关安装、电阻器安装、油浸频敏变阻器安装、分流器安装，均为自己组装控制箱时使用。按各自的规格划分定额子目。

低压熔断器区别流量大小按设计图示数量以个计算。

低压电器安装按设计图示数量计算。

（9）小电器包括：按钮、电笛、电铃、水位电气信号装置、测量表计、继电器、屏上辅助设备和小型安全变压器。

①　其中按钮、电笛、测量表计、继电器、屏上辅助设备用于自己组装配电箱、控制箱时使用。

②　凡在配电屏、箱、盘、柜上单独安装的电流表、电压表、功率表、电度表执行测量表计定额子目。

③　电铃安装中含：电铃、门铃和电铃及门铃按钮。

④　水位电气信号装置用于大型建筑给排水系统，用来控制水泵的运行，分为电子式和液位式。定额含金属软管敷设。

⑤　小型安全变压器是 36V 变压器，用于需要 36V 照明的场合。

（10）端子箱是带接线端子的接线箱，端子箱安装已包含端子板安装。有端子板安装定额子目。

（11）风扇安装中含：吊风扇、壁扇、单相排风扇和预留吊扇钩。

①　吊风扇定额含开关安装，主材为吊风扇和风扇开关，定额含吊扇钩。

②　预留吊扇钩。用于只装钩不装扇的工程。

③　注意单相排风扇与卫生间排风扇的区别，单相排风扇可以安装在任何场所，卫生间排风扇只能装在卫生间，卫生间排风扇安装属于通风工程，定额在第七册，电工只负责接线。单相排风扇由电工负责安装。单相排风扇安装含金属软管。

（12）照明开关

①　拉线开关分明装、暗装，暗装开关按"联"划分定额子目。联就是个，一个开关面板上有几个开关，就是几联开关。有的也称为几极开关。

②　跷板开关只有暗开关，分为单控和双控。

③　请勿打扰门铃开关、钥匙开关用于宾馆房间。

④　感应器面板随卫生洁具自带。

（13）插座

①　插座明装分单相、三相，按额定电流划分定额子目。

②　插座暗装，单相按联数划分定额子目。三相按额定电流划分定额子目。

注意：装在接线盒上的开关、插座均为暗装。

③　剃须插座用于宾馆卫生间，有 110V/220V 转换开关。

④　防爆插座分为：单相两孔、单相三孔和三相四孔。

⑤　工业连接器分为：单相和三相。

⑥　地面插座要配合地面接线盒使用。用于不能在墙面安装插座的地面上。

（14）其他电器有防爆信号灯安装、烘手器安装。

（15）盘柜配线定额按导线截面划分定额子目。

盘柜配线定额只适用于组装柜及成套配电箱、盘、屏、柜内新增元器件的一、二次配线。凡引进、引出成套配电箱、盘、屏、柜的控制线、电源线均不得执行盘柜配线定额。

（16）木套箱制作、安装子目，适用于暗装配电箱预留洞。只适用于现浇混凝土结构。按箱体半周长划分定额子目。

（17）焊压铜接线端子，按导线截面划分定额子目。

大于 10mm^2 的导线都要装接线端子。

一个定额子目含两个规格，主材是两个规格各一半，数量大时要调整主材费。

（18）阀类接线适用于水流指示器、液控器、电磁阀、电动阀、防火阀、报警阀、卫生间排风扇等接线。并适用于没有列出的，不含接线工作内容的器件安装项目的接线。

① 水流指示器、液控器、电磁阀、电动阀、防火阀、报警阀安装，属于消防工程水系统。

② 卫生间排风扇属于通风系统。

③ 卫生间排风扇由通风工程安装，电气工程负责接线。本章另有单相排风扇定额，本身含接线。两个定额有区别。

④ 阀类接线定额含金属软管敷设，注意看材料表。

（19）风机盘管接线不分明装和安装，含金属软管敷设。如果风机盘管带电动阀，还要执行一个阀类接线子目。

（20）控制设备及低压电器安装，定额中不包括金属支架制作、安装，需要时执行第十三章铁构件相应定额子目。

（21）控制设备安装按设计图示数量计算。注意按定额含量计算主材费。

（22）防爆工程要使用相应的防爆电器安装定额。

盘柜配线、木套箱制作安装、焊压铜接线端子、阀类接线、风机盘管接线均不是清单项目，编制清单时要自行编号。

2. 定额应用举例

（1）变配电工程中低压开关柜安装

图 3-2-3 中，低压室位于变配所二层，共 15 台低压开关柜 P1 ～ P15。

1）工程量统计

低压开关柜安装的工程量统计表，见表 4-5-1。

低压开关柜安装工程量统计表 表 4-5-1

序号	工程项目	单位	计算公式	数量
1	低压开关柜安装	台		15.000
2	低压柜基础槽钢安装	m	$(4.6 + 5.2 + 0.6 \times 7) + (2.2 + 2.8 + 0.6 \times 4) + (5.4 + 6.6 + 0.6 \times 7)$	37.600
3	低压柜基础扁钢安装	m	$4.6 + 2.2 + 5.4 + 5.2 + 2.8 + 6.6 + 0.6 \times 2$	28.000
4	绝缘垫安装	m²	4.6×5.4	24.840

① 低压开关柜安装，15 台。

图 3-2-4 中，二层是低压配电室，装有 15 台低压开关柜。

② 低压柜基础槽钢安装，37.6m。

基础槽钢在低压柜下面，低压柜的四边都放在槽钢上，使用 10 号槽钢。

A. 图中左侧 P13 ～ P15 柜，内侧长边 4.6m，外侧长边（4.6 + 0.6）= 5.2m，短边 0.6m，7 个短边，总长为：（4.6 + 5.2 + 0.6 × 7）= 14m。

B. 右侧 P1 ～ P6 柜，内侧长边（0.4 + 1 + 0.8）= 2.2m，外侧长边（2.2 + 0.6）= 2.8m，短边 0.6m，4 个短边，总长为：（2.2 + 2.8 + 0.6 × 4）= 7.4m。

C. 中间 P7 ～ P12 柜，内侧长边 5.4m，外侧长边（5.4 + 0.6 + 0.6）= 6.6m，短边

0.6m，7 个短边，总长为：（5.4 ＋ 6.6 ＋ 0.6×7）＝ 16.2m。

总长 14 ＋ 7.4 ＋ 16.2 ＝ 37.6m。

③低压柜基础扁钢安装，28m。

基础扁钢在槽钢下面，预埋在混凝土里，只在电缆沟的四周有，使用 100mm×6mm 的扁钢。共两个长边，内侧 4.6 ＋ 2.2 ＋ 5.4 ＝ 12.2m；侧 5.2 ＋ 2.8 ＋ 6.6 ＝ 14.6m。两个短边。总长 12.2 ＋ 14.6 ＋ 0.6×2 ＝ 28m。

④绝缘垫安装，24.84m^2。

低压柜前面的地面上满铺，4.6×5.4 ＝ 24.84m^2。

2）预算价计算

低压开关柜（屏）安装的预算价计算表，见表 4-5-2。

低压开关柜（屏）安装预算价计算表　　　　　　　　　表 4-5-2

序号	定额编号	定额工程项目	单位	计算公式	数量
1	4-5	低压开关柜（屏）安装	台		13.000
2	主材费	低压电缆引入柜	台		2.000
3	主材费	低压总开关柜	台		2.000
4	主材费	低压动力柜	台		7.000
5	主材费	低压照明柜	台		1.000
6	主材费	低压联络柜	台		1.000
7	4-6	屏边安装	面		6.000
8	主材费	屏边	面		6.000
9	4-14	低压电容器柜安装	台		2.000
10	主材费	低压电容器柜	台		2.000
11	1-19	绝缘垫安装	m^2		24.840
12	主材费	绝缘垫 10mm	m^2	1.0300×24.84	25.590

①定额编号 4-5，低压开关柜（屏）安装，13 台。

二层低压配电室装有 15 台低压配电柜（屏），在图 3-2-3 低压系统图中，除电容器柜（屏）P8、P10，其他低压配电柜（屏）中均执行低压开关柜（屏）安装。

②低压电缆引入柜主材费，2 台。

P1、P15 是低压电缆引入柜，2 台。

③低压总开关柜主材费，2 台。

P2、P14 是低压总开关柜，2 台。

④低压动力柜主材费，7 台。

P3-P7、P11、P12 是低压动力柜，7 台。

⑤低压照明柜主材费，1 台。

P13 是低压照明柜，1 台。

⑥ 低压联络柜主材费，1 台。

P9 是低压联络柜，1 台。

⑦ 定额编号 4-6，屏边安装，6 面。

低压配电柜的侧面是敞开的，但是一排配电屏靠通道的一台外侧要进行封闭，这一侧叫屏边，一面屏边就是指一台屏电屏外侧面封一个边。本例中低压配电屏排列成 U 形，共有 6 个侧面要进行封闭。

⑧ 低压配电屏屏边主材费，6 面。

⑨ 定额编号 4-14，低压电容器柜安装，2 台。

⑩ 低压电容器柜主材费，2 台。

P8、P10 是低压电容器柜，2 台。

⑪ 定额编号 1-19，绝缘垫安装，24.84m²。

⑫ 绝缘垫主材费，25.59m²。

绝缘垫主材数量 $1.0300 \times 24.84 = 25.59m^2$。

低压柜基础槽钢、基础扁钢安装留到后面第十三章再做。

（2）照明工程中配电箱安装

图 3-3-2 中，照明工程中有三台配电箱。

1）工程量统计

照明配电箱安装的工程量统计表，见表 4-5-3。

照明配电箱安装工程量统计表   表 4-5-3

序号	工程项目	单位	计算公式	数量
1	配电箱安装	台		3.000

配电箱安装，3 台。

图 3-3-2 中，有三台配电箱。AL-1、AL-1-1、AL-2-1。

2）预算价计算

照明配电箱安装的预算价计算表，见表 4-5-4。

照明配电箱安装预算价计算表   表 4-5-4

序号	定额编号	定额工程项目	单位	计算公式	数量
1	4-31	配电箱嵌入式安装 4 回路以内	台		2.000
2	主材费	配电箱 AL-1	台		1.000
3	4-33	配电箱嵌入式安装 16 回路以内	台		1.000
4	主材费	配电箱 AL-1-1、AL-2-1	台		2.000

① 定额编号 4-31，配电箱嵌入式安装 4 回路以内，2 台。

图 3-3-2 中，配电箱 AL-1 有 3 条输出回路，配电箱 AL-2-1 有 3 条输出回路，执行配电箱嵌入式安装 4 回路以内子目，2 台。

② 配电箱 AL-1 主材费，1 台。

配电箱 AL-1 和 AL-2-1 不是同一型号，先计 AL-1 主材费，1 台。

③定额编号 4-33，配电箱嵌入式安装 16 回路以内，1 台。

图 3-3-2 中，配电箱 AL-1-1 有 6 条输出回路，另有 3 条备用回路，另外配电箱 AL-1-1 到 AL-2-1 的干线，也是馈出回路，共 10 条馈出回路，执行配电箱嵌入式安装 16 回路以内子目，1 台。

④配电箱 AL-1-1、AL-2-1 主材费，2 台。

配电箱 AL-1-1 和 AL-2-1 是同一型号，主材费，2 台。

（3）动力工程中配电箱安装

图 3-3-6 中，动力工程中有三台配电箱。

1）工程量统计

动力配电箱安装的工程量统计表，见表 4-5-5。

动力配电箱安装工程量统计表

表 4-5-5

序号	工程项目	单位	计算公式	数量
1	配电箱安装	台		3.000

图中的配电箱实际应该是控制箱，上面装有按钮，控制后面的风机水泵。

2）预算价计算

动力配电箱安装的预算价计算表，见表 4-5-6。

动力配电箱安装预算价计算表

表 4-5-6

序号	定额编号	定额工程项目	单位	计算公式	数量
1	4-32	配电箱嵌入式安装 8 回路以内	台		2.000
2	主材费	配电箱 AP2、AP3	台		2.000
3	4-33	配电箱嵌入式安装 16 回路以内	台		1.000
4	主材费	配电箱 AP1	台		1.000

①定额编号 4-32，配电箱嵌入式安装 8 回路以内，2 台。

虽然是控制箱，但不能使用控制箱安装定额子目，定额中控制箱安装对应的是明装箱，而且一般是一台控制箱控制一台电动机。因此要使用配电箱安装定额子目。

图中，配电箱 AP3 有 5 条输出回路，其中 4 条是动力支路，1 条是按钮支路。配电箱 AP2 有 6 条馈出回路，其中 4 条是动力支路，1 条是按钮支路，1 条是 AP2 馈出到 AP3 箱的干线。执行配电箱嵌入式安装 8 回路以内子目，2 台。

②配电箱 AP2、AP3 主材费，2 台。

配电箱 AP2、AP3 是相同的，主材费，2 台。

③定额编号 4-33，配电箱嵌入式安装 16 回路以内，1 台。

配电箱 AP1 有 9 条馈出回路，其中 7 条是动力支路，1 条是按钮支路，1 条是 AP1 馈出到 AP2 箱的干线。执行配电箱嵌入式安装 16 回路以内子目，1 台。

④配电箱 AP1 主材费，1 台。

（4）开关、插座安装

下面对 3 张照明、插座平面图上的开关、插座进行统计，并套用相应的定额。

1）工程量统计

开关、插座工程量统计表，见表 4-5-7。

开关、插座工程量统计表 表 4-5-7

序号	工程项目	单位	计算公式	数量
1	单联单控开关安装	套	7 + 9	16.000
2	单联双控开关安装	套	1 + 1	2.000
3	双联单控开关安装	套	4	4.000
4	单联 3 孔插座安装	套	2 + 2 + 1 + 1	6.000
5	双联 5 孔插座安装	套	12 + 2	14.000

工程量统计过程如下：

① 图 2-1-8，首层照明平面图。

A．单联单控跷板开关安装，7 套。

卫生间外 1 套，楼梯间 AL-1-1 箱旁 1 套，厨房 1 套，车库 1 套，工人房 1 套，书房 1 套，平台门内 1 套，共 7 套。

B．单联双控跷板开关安装，1 套。

在楼梯旁有 1 套单联双控开关，是楼梯灯开关。

双联单控跷板开关安装，4 套。

门厅内 1 套，客厅内 1 套，餐厅内 1 套，洗衣房外 1 套，共 4 套。

② 图 2-1-9，二层照明平面。

A．单联单控跷板开关安装，9 套。

主卫生间内 1 套、外 2 套，每个卧室 1 套，共 3 套，客卫生间内 1 套，在双控开关旁有 1 套，楼道里 1 套，共 9 套。

B．单联双控跷板开关安装，1 套。

楼梯二层楼梯口有 1 套。楼梯灯开关控制两盏壁灯。

③ 图 2-1-10，首层插座平面图。

A．双联 5 孔插座安装，12 套。

客厅内 3 套，餐厅内 2 套，书房内 3 套，工人房 2 套，车库内 2 套，共 12 套。

B．W1 单联 3 孔插座安装，2 套。

W1 是厕所排气扇插座，在厕所内和洗衣房内。

C．W2 单联 3 孔插座安装，2 套。

W2 是厕所吹风机插座，在厕所和洗衣房内。

D．W3 单联 3 孔插座安装，1 套。

W3 是厕所设施如桑拿等的插座。

E．C1 单联 3 孔插座安装，1 套。

C1 是厨房用插座。

F．C2 双联 5 孔插座安装，2 套。

C2 是厨房用插座。

C 和 W 型插座是防水防潮型插座。

2）预算价计算

开关、插座安装的预算价计算表，见表 4-5-8。

开关、插座安装预算价计算表

表 4-5-8

序号	定额编号	定额工程项目	单位	计算公式	数量
1	4-124	跷板式暗开关单控单联安装	个		16.000
2	主材费	跷板式开关面板单控单联	个	1.0200×16	16.320
3	4-125	跷板式暗开关单控双联安装	个		4.000
4	主材费	跷板式开关面板单控双联	个	1.0200×4	4.080
5	4-130	跷板式暗开关双控单联安装	个		2.000
6	主材费	跷板式开关面板双控单联	个	1.0200×2	2.040
7	4-143	插座暗装单相单联	个		6.000
8	主材费	单相 3 孔插座面板	个	1.0200×6	6.120
9	4-144	插座暗装单相双联	个		14.000
10	主材费	普通型单相 5 孔插座面板	个		1.020
11	主材费	安全型单相 5 孔插座面板	个	1.0200×13	13.260
12	主材费	防水盖	个	1.0200×（6＋1）	7.140

① 定额编号 4-124，跷板式暗开关单控单联安装，16 个。

② 主材费，跷板式开关面板单控单联，16.32 个。

开关、插座定额主材含量为 1.02，单控单联开关主材量为 $1.02×16＝16.32$ 个。

③ 定额编号 4-125，跷板式暗开关单控双联安装，4 个。

④ 主材费，跷板式开关面板单控双联，4.08 个。

单控双联开关主材量为 $1.02×4＝4.08$ 个。

⑤ 定额编号 4-130，跷板式暗开关双控单联安装，2 个。

⑥ 主材费，跷板式开关面板双控单联，2.04 个。

双控单联开关主材数量为 $1.02×2＝2.04$ 个。

⑦ 定额编号 4-143，插座暗装单相单联，6 个。

⑧ 主材费，单相 3 孔插座面板，6.12 个。

单相 3 孔插座主材数量为 $1.02×6＝6.12$ 个。

⑨ 定额编号 4-144，插座暗装单相双联，14 个。

⑩ 主材费，普通型单相 5 孔插座面板，1.02 个。

厨房用插座均为普通型，有一只5孔插座，主材数量为1.02个。

⑪ 主材费，安全型单相5孔插座面板，13.26个。

其余单相5孔插座均为低位插座，使用安全型插座，主材数量为1.02×13＝13.26个。

⑫ 主材费，防水盖，7.14个。

卫生间、厨房是防潮防溅型插座，所谓防潮防溅型是普通插座面板加防水盖，因此要加一个防水盖主材费。

第六节　蓄电池安装及滑触线装置安装

1. 蓄电池安装定额内容及工程量计算规则

1）本章包括：蓄电池、太阳能电池2节共12个子目。

2）蓄电池安装适用于大量使用蓄电池组的场合，如使用直流操动系统的高压配电装置、使用直流备用电源（EPS）的事故照明系统等。

蓄电池安装按设计图示数量计算。蓄电池电极连接条、紧固螺栓和绝缘垫定额按设备自带编制。蓄电池的支架定额是按成品编制的，采用非成品金属支架，应执行第十三章铁构件相应子目。

3）蓄电池充放电

蓄电池安装完成后，要进行充放电试验，定额按蓄电池组容量划分定额子目。

蓄电池充放电区别容量按设计图示数量以组计算。蓄电池充放电定额中未包括用电费用。

4）本章定额未包括蓄电池抽头连接用电缆及电缆保护管的安装。

5）太阳能电池方阵铁架安装，分为平面、立面、柱上安装。区别安装部位按设计图示面积计算。

太阳能板安装，按每组太阳能板功率划分定额子目。区别容量按设计图示数量计算。

6）本章太阳能电池安装仅包括太阳能电池板及支架的安装，未包括基础底座、预埋件及防雷接地的内容，需要时执行相应定额子目。

7）太阳能电池安装，方阵铁架定额是按成品编制的，采用非成品金属支架，应执行第十三章铁构件制作相应子目。

2. 滑触线装置安装定额内容及工程量计算规则

1）本章包括：轻轨滑触线，安全节能型滑触线，角钢、扁钢滑触线，圆钢、工字钢滑触线，移动软电缆，辅助母线，滑触线支架，滑触线拉紧装置及挂式支持器安装等8节共43个子目。

① 滑触线是给移动设备供电的导体，可以是各种导电材料。城市电车、电气铁路用圆铜导体，地铁用导电轨，车间里为桥式起重机供电，都是用滑触线。流水线上移动工位电动工具供电，要使用安全节能型滑触线。

② 滑触线供电是滑动接触，要求导体材料导电性要好，还要耐磨。

③ 滑触线装置安装在清单里只有一个项目，在定额里按材质划分成多个项目。

2）轻型滑触线安装，分为铜质工型、铜钢组合、沟型。

3）安全节能型滑触线安装，按额定电流划分定额子目。若为三相组成一根的滑触线时，按单相滑触线定额乘以系数 2.0。定额中未包括滑触线的导轨、支架、集电器及附件等装置性材料。

4）角钢、扁钢、圆钢滑触线安装，按材料规格划分定额子目。

5）工字钢、轻轨滑触线安装，按重量划分定额子目。

轻型滑触线、安全节能型滑触线、角钢扁钢滑触线、圆钢工字钢滑触线区别材质及规格按设计图示尺寸以单相长度计算。滑触线安装预留长度所增加工程量按表 4-6-1 执行。

6）移动软电缆安装分为：沿钢索敷设，按电缆长度划分定额子目，计量单位"根"；沿轨道敷设，按电缆截面划分定额子目，计量单位"m"。

移动软电缆常用于车间小型起重设备供电。软电缆敷设未包括钢轮制作及轨道安装。

7）辅助母线安装，按带形铝母线截面划分定额子目，以单相长度计算。

钢材料的滑触线耐磨，但导电性不好，有时要用带形铝母线附在钢滑触线上，提高导电性，带形铝母线就称为辅助母线。

8）滑触线支架安装定额是按成品编制的，支架安装区别固定方式以付（套）计算。定额中未包括基础及螺栓孔。

9）指示灯安装以套计算。

10）拉紧装置安装按滑触线材料划分定额子目，以套计算。

扁钢、圆钢、软型滑触线末端，要用花篮螺栓拉紧绷直。

11）滑触线支持器安装区别座式和挂式以套计算。

12）滑触线及支架的油漆定额是按涂一遍编制的。

13）滑触线及支架安装高度，定额是按 10m 以下编制的，若实际安装高度超过此高度时，其超过部分的人工工日乘以系数 1.2。

滑触线安装预留长度   表 4-6-1

序号	项目	预留长度 （m/根）	说明
1	圆钢、铜母线与设备连接	0.2	从设备接线端子接口算起
2	圆钢、铜滑触线终端	0.5	从最后一个固定点算起
3	角钢滑触线终端	1.0	从最后一个支持点算起
4	扁钢滑触线终端	1.3	从最后一个固定点算起
5	扁钢母线分支	0.5	分支线预留
6	扁钢母线与设备连接	0.5	从设备接线端子接口算起
7	轻轨滑触线终端	0.8	从最后一个支持点算起
8	安全节能及其他滑触线终端	0.5	从最后一个固定点算起

第七节 电机检查接线及调试

1. 电机检查接线及调试定额内容及工程量计算规则

1）本章包括：低压交流异步电动机，高压交流异步电动机，交流变频调速电动机，电加热器，电机干燥等 5 节共 27 个子目。

清单里电机种类很多，有：发电机、调相机、普通小型直流电动机、可控硅调速直流电动机、普通交流同步电动机、低压交流异步电动机、高压交流异步电动机、交流变频调速电动机、微型电机、电加热器、电动机组、备用励磁机、励磁电阻器，而且接线及调试是一个项目的工作内容。北京市的定额做了简化。

2）低压交流异步电动机检查接线，按功率划分定额子目，未包括焊铜接线端子，应另行计算。

① 高压交流异步电动机检查接线、交流变频调速电动机检查接线，执行低压交流异步电动机检查接线相应定额子目。

② 电动机检查接线定额含金属软管敷设。

③ 除带电缆的潜污泵外，其他带电动机的设备都要执行电动机检查接线。

3）电动机调试定额分为：低压交流异步电动机调试，按电动机类型、启动方式和功率划分定额子目；高压交流异步电动机调试，按电动机功率划分定额子目；高、低压交流变频调速电动机，按电动机功率划分定额子目。

① 要注意区分低压交流异步电动机，和低压交流变频调速电动机的定额使用。

② 电动机调试定额已包括控制箱调试工作内容。不要再执行控制箱调试相应定额子目。

4）电加热器分检查接线和调试两个定额。

5）电动机干燥，按电动机功率套用定额。电动机干燥工作，只有电动机放置时间过长，或维修后的电动机才需要干燥。

6）调试对象除另有规定外，均为安装就绪并符合国家施工及验收规范要求的电气装置。

① 工作内容除已注明者外，还包括整理和填写试验记录。

② 定额不包括电动机抽芯检查以及由于设备元件缺陷造成的更换、修理和修改。

7）本章定额实验仪表及试验装置的转移费用未包括在定额内。要注意预算时列支，避免到结算时出麻烦。

8）电机检查接线及调试按设计图示数量计算，按单台电机分别执行相应定额子目。

2．定额应用举例

图 3-3-6 中，动力工程中有三台配电箱。分别控制 15 台设备，其中 11 台功率 1.5kW，2 台功率 3kW，2 台功率 7.5kW。

（1）工程量统计

电机检查接线及调试的工程量统计表，见表 4-7-1。

电机检查接线及调试工程量统计表   表 4-7-1

序号	工程项目	单位	计算公式	数量
1	低压交流异步电动机检查接线	台		15.000
2	低压交流异步电动机调试	台		15.000

工程量统计过程如下：

① 动力工程中有 15 台设备，由 15 台电动机拖动，均为低压交流异步电动机。

② 15 台电动机均要调试。

（2）预算价计算

电机检查接线及调试的预算价计算表，见表 4-7-2。

电机检查接线及调试预算价计算表　　　　　　　　　表 4-7-2

序号	定额编号	定额工程项目	单位	计算公式	数量
1	6-1	低压交流异步电动机检查接线 3kW 以下	台	11＋2	13.000
2	6-2	低压交流异步电动机检查接线 7.5kW 以下	台		2.000
3	6-12	低压交流异步电动机调试鼠笼型直接启动 40 kW 以下	台	13＋2	15.000

① 定额编号 6-1，低压交流异步电动机检查接线 3kW 以下，13 台。

15 台设备中 11 台功率 1.5kW，2 台功率 3kW，均执行 3kW 以下定额子目。共 13 台。

② 定额编号 6-2，低压交流异步电动机检查接线 7.5kW 以下，2 台。

设备中 2 台功率 7.5kW。

③ 定额编号 6-12，低压交流异步电动机调试鼠笼型直接启动 40 kW 以下，15 台。

15 台功率均在 40 kW 以下，且均为鼠笼型电动机直接启动，均执行鼠笼型直接启动 40kW 以下定额子目。共 15 台。

第八节　电　　缆

1. 电缆定额内容及工程量计算规则

1）本章包括：电力电缆、控制电缆、电缆保护管、电缆沟铺砂盖保护板（砖）及移动盖板、电缆终端头、电缆中间头、防火堵洞、防火隔板、防火涂料、电缆分支箱、电缆沟挖填土等 11 节共 403 个子目。

2）电缆敷设定额，是按平原地区和厂内电缆工程的施工条件编制的，不适用在积水区、水底、井下等特殊条件下的电缆敷设。

厂内电缆工程是指施工场地范围不是很大，不需要额外的场地运输费。

电缆在一般山地、丘陵地区敷设时，其定额人工工日乘以系数 1.3。该地段所需的施工材料，如固定桩、夹具等按实计算。

3）电力电缆

① 电缆敷设按敷设方式分为：埋地敷设、沿墙面支架敷设、沿桥架线槽敷设、沿沟内支架敷设、穿导管敷设；按电压分为：1kV 和 10kV 铜芯电缆，北京定额没有铝芯电缆；按电缆截面划分定额子目。

② 矿物绝缘电力电缆敷设，分为:单芯电缆和 2 ～ 4 芯电缆，按电缆截面划分定额子目。

③ 预制分支电缆敷设，按主电缆截面划分定额子目。按主电缆设计图示尺寸以长度计算。

A. 预制分支电缆敷设定额不包括分支电缆头的制作安装，应按设计图示数量另行计算。

B. 预制分支电缆敷设，每个分支的电缆长度定额是按 10m 以内编制的，若实际长度大于 10m,超出部分安装费用另行计算。按敷设方法执行普通电缆定额项目。

C. 预制分支电缆吊具安装费用含在预制分支电缆敷设子目中。

④ 电力电缆敷设定额均按三芯（包括三芯连地）编制的,五芯电力电缆敷设定额乘以系数 1.3,六芯电力电缆乘以系数 1.6,每增加一芯定额增加 30%,单芯电力电缆敷设按同等截面电缆定额乘以系数 0.67。

4）控制电缆

① 电缆按敷设方式分为:埋地敷设、沿墙面支架敷设、沿桥架线槽敷设、沿沟内支架敷设、穿导管敷设;按电缆截面、芯数划分定额子目。

② 矿物绝缘控制电缆敷设,按电缆芯数划分定额子目。

5）电缆敷设按设计图示尺寸以长度计算。按设计要求、规范、施工工艺规程规定的预留量及附加长度应计入工程量。

6）电缆敷设定额,未包括因弛度增加长度、电缆绕梁（柱）增加长度以及电缆与设备连接、电缆接头等必要的预留长度,其增加工程量按附加长度表执行。见表 4-8-2。

7）竖直通道电缆敷设时,执行相应定额子目,但人工工日乘以系数 3.0,预制分支电缆敷设定额已按竖直通道电缆敷设考虑,人工不再乘以系数。竖直通道是指电气竖井内。

8）电缆敷设系综合定额,凡 10kV 以下的电力电缆和控制电缆（除矿物绝缘电缆和预分支电缆外）均不分结构形式和型号,区别敷设方式、电缆截面和芯数执行相应定额子目。

9）电缆保护管敷设适用于局部电缆保护,分为埋地和沿电杆。

① 埋地使用钢管,按钢管直径划分定额子目。使用其他材质时可更换主材费。

② 沿电杆按材料分为钢管和角钢,按"根"计算,每根长度在钢管材料表中可以看出是 2.27m,其中 0.07m 是损耗量。计量长度是 2.2m。

③ 密封式电缆保护管区别管径按设计图示数量以"根"计算。每根长度在钢管材料表中可以看出是 1.85m,其中 0.05m 是损耗量。计量长度是 1.8m。

10）电缆沟铺砂盖砖、盖保护板,按设计图示尺寸以长度（沟长）计算。

铺砂盖砖、铺砂盖保护板,各分为:1～2 根和每增加一根两个定额子目,高压电缆一根以上时,执行每增加一根定额子目。

11）电力电缆头

① 终端头,北京市的定额只有干包式和热缩式两种,分为户内型和户外型,1kV 和 10kV,按电缆芯数×截面划分定额子目。按设计图示数量计算。如果使用冷缩式,可借用热缩式定额。

② 矿物绝缘电缆终端头,分为:单芯电缆和 2～4 芯电缆,按电缆截面划分定额子目。

③ 电缆中间头只有热（冷）缩式,分 1kV 和 10kV,按电缆芯数×截面划分定额子目。

④ 电力电缆头的主材有电缆头和接地编制铜线,但接地编制铜线只有使用铠装电缆时才用到。电缆直接埋地敷设要使用铠装电缆。

⑤ T 接端子安装,按电缆截面划分定额子目。绝缘穿刺线夹执行 T 接端子相应定额子目。计量单位是"个",一根线芯一个端子。

12）控制电缆头

① 控制终端电缆头制作安装,按电缆芯数划分定额子目。按设计图示数量计算。电缆头工艺的选取,应根据设计要求而定。

② 矿物绝缘控制电缆头制作安装，按电缆芯数划分定额子目。按设计图示数量计算。

13）防火堵洞分为隧道防火门、盘柜下、穿墙洞、穿楼板洞、保护管。按设计图示数量计算。防火材料主材费另计。

14）防火隔板安装按设计图示尺寸以面积 m^2 计算。

15）防火涂料按设计图示尺寸以质量计算。

16）低压电缆分支箱用于低压电缆分接，也称为：T 接箱或 π 接箱。

17）本章定额未包括下列工作内容：

① 隔热层、保护层的制作、安装。

② 电缆敷设项目中的支架制作、安装。

③ 用于防火堵洞的防火泥、防火枕。

18）电缆沟挖填土是北京定额项目，用于直埋电缆手工挖、填土方，不分土质，除有特殊要求外，按表 4-8-1 计算土方量。电气工程中涉及挖、填土方的工作，均使用本定额子目。

直埋电缆挖、填土方土方量计算表　　　　表 4-8-1

项　目	电缆根数			
	低压	高压	低压	高压
	1～2 根	1 根	每增 1～2 根	每增 1 根
每米沟长挖方量（m^3）	0.45	0.45	0.225	0.225

注：1. 两根（高压一根）电缆以内的电缆沟，系按上口宽度 600mm，下口宽度 400mm，深度 900mm 计算的常规土方量；此时对应电缆埋深是 0.8m，下面有 100mm 铺砂层。
2. 每增加一根电缆，其宽度增加 250mm；
3. 以上土方量系按埋深从自然地坪起算，如设计埋深超过 900mm 时，多挖的土方量应另行计算。

电缆敷设的附加长度表　　　　表 4-8-2

序号	项　目	预留长度（附加）	说明
1	电缆敷设驰度、波形弯度、交叉	2.5%	按电缆全长计算
2	电缆进入建筑物	2.0m	规范规定最小值
3	电缆进入沟内或吊架时引上（下）预留	1.5m	规范规定最小值
4	变电所进线、出线	1.5m	规范规定最小值
5	电力电缆终端头	1.5m	检修余量最小值
6	电缆中间接头盒	两端各留 2.0m	检修余量最小值
7	各种箱、柜、盘、板	高＋宽	按盘面尺寸
8	电缆至电动机	0.5m	从电机接线盒起算
9	厂用变压器	3.0m	从地坪起算
10	电缆绕过梁柱等增加长度	按实计算	按被绕物的断面情况计算增加长度
11	电梯电缆与电缆架固定点	每处 0.5m	规范最小值

表 4-8-2 中：

① 电缆敷设弛度、波形弯度、交叉，是指由于电缆整体沉重，布放时只能处于自然松弛状态，长度要比出厂时的绷紧状态缩短，不能按绷紧状态长度计算主材费，需要增加主材长度。电缆全长包含所有其他的预留量。

② 电缆进入建筑物的预留量，要放置在建筑物外墙以外。

③ 电缆进入沟内或吊架时引上（下）预留，用于没有支架悬空引上（下）的情况。

④ 变电所进线、出线的预留量，是留在变电所外墙内。进入建筑物的预留量，仍要留。

⑤ 电力电缆终端头、电缆中间接头盒的预留量，是施工需要必须要留的。

⑥ 厂用变压器是指厂区放置在室外地台上的变压器。

这些预留在计算电缆敷设工程量时一定要增加。

2. 定额应用举例

① 从高压系统图 3-2-1 中可以看到，高压电源用电缆引入高压开关柜，设电缆从距变配电室 50m 的电杆引下，采用直接埋地方法敷设。高压开关柜与变压器连接，及变压器低压输出线均使用电缆。

② 从变配电室平面图 3-2-2、剖面图 3-2-3 可以看到，室内从高压开关柜到变压器的电缆，采用穿钢管方法敷设，高压开关柜下有电缆沟，电缆在变压器室出地面后，沿墙敷设到高压母线支架。室外高压电缆使用 YJV_{22}-3×70 交联聚乙烯塑料铠装电缆，室内高压电缆使用 YJV-3×35 三芯交联聚乙烯塑料电缆。

③ 低压配电屏下是电缆沟。电缆从二层到一层变压器室，使用电缆桥架敷设。使用 VV-1×500 单芯聚氯乙烯全塑电缆。

④ 本工程中有三种五条电缆，敷设方式种类很多，进行工程量统计时，按每种电缆从起点到终点顺序统计，这样不容易漏掉工程项目。

1）工程量统计

电缆的工程量统计表，见表 4-8-3。

电缆工程量统计表 表 4-8-3

序号	工程项目	单位	计算公式	数量
1	保护钢管埋设	m	0.2 + 0.4 + 0.8 + 1 − 0.8	1.600
2	密封电缆保护管安装	根		1.000
3	电缆沟开挖	m	50 + 2 + 1.5	53.500
4	电缆保护钢管安装	根		1.000
5	电缆沟铺砂盖保护板	m	53.5 − 1.8	51.700
6	电缆在电缆沟内敷设 10kV，3×70mm²	m	(1.2 − 0.4 + 0.4 + 0.8 + 1.5 + 1.5 + 1.5 + 3.04) × (1 + 0.025)	9.780
7	电缆直接埋地敷设 10kV，3×70mm²	m	(51.7 + (0.8 − 0.2)) × (1 + 0.025)	53.610
8	电缆穿钢管敷设 10kV，3×70mm²	m	(1.8 + 1.6 + 2.2 + 2) × (1 + 0.025)	7.790

续表

序号	工程项目	单位	计算公式	数量
9	户内电缆终端头制作安装 10kV，3×70mm²	个		1.000
10	户外电缆终端头制作安装 10kV，3×70mm²	个		1.000
11	电缆在电缆沟内敷设 10kV，3×35mm²	m	$[1.5-0.4+0.84+0.8+1.5+0.84×4.5+2-0.8+0.2+0.8+0.8+1.5+(1.5+3.04)×2]×(1+0.025)$	22.140
12	保护钢管埋设	m	$4.86+4.62+(1+0.2)×2$	11.880
13	电缆穿钢管敷设 10kV，3×35mm²	m	$11.88×(1+0.025)$	12.180
14	电缆沿墙卡设 10kV，3×35mm²	m	$((2.5-0.2)×2+1.5×2)×(1+0.025)$	7.790
15	户内电缆终端头制作安装 10kV，3×35mm²	个		4.000
16	电缆桥架安装 400×150mm	m	$1+6.6-1-2.5+1.24+0.15+5.49-1.24$	9.740
17	电缆在桥架内敷设 1kV，1×500mm²	m	$(9.74+1.5×2)×(1+0.025)×3$	39.180
18	电缆在电缆沟内敷设 1kV，1×500mm²	m	$[1.32+18.89+0.6×2+(1.5+1.5+2.4)×2]×(1+0.025)×3$	65.840
19	户内电缆终端头制作安装 1kV，1×500mm²	个	$2×3×2$	12.00

工程量统计过程如下：

① 保护钢管埋设，1.6m。

先统计高压引入电缆工程量，从室内高压柜到室外电杆。室内保护钢管埋设在土里，图 3-2-2 中，室外电缆埋深 0.8m，室内地坪距室外地坪高差 1.0m，室内地坪下是主电缆沟深 0.8m，室内钢管竖直长度为 0.8＋1－0.8＝1m，水平长度 0.4m，考虑外墙厚度 0.4m，轴线以内为 0.2m，室内钢管总长度为 0.2＋0.4＋1＝1.6m。

② 密封电缆保护管安装，1 根。

变配电室内是电缆沟，室外电缆采用直接埋地敷设方法，电缆进入外墙时，使用密封电缆保护管，保护管使用直径 70mm 的焊接钢管，长度 1.80m。

③ 电缆沟开挖，53.5m。

室外电缆线路长度 50m，按工程量规则规定，电缆进入建筑物时要增加长度 2m，室外电杆上的电缆头要预留长度 1.5m，这些增加长度要埋入地下。这样埋入地下的电缆长度为 50＋2＋1.5＝53.5m，需要挖 53.5m 长的电缆沟，这里要注意，电缆进墙用的密封电缆保护管也同时埋在沟中。

④ 电缆保护钢管安装，1 根。

电缆引上电杆时要穿钢管保护，钢管长度为 2.2m。

⑤ 电缆沟铺砂盖保护板，51.7m。

电缆埋地敷设时，沟内要铺砂盖保护板，电缆进墙密封电缆保护管上不需要铺砂盖板，铺砂盖保护板长度为 $53.5 - 1.8 = 51.7m$，其中 $1.8m$ 是密封电缆保护管长度。

⑥ 电缆在电缆沟内敷设 $10kV$，$3 \times 70mm^2$，$9.78m$。

图 3-2-2 中室内主电缆沟的宽度为 $0.8m$，高压柜距墙 $1.2m$，电缆沟深 $0.8m$。高压柜下沟的宽度为 $0.4m$，电缆从柜下引入，沟内敷设水平长度为 $1.2 - 0.4 + 0.4 = 1.2m$，$0.4m$ 是进墙保护管口离墙的距离。从图 3-2-2 中看出，高压电缆进入室内后，直接到 Y1 柜下，电缆长度为 $1.2 + 0.8 = 2.0m$，$0.8m$ 是沟深。按表 4-8-2 规定，电缆从进墙保护管进入电缆沟由竖直转向水平要增加引上预留长度 $1.5m$，电缆进变配电室增加 $1.5m$，电缆接室内终端头增加 $1.5m$，电缆进入高压柜增加长度为柜高加宽 $2.2 + 0.84 = 3.04m$，电缆敷设驰度、波形弯度、交叉按电缆全长增加 2.5%，这样电缆沟内进线电缆总长度为 $(2 + 1.5 + 1.5 + 1.5 + 3.04) \times (1 + 0.025) = 9.78m$。$2.5\% = 0.025$。

⑦ 电缆直接埋地敷设 $10kV$，$3 \times 70mm^2$，$53.61m$。

电缆直接埋地敷设的水平长度与铺砂盖板长度相同为 $51.7m$；竖直长度，电缆埋地深度 $0.8m$，但电杆地面下有 $0.20m$ 钢管，竖置长度为 $0.8 - 0.20 = 0.6m$；电缆直接埋地敷设长度为 $(51.7 + 0.6) = 52.3m$，还要加上敷设驰度增加长度 2.5%，总长为 $52.3 \times (1 + 0.025) = 53.61m$。

⑧ 电缆穿钢管敷设 $10kV$，$3 \times 70mm^2$，$7.79m$。

各段钢管长度为 $1.8 + 1.6 + 2.2 = 5.6m$。电缆头在电杆上距地 $4m$，保护管口以上还有 $2m$ 电缆，也计入穿钢管敷设长度，总长为 $5.6 + 2 = 7.6m$。增加敷设驰度增加长度。总长为 $7.6 \times (1 + 0.025) = 7.79m$。

⑨ 电缆终端头制作安装 $10kV$，$3 \times 70mm^2$，2 个。

高压引入电缆需要制作安装电缆终端头，户内电缆终端头、户外电缆终端头各一个。

⑩ 电缆在电缆沟内敷设 $10kV$，$3 \times 35mm^2$，$22.14m$。

从图 3-2-2 中可以看到，高压柜到变压器的电缆从高压柜引出也要在电缆沟内敷设。从 Y4 柜引出的电缆，经 Y3 柜下进入钢管，均取柜中，柜宽度 $0.84m$，柜下电缆引出点距钢管口 $1.5 - 0.4 = 1.1m$，沟深 $0.8m$，柜下电缆由竖直转向水平要增加引上预留长度 $1.5m$，沟内电缆长度为 $1.1 + 0.84 + 0.8 + 1.5 = 4.24m$。

从 Y5 柜引出的电缆沿主电缆沟引入钢管，主电缆沟沿墙呈 L 形。从 Y5 柜下引出点到电缆沟为 $0.8m$，沟深 $0.8m$，电缆从 Y5 柜中间引出，沟内纵向长度从图上看出为 4.5 个柜宽，加上 Y1 柜边距沟边，Y1 柜边距墙 $2m$，减掉沟宽度 $0.8m$，距沟边宽度 $0.2m$，长度为 $0.84 \times 4.5 + 2 - 0.8 + 0.2 = 5.18m$，柜下电缆由竖直转向水平要增加引上预留长度 $1.5m$，这段电缆长度为 $0.8 + 0.8 + 5.18 + 1.5 = 8.28m$。这两段电缆同样要增加附加长度，电缆引出高压柜增加长度为柜高加宽 $2.2 + 0.84 = 3.04m$，电缆接室内终端头增加 $1.5m$，电缆敷设驰度、波形弯度、交叉按电缆全长增加 2.5%。

电缆沟内敷设电缆总长为 $[4.24 + 8.28 + (1.5 + 3.04) \times 2] \times (1 + 0.025) = 22.14m$。

⑪ 保护钢管埋设，$11.88m$。

图 3-2-2 中，从 Y3 柜到一号变压器室钢管水平长度量出为 $4.86m$。从 Y5 柜到二号变压器室钢管水平长度量出为 $4.62m$。水平钢管埋设在土里，总长为 $4.86 + 4.62 = 9.48m$。

图 3-2-4 中，变压器室室内地坪与室外地坪相平，变压器架空，夹层高度 1m，钢管出地面 0.2m，钢管竖直长度 1 + 0.2 = 1.2m，两根长度 2.4m。

保护钢管敷设总长 9.48 + 2.4 = 11.88m。

⑫ 电缆穿钢管敷设 10kV，$3 \times 35mm^2$，12.18m。

电缆穿钢管敷设增加敷设驰度增加长度，11.88×（1 + 0.025）= 12.18m。

⑬ 电缆沿墙卡设 10kV，$3 \times 35mm^2$，7.79m。

电缆出钢管后要沿墙卡设，到高压母线支架。高压母线支架距地面高度 2.5m，地面上有 0.2m 钢管，沿墙卡设长度为（2.5 - 0.2）×2 = 4.6m，电缆接室内终端头增加 1.5m，电缆敷设驰度、波形弯度、交叉按电缆全长增加 2.5%，电缆沿墙卡设总长为（4.6 + 1.5×2）×（1 + 0.025）= 7.79m。

⑭ 电缆终端头制作安装 10kV，$3 \times 35mm^2$，4 个。

高压引出电缆需要制作安装电缆终端头，均为户内电缆终端头共 2×2 = 4 个。

⑮ 电缆桥架安装 400×150mm，9.74m。

变压器低压侧出线电缆在一层用桥架敷设，桥架沿墙和楼板下沿安装，穿过二层楼板后进入电缆沟，电缆在电缆沟内敷设，至低压进线配电屏 P1 屏和 P15 屏。

1 号变压器出线桥架长度，从图 3-2-4 上可以量出，沿墙水平长度 1m，竖直方向从母线支架向上长度为楼层标高 6.6m，一层地坪标高 1m，母线支架标高 2.5m，6.6 - 1 - 2.5 = 3.1m。沿楼下沿水平长度 1.24m，穿楼板 0.15m。桥架全长 1 + 3.1 + 1.24 + 0.15 = 5.49m。

2 号变压器出线桥架长度没有沿楼下沿的水平长度 1.24m，桥架长度为 5.49 - 1.24 = 4.25m。

两段桥架长度为 5.49 + 4.25 = 9.74m。桥架使用钢制槽式桥架，截面尺寸为 400mm×150mm，用螺栓直接固定在墙面上，要使用两处平面二通桥架，平面二通桥架轴线长度为 1.3 m，两处上下垂直弯通桥架，垂直弯通桥架轴线长度为 0.75 m。

⑯ 电缆在桥架内敷设 1kV，$1 \times 500mm^2$，39.18m。

低压电缆使用 $1 \times 500mm^2$ 的单芯电缆，三根为一组。电缆长度与桥架长度等长，要增加电力电缆终端头增加量 1.5m，驰度增加长度 2.5%，电缆全长为（9.74 + 1.5×2）×（1 + 0.025）×3 = 39.18m。

⑰ 电缆在电缆沟内敷设 1kV，$1 \times 500mm^2$，65.84m。

1 号变压器出线电缆在二层的出线口在 P1 屏轴线位置，主缆沟在屏外侧，要水平引至 P1 屏下，水平长度 1.32m，沟深 0.6m，要增加电缆从桥架进入电缆沟时引上预留长度 1.5m，电缆接室内终端头增加 1.5m，电缆进入低压柜增加长度为柜高加宽 2 + 0.4 = 2.4m，电缆敷设驰度、波形弯度、交叉按电缆全长增加 2.5%。

2 号变压器出线电缆在二层的出线口在 P4 与 P5 屏中间，沿主电缆沟绕至对面 P15 屏，水平长度为 18.89m，沟深 0.6m，也要增加 1 号变压器出线电缆的增加长度。

两条缆的总长度为〔1.32 + 18.89 + 0.6×2 +（1.5 + 1.5 + 2.4）×2〕×（1 + 0.025）×3 = 65.84m。

⑱ 电缆终端头制作安装 1kV，$1 \times 500mm^2$，12 个。

由于使用单芯电缆每组三条电缆，每根电缆都有两个电缆终端头，两组电缆共用 2×3×2 = 12 个终端头。

2）预算价计算

电缆的预算价计算表，见表4-8-4。

电缆预算价计算表

表 4-8-4

序号	定额编号	定额项目	单位	计算公式	数量
1	8-10	1kV 铜芯电缆埋地敷设截面 400mm² 以内	m		65.840
2	8-11	10kV 铜芯电缆埋地敷设截面 35mm² 以内	m		22.140
3	8-12	10kV 铜芯电缆埋地敷设截面 70mm² 以内	m	$53.61 + 9.78$	63.390
4	8-29	10kV 铜芯电缆沿墙面、支架敷设 截面 35mm² 以内	m		7.790
5	8-44	1kV 铜芯电缆沿桥架、线槽敷设 截面 400mm² 以内	m		39.180
6	8-79	10kV 铜芯电缆穿导管敷设截面 35mm² 以内	m		12.180
7	8-80	10kV 铜芯电缆穿导管敷设截面 70mm² 以内	m		7.7920
8	主材费	1kV 铜芯电力电缆 VV — 1×500	m	$1.0100 \times (39.18 + 65.84)$	106.070
9	主材费	10kV 铜芯电力电缆 YJV — 3×35	m	$1.0100 \times (7.79 + 11.88 + 22.14)$	42.530
10	主材费	10kV 铜芯电力电缆 YJV₂₂ — 3×70	m	$1.0100 \times (63.39 + 7.79)$	71.890
11	8-211	电缆保护管敷设沿电杆钢管	根		1.000
12	8-214	密封电缆保护管安装 70mm	根		1.000
13	8-221	电缆沟铺砂盖保护板 1～2 根	m		51.700
14	8-276	户内热缩式电缆终端头制作安装 1kV 以下 1×400mm² 以内	个		12.000
15	主材费	户内热缩式电缆终端头 1kV- 1×500mm²	个	1.0200×12	12.240
16	8-280	户内热缩式电缆终端头制作安装 10kV 以下 3×70mm² 以内	个	$4 + 1$	5.000
17	主材费	户内热缩式电缆终端头 10kV- 3×35mm²	个	1.0200×4	4.080
18	主材费	户内热缩式电缆终端头 10kV- 3×70mm²	个		1.020
19	8-322	户外热缩式电缆终端头制作安装 10kV 以下 3×120mm² 以内	个		1.000
20	主材费	户外热缩式电缆终端头 10kV- 3×70mm²	个		1.020
21	主材费	接地编织铜线	m	$1.0000 + 1.0000$	2.000
22	8-403	电缆沟挖填土	m³	0.45×53.5	24.100
23		焊接钢管埋设 70mm² 以内	m	$1.60 + 11.88$	13.480

① 定额编号 8–10，1kV 铜芯电缆埋地敷设截面 400mm² 以内，65.84m。

工程量统计表中有电缆在电缆沟内敷设的工程内容，定额中只有电缆在电缆沟内支架敷设，没有电缆在电缆沟内敷设的定额。而电缆直接放在电缆沟中的敷设方法，与电缆埋地敷设的方法相同，只是一个放在混凝土沟中，一个放在土沟中，因此使用电缆埋地敷设定额，10kV–70mm² 电缆工程量并入第 3 项中。1kV 电缆执行截面 400mm² 以内子目，章说明规定单芯电力电缆敷设按同等截面电缆定额乘以系数 0.67。但定额没有截面 500mm² 以内子目，只能执行截面 400mm² 以内子目，不乘系数。65.84m。

主材费合并入第 8 项中。

② 定额编号 8–11，10kV 铜芯电缆埋地敷截面 35mm² 以内，22.14m。

主材费合并入第 9 项中。

③ 定额编号 8–12，10kV 铜芯电缆埋地敷截面 70mm² 以内，63.39m。

定额量为 53.61 ＋ 9.78 ＝ 63.39m。9.78m 是电缆在电缆沟内敷设的长度，也执行本定额子目。

主材费合并入第 10 项中。

④ 定额编号 8–29，10kV 铜芯电缆沿墙面、支架敷设截面 35mm² 以内，7.79m。

主材费合并入第 9 项中。

⑤ 定额编号 8–44，1kV 铜芯电缆沿桥架、线槽敷设截面 400mm² 以内，39.18m。

主材费合并入第 8 项中。

⑥ 定额编号 8–79，10kV 铜芯电缆穿导管敷设截面 35mm² 以内，12.18m。

主材费合并计入第 9 项中。

⑦ 定额编号 8–80，10kV 铜芯电缆穿导管敷设截面 70mm² 以内，7.79m。

主材费合并计入第 10 项中。

⑧ 电缆主材费，1kV 铜芯电力电缆 VV － 1×500，106.07m。

本节定额不包含主材费，电缆主材费计算长度为 1.0100×（39.18 ＋ 65.84）＝ 106.07m。1.0100 为定额含量，主材量为定额含量乘以定额数量。电缆主材费按电缆全长计算，要加上所有敷设方式的电缆长度。

⑨ 电缆主材费，10kV 铜芯电力电缆 YJV － 3×35，42.53m。

电缆主材费计算长度为 1.0100×（7.79 ＋ 12.18 ＋ 22.14）＝ 42.53m。电缆主材费按电缆全长计算，要加上所有敷设方式的电缆长度。

⑩ 电缆主材费，10kV 铜芯电力电缆 YJV₂₂ － 3×70，85.96m。

电缆主材费计算长度为 1.0100×（63.39 ＋ 7.79）＝ 71.89m，电缆主材费按电缆全长计算，这里要加上所有敷设方式的电缆长度。

⑪ 定额编号 8–211，电缆保护管敷设沿电杆钢管，1 根。

定额中有电缆保护管沿电杆敷设，按使用材料分为钢管和角钢两个定额子目，以"根"为定额计量单位，定额包含主材费，主材是直径 125 mm 的焊接钢管，长 2.2m。

⑫ 定额编号 8–214，密封电缆保护管制作安装 70mm，1 根。

密封电缆保护管制作安装，使用直径 70mm 的焊接钢管，执行公称直径 70mm 以下定额子目，以"根"为定额计量单位，定额包含主材费，主材是直径 70mm 的焊接钢管，长 1.8m。

⑬ 定额编号 8-219，电缆沟铺砂盖保护板 1～2 根，51.2m。

电缆沟铺砂盖保护板，执行 1～2 根电缆沟定额子目。电缆沟铺砂盖保护板定额包含主材费。

⑭ 定额编号 8-276，户内热缩式电缆终端头制作安装 1kV 以下 1×400mm² 以内，12 个。

户内热缩式电缆终端头制作安装，执行 1kV 以下 1×400mm² 以内定额子目。以"个"为定额计量单位。

⑮ 主材费，户内热缩式电缆终端头 1kV-1×500mm²，12.24 个。

电缆终端头制作安装的主材有终端头和接地编织铜线，接地编织铜线用于铠装电缆，工程中的低压电缆是普通电缆，主材只有终端头没有接地编织铜线。终端头的定额含量是 1.0200，终端头数量为 1.0200×12 = 12.24 个。

⑯ 定额编号 8-280，户内热缩式电缆终端头制作安装 10kV 以下 3×70mm² 以内，5 个。

高压电缆使用了两种规格 35mm² 和 70mm²，都在 70mm² 以内，使用同一个定额子目。其中 35mm² 4 个，70mm² 1 个。

⑰ 主材费，户内热缩式电缆终端头 10kV-3×35mm²，4.08 个。

终端头数量为 1.0200×4 = 4.08 个。

⑱ 主材费，户内热缩式电缆终端头 10kV-3×70mm²，1.02 个。

⑲ 定额编号 8-322，户外热缩式电缆终端头制作安装 10kV 以下 3×120mm² 以内，1 个。

户外热缩式电缆终端头制作安装 10kV 以下，最小规格是 120mm² 以内。70mm² 套用 120mm² 以内定额子目。

⑳ 主材费，户外热缩式电缆终端头 10kV-3×70mm²，1.02 个。

主材是户外热缩式电缆终端头 10kV-3×70mm² 的。

㉑ 主材费，接地编织铜线，2m。

高压进户电缆使用铠装电缆，制作电缆头时要使用接地编织铜线，户内、外定额含量均为 1.000m。

㉒ 定额编号 8-403，电缆沟挖填土，24.1m³。

电缆沟挖填土，不分土，只用一个定额子目。工程量统计表中有电缆沟长 53.5m，一根电缆的电缆沟标准土方量为 0.45m³，总土方量为 0.45×53.5 = 24.1m³。

㉓ 工程量中保护钢管埋设，使用直径 70mm 的焊接钢管，电缆定额中，保护钢管直径最小 100mm，因此要执行配管配线定额中的相应定额子目，由于是保护钢管埋设，执行焊接钢管埋设定额子目，暂不列出定额编号，定额含钢管主材费。定额数量为 1.60 + 11.88 = 13.48m。

第九节 防雷及接地装置

1. 防雷及接地装置定额内容及工程量计算规则

1）本章包括：接地极，接地母线，避雷引下线，均压环，避雷网，避雷针，半导体少长针消雷装置，等电位端子箱、测试板，浪涌保护器，等电位联接等 10 节共 96 个子目。

2）本章定额适用于建筑物、构筑物的防雷接地，变配电系统接地和车间接地，设备接地以及避雷针的接地装置。

3）本章定额已包括高空作业工时，不得另行计算。高空作业工时是指定额编制时，已考虑了防雷及接地装置工程操作高度较高的问题，不需要另行计算。

4）接地极区别不同材质、规格按设计图示数量或面积计算。

① 人工接地极有：角钢50×50、钢管50、圆钢分为 Φ19 和 Φ25，计量单位"根"，每根标准长度 2.5m。定额含主材费。

钢板接地极和铜板接地极，计量单位"块"。铜接地极，计量单位"根"。定额另计主材费。

② 自然接地极有：利用底板钢筋做接地极和利用护坡桩做接地极。

A．利用底板钢筋作接地极，定额是按单层钢筋焊接编制的，如果设计要求焊双层钢筋时，定额乘以系数 2。

B．利用护坡桩做接地极。是对护坡桩头进行破拆，并对桩内钢筋焊接的工作。

C．护坡桩是深基坑防止塌方，打入地下的混凝土桩，桩内有钢筋，施工完成后，桩留在地下，是很好的自然接地体。尺寸以长度计算。

5）接地母线分为型钢和铜接地母线。按设计图示尺寸以长度计算。

① 型钢接地母线的材料有镀锌圆钢和镀锌扁钢。

镀锌圆钢分为：明敷设和沿支架敷设，按圆钢直径划分定额子目。

镀锌扁钢分为：明敷设、暗敷设和沿支架敷设，按扁钢截面尺寸划分定额子目。

② 铜接地母线有：母带和铜绞线。

A．铜母带分为：明敷设和暗敷设，按接地铜母带截面尺寸划分定额子目。采用普通焊接方式。

B．铜接地绞线暗敷设，按铜接地绞线截面积划分定额子目。

③ 由于焊接方法不同，另有铜接地装置放热焊定额，计量单位"处"。

铜母带敷设（无焊接），适用于放热焊的铜母线敷设。

6）避雷引下线按设计图示尺寸以长度计算。

① 利用结构主筋做避雷引下线，以柱内焊接两根钢筋为基数，如设计要求多焊，按比例增加定额。

无地下室，按檐高计算钢筋长度；有地下室，按基础底面计算钢筋长度。

② 明装避雷引下线均已包括了打墙眼和支持卡子的安装。长度计算到断接卡子。

③ 柱内暗敷设型钢做避雷引下线，执行型钢接地母线暗敷设定额子目。

7）接地电阻测试的断接卡子制作安装，均已包括一个接线箱，不得另行计算。断接卡子按设计图示数量以处计算。

铜制断接卡子制作安装，另有一个定额子目。主材费另计。

8）均压环焊接按设计图示尺寸以长度计算。均压环焊接是以建筑物内钢筋作为接地引线编制的。以梁内焊接两根钢筋为基数，如设计要求多焊，按比例增加定额。

均压环如果采用型钢作接地引线时，应执行接地母线敷设相应子目。

9）钢窗、铝合金窗跨接地线，按设计图示数量计算。计量单位"樘"。

玻璃幕墙跨接地线，分钢结构和铝合金结构，计量单位"处"。

跨接地线只是被接地物体，与接地母线焊接或压接，接地母线敷设项目要另行计算。

10）避雷网按设计图示尺寸以长度计算。

①避雷网分为：沿女儿墙敷设和沿混凝土块敷设，按避雷网圆钢直径划分定额子目。

②执行避雷网沿混凝土块敷设定额时，要执行混凝土块制作定额子目。

11）接地母线、引下线、避雷网的搭接长度，分别综合在有关定额子目中，不得另行计算。

清单中这些搭接长度要另计。

12）避雷针制作分为使用钢管和圆钢制作，按针长划分定额子目。计量单位"根"。

①避雷针安装分为：平面屋顶和墙上，按针长划分定额子目。计量单位"根"。平面屋顶安装时，要安装拉线，定额为3根一组。

②避雷针在烟囱上安装，按烟囱高度划分定额子目。计量单位"根"。

13）半导体少长针消雷装置安装，按高度划分定额子目。计量单位"套"。按设计图示数量计算。

14）等电位端子箱分为：总等电位箱和（分）等电位箱。

①总等电位箱装在电源引入处。（分）等电位箱装在卫生间等需要安装的位置。

②等电位端子箱、接地测试板制作安装，按设计图示数量计算。

③注意接地测试板，与接地电阻测试的断接卡子的区别。

15）浪涌保护器按设计图示数量计算。

16）等电位联接分为：卫生间、进出户及竖向管道、突出建筑物金属物。区别部位按设计图示数量计算。注意只是与接地母线进行卡接，接地母线敷设项目要另行计算。

17）接地装置挖填土执行电缆沟挖填土相应子目。

计算方法：沟长每1m为0.45m³土方量。（上口宽500mm、下口宽400mm、深度1000mm），对应接地装置埋深0.8m，要有200mm长接地极高出沟底，作为焊接接地母线的操作空间。

18）接地装置安装，定额中不包括接地电阻率高的土质换土和化学处理的土壤及由此发生的接地电阻测试等费用。另外，定额中也未包括铺设沥青绝缘层，如需铺设，可另行计算。

2. 定额应用举例

由于电气系统接地的施工内容和方法与防雷接地略有不同，这里分别用两个例子说明定额的使用方法。

（1）电气系统接地

1）工程量统计

图3-5-2中，电源外线进入建筑物后，按规定电源零线要做重复接地，同时内线系统的配电箱、金属管线也要与接地装置可靠连接，为了防止建筑物内的其他金属管线出现带电伤人的现象，建筑物内的水管、暖气管、燃气管道等也要与接地装置可靠连接，称为总等电位联结。

接地装置的工程量统计表，见表4-9-1。

接地装置工程量统计表 表 4-9-1

序号	工程项目	单位	计算公式	数量
1	Φ19 圆钢接地极制作安装	根		3.00
2	户外接地母线敷设 40×4	m	5×2 + 5.65	15.65
3	户内接地母线敷设 40×4	m	2.4 + 0.8 + 0.5 + (0.75-0.68) + 2.4 + 0.5 + 1.4	9.07
4	MEB 箱安装	台		1.00
5	户内接地母线敷设 20×3	m	0.56 + 0.5	1.06
6	钢管埋地敷设 SC20	m	0.71 + 0.56 + 0.99 + 8.05	10.31
7	焊接钢管暗配 SC20	m	0.5×4	2.00
8	管内穿铜芯线	m	10.31 + 2	12.31

工程量统计过程如下：

统计顺序从室外接地极开始，沿接地线进行统计。

① 接地极安装，3 根。

图 3-5-2 中有 3 根接地极，使用 Φ19 圆钢。

② 户外接地母线敷设 40×4 镀锌扁钢，15.65m。

3 根接地极间距为 5m，两段母线长为 5×2 = 10m，接地极到外墙母线长度用尺量，长为 5.65m，全长 10 + 5.65 = 15.65m。

③ 户内接地母线敷设 40×4 镀锌扁钢，9.07m。

母线从外墙引入室内接到总等电位联接箱 MEB 箱，水平长度量出为 2.4m，量到 MEB 箱中心。母线竖直长度，接地埋深 0.8m，室外地坪为 −0.75m，MEB 箱处地坪为 −0.68m，MEB 箱安装高度 0.5m，竖直长度为 0.8 + (0.75 − 0.68) + 0.5 = 1.37m。全长 2.4 + 1.37 = 3.77m。

此外从 MEB 箱连接到主配电箱 T3 箱使用的母线规格与接地母线相同，两箱内水平长度量出为 2.4m，竖直长度，MEB 箱下部为 0.5m，F3 箱安装高度为 1.4m，为 0.5 + 1.4 = 1.9m，母线长度为 2.4 + 1.9 = 4.3m，

两段母线总长为 4.3m + 3.77m = 9.07m。使用 40×4 镀锌扁钢。

④ MEB 箱安装，1 台。

⑤ 户内接地母线敷设 20×3 镀锌扁钢，1.06m。

从系统图 3-5-1 上看出，MEB 箱就近与柱筋连接使用 20×3 镀锌扁钢，水平长度量出为 0.56m。竖直长度为 MEB 箱下 0.5m，总长 0.56 + 0.5 = 1.06m。

⑥ 焊接钢管埋地敷设 SC20，10.31m。

系统图 3-5-1 中，有 4 条接地线要从 MEB 箱接出，分别接到上、下水干管，热水干管和暖气干管，使用 BV 铜导线穿焊接钢管埋地敷设，从 MEB 箱向下，然后水平敷设至各根干管位置。四根干管有三根在 MEB 箱附近，两根在厨房，一根在楼门下的暖气沟内。热水干管在卫生间内。四根水平长度量出为 0.71 + 0.56 + 0.99 + 8.05 = 10.31m。

⑦ 焊接钢管暗配 SC20，2m。

每根钢管都从 MEB 箱向下，竖直长度为 0.5×4 = 2m，钢管敷设在墙内。

⑧ 管内穿铜芯线，12.31m。

管内穿线长度与钢管长度相等，为 10.31 + 2 = 12.31m。使用 BV-25 塑料铜线。

2）预算价计算

接地装置的预算价计算表，见表 4-9-2。

接地装置预算价计算表

表 4-9-2

序号	定额编号	定额工程项目	单位	计算公式	数量
1	9-3	接地极圆钢 Φ19	根		3.000
2	9-18	型钢接地母线暗敷设镀锌扁钢 25×4	m	1.06	1.060
3	9-19	型钢接地母线暗敷设镀锌扁钢 40×4	m	15.65 + 9.07	24.720
4	8-403	电缆沟挖填土	m^3	0.45×15.65	7.040
5	9-90	总等电位箱	台		1.000
6	主材费	等电位端子箱	台		1.000
7	9-90	等电位联接进出户及竖向金属管道	处		4.000
8	主材费	金属抱箍	套	1.0300×4	4.120
9	11-35	焊接钢管敷设砖、混凝土结构暗配公称直径 20mm 以内	m	2	2.000
10	11-61	焊接钢管敷钢管埋设公称直径 20mm 以内	m	10.31	10.310
11	11-264	管内穿铜芯线动力线路导线截面 25mm² 以内	m	12.31 + 2.8	15.100
12	主材费	塑料绝缘铜线 BV − 25	m	1.0500×15.1	15.870

① 定额编号 9-3，接地极圆钢 Φ19，3 根。

接地极执行圆钢 Φ19mm 定额子目，共安装 3 根，定额含主材费。

② 定额编号 9-18，型钢接地母线暗敷设镀锌扁钢 25×4，1.06m。

型钢接地母线暗敷设 20×3，执行镀锌扁钢 25×4 定额子目，1.06m。定额含主材费。由于定额是 25×4 而工程使用的是 20×3 扁钢，如果数量大需要调整主材费。

③ 定额编号 9-19，型钢接地母线暗敷设镀锌扁钢 40×4，24.72m。

工程量统计表中户内、户外接地母线敷设的长度合并起来计算定额数量，15.65 + 9.07 = 24.72m。

④ 定额编号 8-403，电缆沟挖填土，7.04m³。

定额规定接地装置需要挖填土时，执行电缆沟挖填土定额相应子目，工程中户外接地母线敷设需要挖填土，户内在结构内或地面内暗敷设不需要挖填土。按户外接地母线敷设的长度 15.65m 计算土方量，每 m 沟长土方量为 0.45m³，共挖填土 0.45×15.65 = 7.04m³。

⑤ 定额编号 9-90，总等电位箱，1 台。

工程中要安装 1 台 MEB 箱，执行总等电位箱定额子目，数量 1 台。

⑥ 主材费，等电位端子箱，1 台。

⑦ 定额编号 9-90，等电位联接进出户及竖向金属管道，4 处。

接地线与上、下水，热水，暖气干管连接使用抱箍卡接，套用等电位联接进出户及竖向金属管道定额子目，共 4 处。

⑧ 主材费，金属抱箍，4.12 套。

定额主材含量为 1.0300，4 处抱箍主材量为 1.0300×4 = 4.12 套。

以下为第十一章定额内容。

⑨ 定额编号 11-35，焊接钢管敷设砖、混凝土结构暗配公称直径 20mm 以内，2m。

焊接钢管敷设是定额第十一章第一节，执行砖、混凝土结构暗配公称直径 20mm 以内定额子目。竖直敷设的钢管执行本定额，数量为 2m。定额含主材费。

⑩ 定额编号 11-61，焊接钢管敷钢管埋设公称直径 20mm 以内，10.31m。

水平敷设的钢管，执行钢管埋设公称直径 20mm 以内定额子目，数量为 10.31。钢管埋设如果在室外要计算挖填土方，钢管在室内埋设时不计算挖填土方，挖填土工作随地基施工同时进行。

⑪ 定额编号 11-264，管内穿铜芯线动力线路导线截面 25mm² 以内，15.1m。

管内穿铜芯线是定额第十一章第四节，执行动力线路导线截面 25mm² 以内定额子目。计算定额量时要计算导线在箱内的预留长度，增加长度为箱体的宽加高，MEB 箱的尺寸为 400×250×140mm，增加长度为（0.4 + 0.25）×4 = 2.8m，定额数量为 12.31 + 2.8 = 15.1m。

⑫ 主材费，塑料绝缘铜线 BV−25，15.87m。

定额主材含量为 1.0500，主材量为 1.0500×15.1 = 15.87m。

（2）防雷接地

防雷接地平面图 3-4-4 中，为了说明定额的使用方法，楼基础做板基础，增加基础内的钢筋网作自然接地体。基础深 1.5m。

1）工程量统计

工程量统计表，见表 4-9-3。

防雷接地工程量统计表　　　　　　　　　　　　　表 4-9-3

序号	工程项目	单位	计算公式	数量
1	避雷网安装四周	m	41.7×2 + 15.17	98.570
2	避雷网在混凝土块上安装	m	15.17×2 + 9.49 + 6.6 + 5.36	51.790
3	混凝土块制作	块	28 + 9 + 6 + 5	48.000
4	避雷引下线钢筋焊接	m	（20 + 1.5）×6	129.000
5	断接测试卡子制作安装	个		6.000
6	圆钢接地极制作安装 Φ19	根	2×6	12.000
7	户外接地母线敷设 40×4	m	（5 + 4）×3 +（5 + 1.5）×3	46.500
8	户内接地母线敷设 40×4	m	（0.8 + 0.4）×6	7.200
9	基础钢筋焊接	m²	41.7×（15.17−1−1.37）	533.760

工程量统计过程如下：

① 避雷网安装，98.57m。

避雷网安装使用 Φ10 镀锌圆钢，四周安装在女儿墙上，长度为屋顶周长，以阳台外沿长度为准，长为 41.7m，宽为 15.17m，屋顶周长为 $41.7 \times 2 + 15.17 = 98.57$m。图上是楼顶局部，只有三边有避雷网，阳台宽度为外墙轴线外 1m 和 1.37m。

② 避雷网在混凝土块上安装，51.79m。

避雷网在混凝土上安装，其中两根的长度为楼宽，$15.17 \times 2 = 30.34$m。另外几根是与楼顶下水排气管连结的避雷网，长度量出为 $9.49 + 6.6 + 5.36 = 21.46$m，总长为 $30.34 + 21.46 = 51.79$m。

③ 混凝土块制作，48 块。

混凝土块按每米一块计，15.17 m 处两端与女儿墙上的避雷网连接，为 14 块，2 处为 28 块。9.49m 处 9 块；6.6m 处 6 块；5.36m 处 5 块；共 $28 + 9 + 6 + 5 = 48$ 块。

④ 避雷引下线钢筋焊接，129m。

避雷引下线钢筋焊接从基础底面算起，按檐高 20m 计，6 根柱子为 $（20 + 1.5）\times 6 = 129$m。

⑤ 断接测试卡子安装，6 个。

在距室外地面 0.4m 处装断接测试卡子，由于是暗装，要在墙上装接线箱，共 6 个。

⑥ 圆钢接地极制作安装 Φ19，12 根。

制作安装圆钢接地极，每组 2 根共 6 组，12 根接地极使用 Φ19 镀锌圆钢。

⑦ 户外接地母线敷设 40×4，46.5m。

户外接地母线敷设，两根接地极间距 5m，图 3-4-4 上方接地装置距楼 4m，每组母线长 9m，3 组总长 27m。图 3-4-4 下方接地装置距楼 1.5m，每组母线长 6.5m，3 组总长 19.5m。户外接地母线总长为 $27 + 19.5 = 46.5$m。

⑧ 户内接地母线敷设 40×4，7.2m。

户内接地母线敷设 40×4，沿墙竖直向上段没有挖土，算户内敷设，接地埋深 0.8m，断接点距地 0.4m，每根长 $0.8 + 0.4 = 1.2$m，6 根长 7.2m。

⑨ 基础钢筋焊接，533.76m^2。

基础钢筋焊接，按基础面积计算，基础面积为 $41.7 \times （12.3 + 0.25 \times 2） = 533.76$m^2，基础按外墙轴线长度计算。

2）预算价计算

防雷接地的预算价计算表，见表 4-9-4。

防雷接地预算价计算表　　　　　　　　　　　　表 4-9-4

序号	定额编号	定额工程项目	单位	计算公式	数量
1	9-3	接地极圆钢 Φ19	根		12.000
2	9-5	接地极利用底板钢筋作接地极	m^2		533.760
3	9-18	型钢接地母线暗敷设镀锌扁钢 40×4	m	$46.5 + 7.2$	53.700
4	8-403	电缆沟挖填土	m^3	0.45×46.5	20.930

续表

序号	定额编号	定额工程项目	单位	计算公式	数量
5	9-60	避雷引下线利用结构主筋	m	129×2	258.000
6	9-62	接地断接卡子制作安装	处		6.000
7	9-69	避雷网沿女儿墙敷设直径 10mm 以内	m		98.570
8	9-72	避雷网沿混凝土块敷设直径 10mm 以内	m		51.790
9	9-74	混凝土土块制作	个	48	48.000

① 定额编号 9-3，接地极圆钢 Φ19mm，12 根。

接地极圆钢 Φ19mm，共安装 12 根，定额含主材费。

② 定额编号 9-5，接地极利用底板钢筋作接地极，533.76m²。

③ 定额编号 9-18，型钢接地母线暗敷设镀锌扁钢 40×4，53.7m。

由于定额不分户内、户外，工程量统计表中户内、户外接地母线敷设的长度合并起来计算定额数量，46.5 ＋ 7.2 ＝ 53.7m。

④ 定额编号 8-403，电缆沟挖填土，20.93m³。

按户外接地母线敷设的长度 46.5m 计算土方量，每 m 沟长土方量为 0.45m³，共挖填土 0.45×46.5 ＝ 20.93m³。

⑤ 定额编号 9-60，避雷引下线利用结构主筋，258m。

避雷引下线是定额第三节，执行利用结构主筋定额子目，因每根柱内焊接 4 根钢筋，而定额规定焊接 2 根钢筋，定额量按比例增加乘以 2。定额数量为 129×2 ＝ 258m。

⑥ 定额编号 9-62，接地断接卡子制作安装，6 处。

接地断接卡子制作安装，以"处"为定额计量单位，共 6 处，定额包含安装一只接线箱及主材。

⑦ 定额编号 9-69，避雷网安装沿女儿墙敷设直径 10mm 以内，98.57m。

避雷网安装是定额第五节，执行沿女儿墙敷设直径 10mm 以内定额子目，定额数量为 98.57m。定额含主材费。

⑧ 定额编号 9-72，避雷网安装沿混凝土块敷设直径 10mm 以内，51.79m。

避雷网安装沿混凝土块敷设直径 10mm 以内，定额数量为 51.79m。定额含主材费。

⑨ 定额编号 9-74，混凝土块制作，48 个。

混凝土块制作，以"个"为定额计量单位，定额数量为 48 个。定额含主材费。

第十节　10kV 以下架空配电线路

1. 10kV 以下架空配电线路定额内容及工程量计算规则

（1）本章包括：电杆组立、横担组装、导线架设、杆上变配电设备和带电作业等 5 节共 144 个子目。

（2）本章定额是按"平原地带"施工编制的。如在丘陵、山地、泥沼地带施工时，其人工工日、机械台班用量应分别乘以下列系数。

1）丘陵地带：人工 ×1.15，机械 ×2

2）一般山地及泥沼地带：人工 ×1.6，机械 ×1.6

地形划分按下述原则定义：

① 平原地带——指地形比较平坦、地面比较干燥的地带；

② 丘陵地带——指地形起伏的矮岗、土丘（在 1km 以内地形起伏相对高差在 30 ～ 50m 范围以内的地带）；

③ 一般山地——指一般山岭、沟谷（在 250m 以内地形起伏相对高差在 30 ～ 50m 范围以内的地带）；

④ 泥沼地带——指有水的庄稼田或泥水淤积的地带。

（3）电杆组立按设计图示数量计算

1）挖土（石）方

① 杆坑土方量计算公式及相关电杆土方量（表 4-10-1 和表 4-10-2）

安装底盘、卡盘的土方量（含放坡计算）　　　　　　　　　　　表 4-10-1

杆高（m）	10	12	15	18
坑深（m）	1.7	1.9	2.3	2.5
底盘规格（m）	0.8×0.8		1.0×1.0	
灰杆土方量（m³）	3.82	4.47	8.58	12.03

不安装底盘、卡盘的土方量（含放坡计算）　　　　　　　　　　表 4-10-2

杆高（m）	10	12	15	18
坑深（m）	1.7	1.9	2.3	2.5
灰杆土方量（m³）	2.06	2.46	5.47	6.48

② 土方放坡系数：开挖深度 ≤ 2m 时按 1：0.17 编制的，开挖深度 ≤ 3m 时按 1：0.3 编制的。

安装底盘、卡盘的电杆基坑施工操作余度定额是按基础底宽每边增加 0.2m 编制的。

③ 土质分类

A. 普通土——指种植土、黄土和盐碱土等，主要用铁锹挖掘的土质；

B. 坚土——指坚实的黏性土和黄土等，必须用镐刨后，再用铁锹挖掘的土质；

C. 卵石——指含有大量碎石或卵石，且坚硬密实，须用镐或撬棍挖掘的土质；

D. 泥水土——指地下水位高，坑内有渗水，但只需少量排水，即可施工的土质；

E. 流砂——指坑内砂层在挖掘时有坍塌现象，必须加挡土板的土质；

F. 岩石——指必须打眼爆破施工的土质。

④ 电杆拉线项目中，拉线坑的土质及方量已做了相应的综合考虑，除遇有流砂、岩石土质，一般不得调整定额。

⑤ 杆坑土质按一个坑的主要土质而定，如一个坑大部分普通土，少量为坚土，则该坑应全部按普通土计算。出现流砂层时，不论其土质占多少，全坑按流砂坑计算。

⑥ 本章定额包括土方的外弃和换土。

2）电杆组立

① 水泥杆组立分带底盘、卡盘和不带底盘、卡盘，按杆长划分定额子目，计量单位"根"。

② 立撑杆按杆长划分定额子目，计量单位"根"。

③ 钢管杆组立分为：单根整根式和单根分段式，按每根重量划分定额子目，计量单位"根"。

④ 立电杆、立撑杆项目，定额不分机械、半机械还是人工组立，均执行同一定额。

⑤ 钢管杆组立未含基础，另执行建筑工程相应子目。

3）拉线制作安装，拉线种类有：普通拉线、水平拉线、弓形拉线、V形拉线，按截面划分定额子目，计量单位"组"。

（4）担组装按设计图示数量计算。

横担安装

① 10kV 一下横担安装，有：水平排列单担、双单，三角排列单担、双单，垂直排列，加重双担水平、小三角、大三角，梭形担，计量单位"组"。

② 1kV 一下横担安装，有：三线横担单担、双担，五线横担单担、双担，计量单位"组"。

③ 进户线横担，有：低压三线横担、五线横担、六线横担、高压横担，计量单位"组"。

④ 横担组装，含主材费。

（5）绝缘子安装，有：10kV 绝缘子针式 P-15、针式 P-20、放电箝位绝缘子，低压绝缘子针式 P-6、针式 P-10、碟式。还有：低压悬式绝缘子组合、高压悬式绝缘子组合。计量单位"套"。

柱式绝缘子安装执行针式绝缘子安装定额子目。

（6）导线架设按设计图示尺寸以单线长度计算（含预留长度）。

① 裸导线、低压绝缘导线、10kV 交联聚乙烯绝缘导线，按截面划分定额子目，计量单位"km"。

② 集束导线分二芯、四芯，按截面划分定额子目，计量单位"km"。

③ 低压架空电缆架设分三芯、五芯，按截面划分定额子目，计量单位"km"。

④ 钢绞线，按截面划分定额子目，计量单位"km"。

⑤ 进户线，按截面划分定额子目；平行进户线，按 2× 截面，划分定额子目，计量单位"km"。

（7）杆上配电设备安装按设计图示数量计算。

① 杆上变压器安装，不分规格，计量单位"台"。

② 杆上变压器台架制作安装，三相变压器，按容量划分定额子目，单相变压器单设定额子目。立电杆按相应子目执行；变压器台架制作安装已在电杆高度上、变台形式上做了综合，变台台架安装是指自 10kV 线路引接电源起，至变压器二次出线与低压线路（配电箱）连接处止（含连接金具）的全部材料（含接地装置埋设）。

③ 杆上配电设备安装，有：跌落式熔断器，避雷器 10kV、1kV，隔离开关 10kV、1kV，真空开关（带自动化设备），真空开关（无自动化设备），变压器综测仪，配电箱。

适用于在电杆上单独安装时使用。配电设备安装已综合了所需的各种材料，定额不得调整。

④ 杆上其他装置，有：接地环（组），驱鸟器，电杆反光膜，绝缘护罩，拉线保护套管（组），线路故障指示器（只）。计量单位"个（组）（只）"。

（8）线路一次施工的工程量，定额是按5根以上电杆编制的，若实际工程量在5根以下者，人工工日、机械台班用量乘以1.3系数（不含变压器及台架制作安装）。

（9）定额子目中已综合考虑了工地材料运输费。

（10）本章节不包含设备调试费用，需要时执行调试相应字目。

（11）带电作业区别施工情况按业主要求计算。

① 10kV线路带电断、接引流线。计量单位"三相/次"。

② 10kV线路带电立、撤电杆（直线）。计量单位"基/次"。

③ 10kV线路带负荷直线改耐张杆。计量单位"基/次"。包括电杆上横担的更换工作内容。

④ 10kV线路近电作业布置安全措施。计量单位"处/次"。适用于各类近电作业情况。

⑤ 10kV线路带电（带负荷）装、拆部件，有：安装、拆除避雷器，更换针式绝缘子，更换悬式绝缘子，计量单位"只/次"。更换直线横担，消除隐患，计量单位"处/次"。均包括安装与拆除的工作内容。带电消除隐患子目适用于带电装拉线、带电拆拉线、带电处理导线接头过温等情况。

装拆导线绝缘套管，挂（拆）线，计量单位"档/次"。带负荷更换跌落式熔断器，计量单位"只/次"，带负荷安装、拆除柱上隔离开关，计量单位"3相/次"。

⑥ 10kV线路带负荷安装、拆除负荷开关，计量单位"台/次"。

⑦ 10kV线路负荷转移（旁路作业），计量单位"档/次"。

⑧ 带电作业均采用绝缘手套作业法。

⑨ 带电作业均包含对作业范围内的所有带电体和接地体进行绝缘遮蔽和拆除绝缘遮蔽的工作内容。

带电作业是北京定额的项目，不是清单项目。

架空导线预留长度，见表4-10-3。

架空导线预留长度表　单位：m/根　　　　　　　　　　　表4-10-3

名　　称		长度
高压	转角	2.5
	分支、分段	2.0
低压	分支、终端	0.5
	交叉、转角、跳线	1.5
与设备连线		0.5
进户线		2.5

2. 定额应用举例

下面以一条架空配电线路工程为例，说明架空配电线路工程定额的使用方法。

1）工程量统计

工程量统计表，见表 4-10-4。

架空配电线路工程量统计表   表 4-10-4

序号	工程项目	单位	计算公式	数量
1	挖杆坑	个	10＋2	12.000
2	立电杆	根		12.000
3	普通型拉线安装	组	3＋2×2	7.000
4	挖拉线盘坑	个		7.000
5	组装横担单担	组	1＋1×2＋1＋1×2	6.000
6	组装横担双担	组	1＋1＋1＋2×2	7.000
7	针式绝缘子安装	套	1＋1＋12＋3＋6＋3＋4	30.000
8	悬式绝缘子串安装	套	3＋6＋12	21.000
9	导线架设 70mm²	m	（80×8＋75）×3	2145.000
10	跌落式熔断器安装	组	1＋1	2.000
11	避雷器安装	组	1＋1	2.000
12	变压器台架组装	座		1.000
13	变压器安装 315kV·A	台		1.000

工程量统计过程如下：

① 挖杆坑，12 个。

新线路共 10 根电杆，此外要装一台变压器，变压器台架需要 2 根电杆，这样一共 10＋2＝12 根电杆，电杆全部使用 10m 混凝土杆。12 个杆坑，坑深 1.7m，其中 1、5、7、9、10 号杆下要装 DP6 型底盘，4 号杆下要装 KP8 型卡盘。

② 立电杆，12 根。

共需组立 12 根电杆。

③ 装普通型拉线，7 组。

1 号杆、5 号杆、10 号杆上装一组普通拉线，4 号杆、9 号杆装两组普通拉线，共 3＋2×2＝7 组普通拉线。拉线使用 GJ-50 钢绞线，GJ 表示钢绞线，50 为直径 50mm。

④ 拉线盘坑，7 个。

每根拉线下面有一个拉线盘，要挖一个拉线盘坑。

⑤ 组装横担，单横担 6 组，双横担 7 组。

A. 1 号杆是起点终端杆 D_5，为了增加横担强度，杆上安装一组双横担。这根电杆是电源引入端，杆下为 10kV 引入电缆的电缆头，电缆头上方有一组跌开式熔断器，使用一组单横担，杆上还要安装一组避雷器。

B. 10 号杆是终点终端杆 D_1，杆上安装一组双横担。

C. 2 号杆、3 号杆是跨越杆 K，杆上安装一组单横担。

D. 4 号杆是直线转角杆 ZJ_1，杆上安装一组单横担。

E. 5 号杆是直线转角杆 ZJ_2，杆上安装一组双横担。

F. 6 号杆和 8 号杆是直线杆 Z，杆上安装一组单横担。

G. 7 号杆和 9 号杆是耐张转角杆 NJ_2，杆上安装两组双横担。

⑥ 绝缘子安装，悬式绝缘子串 21 套，针式绝缘子 30 套。

从电杆结构明细表 3-16 上可以看到：

A. 1 号杆 D_5 杆上安装 3 套悬式绝缘子串，每串由 2 个 XP-7 型悬式绝缘子组成。此外杆上还安装了 1 套 P-10T 型针式绝缘子。

B. 10 号杆 D_1 杆上安装 6 套悬式绝缘子串。此外杆上还安装了 1 套 P-10T 型针式绝缘子。这里杆另一侧的绝缘子，是为了把架空线引向变压器。

C. 2、3 号杆 K 杆，每根杆上安装 6 套针式绝缘子，共 12 套针式绝缘子。

D. 4 号杆 ZJ_1 杆上安装 3 套针式绝缘子。

E. 5 号杆 ZJ_2 杆上安装 6 套针式绝缘子，每根线上装 2 套针式绝缘子。

F. 6、8 号杆 Z 杆，每根杆上安装 3 套针式绝缘子，共 6 套针式绝缘子。

G. 7、9 号杆 NJ_2 杆，每根杆上安装 6 套悬式绝缘子串；此外杆上还要安装 2 套针式绝缘子。2 根杆共 12 套悬式绝缘子串，4 套针式绝缘子。

⑦ 导线架设，2145m。

高压架空线路使用钢芯铝绞线，型号为 LQJ-70，导线截面积 $70mm^2$。线路总长度为 $(80\times8+75)\times3=2145m$。

⑧ 跌落式熔断器安装，2 组。

线路起点的电杆上要安装跌落式熔断器和避雷器，终点变压器台架上也要安装跌落式熔断器和避雷器，共安装 2 组跌落式熔断器。

⑨ 避雷器安装，2 组。

⑩ 变压器台架组装，1 座。

安装变压器要组装台架，台架上安装变压器和高压配电设备，一般架空线只需安装跌落式熔断器和避雷器。

⑪ 变压器安装。1 台

安装 1 台 S9-315/10 型 315kV·A 油浸电力变压器。

2）预算价计算

10kV 以下架空配电线路的预算价计算表，见表 4-10-5。

10kV 以下架空配电线路预算价计算表　　　　　　　　　　表 4-10-5

序号	定额编号	定额工程项目	单位	计算公式	数量
1	10-1	挖土方普通土	m^3	$2.06\times4+3.82\times8$	38.800

续表

序号	定额编号	定额工程项目	单位	计算公式	数量
2	10-7	水泥电杆组立（带底盘、卡盘）杆长 10m 以内	根		8.000
3	10-11	水泥电杆组立（不带底盘、卡盘）杆长 10m 以内	根		4.000
4	主材费	水泥电杆梢径 190mm	根	1.0030×（8＋4）	12.036
5	10-26	拉线制作安装普通拉线截面 50mm² 以内	组		8.000
6	主材费	钢绞线 GJ-50	m	15.225×8	121.800
7	10-44	10kV 以下横担安装三角排列单担	组		5.000
8	10-45	10kV 以下横担安装三角排列双担	组	1×3＋2×2	7.000
9	10-59	绝缘子安装 10kV 绝缘子针式 P－15	套		30.000
10	3-52	绝缘子安装高压悬式绝缘子组合	套		21.000
11	10-68	导线架设裸导线截面 70mm² 以内	km	（2145＋2×2×3＋2.5×4×3）/1000	2.197
12	主材费	钢芯铝绞线 LGJ-70	m	1013×2.197	2225.560
13	10－105	杆上变压器安装	台		1.000
14	主材费	油浸变压器 315kV·A	台		1.000
15	10-107	杆上变压器台架安装变压器容量 315kV·A 以下	台		1.000
16	10-110	杆上跌落式熔断器安装	组		1.000
17	主材费	跌落式熔断器	个		3.000
18	3-149	杆上避雷器安装 10kV	组		1.000
19	主材费	10kV 避雷器	个		3.000

① 定额编号 10-1，挖土方普通土，38.8m³。

挖土方，执行普通土定额子目，以"m³"为定额计量单位。

本工程共挖杆坑 12 个，10m 电杆杆坑深度为 1.7m，土质为普通土。12 个杆坑中 2、3、6、8 号四根杆不安装底盘、卡盘，查表杆坑土方量为 2.06m³，4 个杆坑土方量为 2.06×4＝8.24m³。

其余均为带底盘或带卡盘的电杆，查杆坑土方量表，表中 10m 电杆，坑深 1.7m，杆位明细表中给出底盘尺寸为 0.6m，使用表中 10m 杆的底盘尺寸为边长 0.8m，有 7 根杆装底盘，土方量为 3.82m³。土方量为 3.82×8＝30.56m³。

12 根电杆杆坑土方量为 8.24＋30.56＝38.8m³。

安装拉线也要挖坑埋拉线盘，定额中，拉线盘坑的土方工程已综合在拉线安装定额中，不必另行计量。

② 定额编号 10-7，水泥电杆组立（带底盘、卡盘）杆长 10m 以内，8 根。

立电杆，执行立水泥电杆（带底盘、卡盘）杆长 10m 以内定额子目，以"根"为定额计量单位，共 8 根。

③ 定额编号 10-11，水泥电杆组立（不带底盘、卡盘）杆长 10m 以内，4 根。

④ 主材费，水泥电杆梢径 190mm，12.04 根。

水泥电杆定额含量为 1.003，主材数量为 1.003×（8＋4）＝12.04 根。

卡盘和底盘等的材料费已包含在定额材料费中，不需另行计算。

⑤ 定额编号 10-26，拉线制作安装普通拉线截面 50mm² 以内，8 组。

拉线制作安装，执行普通型拉线截面 50mm² 以内定额子目，以"组"为定额计量单位，共 8 组。

在工程量统计表中有挖拉线盘坑一项，在北京市定额中拉线盘坑挖填土已综合在钢绞线拉线制作安装定额中，不需另行计算。定额中包含了除钢绞线以外的其他材料的费用。

⑥ 主材费，钢绞线 GJ-50，121.8m。

钢绞线拉线制作安装的主材是钢绞线，定额含量为 15.225m，8 组拉线的主材数量为 15.225×8＝121.8m。

⑦ 定额编号 10-44，10kV 以下横担安装三角排列单担，5 组。

2、3、4、6、8 号五根杆上为三角排列单担，共 5 组。三角排列横担是指三条导线，两边的导线架在横担上，中间的导线架在电杆顶上的角钢立担上。

⑧ 定额编号 10-45，10kV 以下横担安装三角排列双担，7 组。

1、5、7、9、10 号五根杆上的横担为三角排列双担，1、5、10 号三根杆上各 1 组，7、9 号两根杆上各 2 组，共 7 组。

1 号杆上安装跌开式熔断器使用水平排列单横担，但定额中变压器台架组装定额已包含了熔断器横担的安装工作

横担安装定额含横担等材料的主材费，不需另行计算，但在使用定额时，可能角钢横担尺寸与工程中不符，可根据工程实际情况调整横担单价。

⑨ 定额编号 10-59，绝缘子安装 10kV 绝缘子针式 P－15，30 套。

绝缘子安装，执行绝缘子安装 10kV 绝缘子针式 P－15 定额子目，以"套"为计量单位，共 30 套。

⑩ 定额编号 10-66，绝缘子安装高压悬式绝缘子组合，21 套。

工程中导线截面 70mm²，绝缘子安装高压悬式绝缘子组合定额子目，不分导线截面，定额含 2 个悬式绝缘子，安装数量是 21 套。

⑪ 定额编号 10-68，导线架设裸导线截面 70mm² 以内，2.159 个定额计量单位。

工程中使用的是钢芯铝绞线，定额中只有裸导线截面 70mm² 以内定额子目，以"km"为计量单位。

导线架设总长 2145m，在以下各个部位要增加导线预留长度，查附表，1 个终端增加 2m，1 个转角增加 2.5m，每根线 2 个终端，增加 2×2＝4m，3 根线共 12m；线路中有 4 个转角，每根线 4 个转角，增加 2.5×4＝10m，三根线增加 10×3＝30m。

定额数量为（2145 ＋ 12 ＋ 30）/1000 ＝ 2.197 个定额计量单位。

这里定额计量单位是"km"，而统计工程量使用的是法定计量单位"m"，因此要进行折算，把用法定计量单位"m"统计的工程量，除 1000，折算成定额计量单位"km"。

⑫ 主材费，钢芯铝绞线 LGJ-70，2225.56m。

导线架设的主材是钢芯铝绞线，主材定额含量为 1013m，主材数量为 1013×2.197 ＝ 2225.56m。

⑬ 定额编号 10 － 105，杆上变压器安装，1 台。

⑭ 主材费，油浸变压器 315kV·A，1 台。

⑮ 定额编号 10 － 107，杆上变压器台架安装变压器容量 315kV·A 以下，1 台。

安装一台 315kV·A 油浸变压器，执行杆上变压器台架安装变压器容量 315kV·A 以下定额子目，以"台"为计量单位。

变压器台架组装定额包含了组装台架用的横担、金具、绝缘子、熔断器和高、低压避雷器的费用。

⑯ 定额编号 10 － 110，杆上跌落式熔断器安装，1 组。

杆上配电设备安装，执行跌落式熔断器安装定额子目，以"组"为计量单位。

线路起点电杆 D_5 上安装一组跌落式熔断器。线路终点电杆 D_1 上安装的跌落式熔断器和高压避雷器，已综合在变压器台架组装定额中。

⑰ 主材费，跌落式熔断器，3 个。

⑱ 定额编号 10 － 111，杆上避雷器安装 10kV，1 组。

⑲ 主材费，10kV 避雷器，3 个。

第十一节　配管、配线

1. 配管、配线定额内容及工程量计算规则

（1）本章包括：配管，线槽，桥架，配线，接线箱、接线盒，防水弯头，钢索架设及拉紧装置制作安装，人防预留过墙管、管路保护及刷防火涂料等 9 节共 378 个子目。

（2）本章定额除车间带形母线安装已包括高空作业工时外，其他项目安装高度均按 5m 以下编制；如实际安装高度超过 5m 时，按有关规定执行。

（3）配管按设计图示尺寸以长度计算。不扣除管路中间接线盒、灯头盒、开关盒、插座盒、接线箱所占长度。但要扣除配电箱所占长度。

1）配管定额含主材，按管材分为：镀锌电线管、焊接钢管、镀锌钢管、紧定（扣压）式薄壁钢管、防爆镀锌钢管、PVC 阻燃塑料管、软管。按公称直径划分定额子目，计量单位"m"。

① 镀锌电线管使用壁厚 1.5mm 的薄壁焊接钢管，采用套丝连接。因为专门用于电气线路穿电线，简称电线管。

② 焊接钢管也称为厚壁电线管，壁厚 3mm，没有防腐层，使用时要内外刷防锈漆，采用套管焊接连接，或套丝连接。注意与水煤气钢管区分，水煤气钢管也称为加厚焊接钢管，壁厚随管径增加。

焊接钢管敷设，定额中已包括了管路的内外刷漆，不得另行计算。但不包括刷防火漆、防火涂料，需要时应另行计算。

③ 镀锌钢管是镀锌焊接钢管，有镀锌层不需要再做防腐，但不能焊接，采用套丝连接。

④ 紧定（扣压）式薄壁钢管，也是镀锌电线管，但壁厚在一定范围内可选，因此定额不含主材费。采用紧定（扣压）式连接，简称 JDG（紧定）管，KBG（扣压）管。

A. 紧定（扣压）式薄壁钢管敷设定额未包括跨接地线（PE 线）的工作内容，若发生另行计算。

B. 同是镀锌电线管，连接方法不同，套用不同定额。没有标注 JDG（KBG）管的，执行镀锌电线管定额；标注 JDG（KBG）管的，执行相应紧定（扣压）式薄壁钢管定额。

⑤ 防爆镀锌钢管使用的是镀锌钢管，但工程的性质是防爆工程。注意防爆工程中的电气工程，要使用相应的防爆项目定额。

⑥ PVC 阻燃塑料管也称为半硬质塑料管，可以冷弯加工，一般用于砖混结构建筑。

⑦ 软管敷设使用金属软管和可挠金属套管（普利卡管），用于导线悬空状态的保护，线路敷设要求导线在任何时候都不能裸露，悬空状态要用软管保护，常用于吊顶内或与设备连接处。由于导线悬空状态都很短，软管敷设定额除了按公称直径外，还要按每段短管长度划分定额子目。

⑧ 穿引线定额子目仅适用于配管不穿导线的工程。

由于建筑工程施工周期较长，会中途更换施工队伍，要结算掉前面的施工项目。导管敷设完成后，要竣工验收，方法就是在管内穿铁丝，并滞留到后期穿线施工。预算时要先计算所有管路长度的穿引线，中途结算时按实际发生量进行结算。

⑨ 配管工程均未包括接线箱、盒、支架制作安装、钢索架设及拉紧装置制作安装、管路保护等，应另行计算。配管安装中不包括凿槽、刨沟的工作内容，执行第十三章附属工程相应定额子目。

2）配管定额按敷设方式分为：砖、混凝土结构明配，砖、混凝土结构暗配，钢结构支架配管，钢索配管和钢管埋设。

① 砖、混凝土结构明配，是指在结构外敷设；砖、混凝土结构暗配，是指在结构内敷设。

A. 注意与工程项目描述的含义不同，工程项目明配是指看得见，暗配是指看不见的项目。吊顶内施工，外面看不见，为暗配。但定额规定为明配，在结构外。

B. 能做明、暗配的只能是砖、混凝土结构。砖、混凝土结构是指可以是砖，也可以是混凝土的结构。

② 钢结构支架配管，用于裸露的钢结构上配管，一般在钢架屋顶的桁架上，钢结构防火要涂防火涂料，因此钢结构上配管也要涂防火涂料。

③ 钢索配管用于大跨度空间照明，灯具要悬挂在钢索上，管线也要固定在钢索上。

④ 钢管埋设是指焊接钢管直接埋在土里，要有土方工程，钢管埋设的挖填土方，执行电缆沟挖填土相应子目。钢管埋设定额只包括管内刷漆，管外防腐保护应另行计算。

A. 注意与地面内暗配的区别，暗配是在土上面地面垫层里敷设。

B. 镀锌钢管也有埋设。

（4）线槽

① 塑料线槽安装，按线槽宽度划分定额子目。

② 地面金属线槽安装，有架空地板下安装和混凝土地面内安装，分为：单槽、双槽和三槽。地面金属线槽是矩形薄壁钢管。定额含分线盒、接线盒、附件和支架安装。

（5）桥架安装

① 桥架安装分为：钢制槽式桥架、钢制梯式桥架、玻璃钢桥架和铝合金桥架，按桥架（宽＋高）划分定额子目。

② 定额已含成品支架的安装费用，所用的非成品金属支架的制作，执行铁构件相应定额子目。

③ 钢制桥架主结构设计厚度大于 3mm 时，定额人工工日、机械台班用量均乘以系数1.2。

④ 不锈钢桥架执行钢制桥架安装相应子目，乘以系数 1.1。

⑤ 线槽、桥架按设计图示尺寸以长度计算。不扣除弯头三通所占长度。计算主材费时，弯头三通的主材费要单计，与直线段分开。

（6）配线

1）管内穿铜芯线

① 管内穿照明线，只有三个规格，按导线截面划分定额子目。

前面讲的照明支线、插座支线，执行穿照明线定额子目。如果在其他工程中，是多个器件串接的支线，均执行穿照明线定额子目。

② 管内穿动力线，全规格，按导线截面划分定额子目。

前面讲的动力支线、干线，执行穿动力线定额子目。

穿动力线一条线路只接一个末端设备，穿照明线一条线路要串接多个设备。

两定额主材定额含量不同，人工费也不同。

照明线路＞4mm² 的导线敷设，执行动力线路敷设相应定额子目。照明线路＞4mm²的实际是干线。

③ 管内穿护套线分：一芯、二芯、四芯、八芯，按导线截面划分定额子目。

软、硬护套线均执行本定额。规格超过八芯的执行控制电缆相应定额子目。

④ 管内穿二芯软导线适用于 RVB、RVS 等软导线。按导线截面划分定额子目。

二芯软导线用于电话线和广播线。

2）线槽内配线，按导线截面划分定额子目。

① 适用与塑料线槽、钢线槽、桥架内配线。

② 地面金属线槽内配线，要执行管内穿铜芯线相应定额子目。

3）车间带形母线安装，有铝母线和钢母线，分沿屋架、梁、柱、墙，跨屋架、梁、柱，按母线截面划分定额子目。

车间带形母线安装，上车间内需要大截面导线供电时使用。

4）穿线定额中，已综合了接头线长度；灯具、开关、插座、按钮等的预留线，分别综合在有关定额子目中，不得另行计算。

5）配线按设计图示尺寸以单线长度计算（含预留长度）。连接设备导线（盘、箱、柜的外部进出线）预留长度，所增加的工程量按表 4-11-1 执行。

盘、箱、柜的外部进出线预留长度　单位：m/ 根　　　　　　表 4-11-1

序　号	项　目	预留长度	说　明
1	各种箱、柜、盘、板	高+宽	盘面尺寸
2	单独安装（无箱、盘）的启动器、母线槽进出线盒等	0.3	从安装对象中心算起
3	由地平管子出口引至动力接线箱	1	以管口计算
4	电源与管内导线连接（管内穿线与软、硬母线连接）	1.5	以管口计算
5	出户线	1.5	以管口计算

表 4-11-1 中：

① 各种箱、柜、盘、板，按盘面尺寸高+宽预留。

② 单独安装（无箱、盘）的启动器、母线槽进出线盒等，是指直接安装在墙面上的电器，从安装对象中心算起，预留 0.3m。

③ 由地平管子出口引至动力接线箱，是指动力支线末端出管口，如接电动机，从管口起，预留 1m。

④ 电源与管内导线连接（管内穿线与软、硬母线连接），是指母线转接导线时，从管口起，预留 1.5m。

⑤ 出户线，是指架空线引入室内配电箱时，从配电箱引出室外的一段导线，从管口起，预留 1.5m。

这些预留量在计算导线敷设工程量时一定要增加。

（7）接线箱安装分明装、暗装，按接线箱半周长划分定额子目。定额含接线箱主材费。

管路中的导线不准有接头，需要接线时要在管路中预留接线位置，装接线箱或接线盒。大直径管的干线装接线箱，支线管路的中间和末端要接电器，接线盒是管路末端的出口，也是安装小电器的紧固件，所以，线路中有电器就有接线盒，这也是统计接线盒数量的方法。

（8）接线盒安装

① 钢制盒接线盒 86H 和灯头盒 T1-T4，分暗装、明装、钢索上安装，暗装按安装位置分砖结构、混凝土结构和轻钢龙骨结构。各种砌块墙均属砖结构，有龙骨的隔墙、吊顶均属轻钢龙骨结构。

86H 是接线盒型号，边长 86mm。T1-T4 是灯头盒型号，代表不同的盒深度。

钢管配钢盒，塑料管配塑料盒。

② 塑料接线盒 86HS 和灯头盒 S1-S4，分暗装和明装。

③ 地面接线盒，防爆接线盒暗装、明装，用于对应管道施工。接线盒盖用于接线盒上没有安装电器的时候，接线盒不能是敞开的。

④ 防水弯头按管径规格划分定额子目。用于动力支线末端，钢管出地面、墙面时，封堵管口防止进水。

（9）钢索架设及拉紧装置制作安装

① 钢索架设分圆钢和钢绞线,按直径划分定额子目。按设计图示长度计算,不扣除拉紧装置所占长度。

② 母线拉紧装置制作安装,按母线截面划分定额子目。钢索拉紧装置制作安装,按花篮螺栓直径划分定额子目。计量单位"套"。

(10)人防预留过墙管、管路保护及刷防火涂料

① 人防预留过墙管、人防过墙密闭套管,使用镀锌钢管,按管径划分定额子目,计量单位"根"。每根长度 0.5m。

② 穿混凝土墙、梁套管安装,按管径划分定额子目,计量单位"根"。每根长度 0.5m。

③ 人防预留过墙管和人防过墙密闭套管的划分:不穿导线为预留过墙管,穿导线为过墙密闭套管。

④ 管路保护有水泥砂浆保护,按被保护管径划分定额子目,计量单位"m"。无筋混凝土保护,计量单位"m³"。

有设计要求时,使用本定额。

⑤ 刷防火涂料,耐火极限 0.5h 厚 2mm。管道,计量单位"m"。型钢,计量单位"kg"。盒子,计量单位"个"。

有钢结构支架配管项目时,要执行本定额。

2. 定额应用举例

(1)照明灯具线路

先以图 3-3-3 首层照明电气平面图为例,说明照明灯具、开关线路敷设工程量统计的方法,及配管、配线定额的使用方法。

为了说明配管、配线定额的使用,只对图 3-3-3 中 WL1 支路进行工程量统计。WL1 支路从一层配电箱 AL-1-1 左侧引出,向下到餐厅花灯,餐厅有两盏花灯,使用一只双极跷板开关控制。从餐厅向左是客厅,客厅内也是两盏花灯,用一只双极开关控制。餐厅向右是书房,书房中是一盏 5# 灯,由一只单极跷板开关控制。书房阳台上装有一只 313# 灯,单极跷板开关装在室内。

1)工程量统计

照明灯具线路配管、配线的工程量统计表,见表 4-11-2。

照明灯具线路配管、配线工程量统计表 表 4-11-2

序号	工程项目	单位	计算公式	数量
1	焊接钢管暗配 SC15 水平长度	m	$4.3+2.6+1.5+4.6+3.0+1.5+4.5+2.3+3.2+1.8$	29.300
2	焊接钢管暗配 SC15 竖直长度	m	$(3-1.4-0.35)+(3-1.4)\times4$	7.650
3	管内穿线 BV-2.5	m	$(29.3+7.65+(0.5+0.35))\times2+1.5\times2+(3-1.4)\times2$	81.800
4	开关盒安装	个		4.000
5	灯头盒安装	个		6.000

工程量统计过程如下：

按施工内容，统计过程为先敷设导管，然后在管内穿线，导管末端为接线盒或配电箱，接线盒上要安装电器或盖板。简单地说就是管、线、盒（箱）、电器这样一个安装顺序，每段线路都如此，反复重复。

选择一条照明回路 WL1 作为例子，在平面图 3-3-3 中我们只能看到管线的平面情况，只能测量出管线的水平敷设长度。而管线竖直方向的长度可以从建筑层高和电器设备安装高度计算得出。

先计算钢管水平敷设的长度，不能从图上标注的轴线尺寸读出的长度，用比例尺进行测量。图上配电箱符号和灯具符号比较大，测量图纸时，从符号中心量起。开关和插座是装在墙面上，测量时以墙面上的一点为起止点。测量图纸时，原则上沿图上的设计图线测量，图线画成什么样就怎样测量，不考虑具体施工，图线是圆弧的就按圆弧测量。本图中给出了各段管线的平面尺寸。

① 焊接钢管暗配 SC15，水平长度为 29.3m。

A. 水平长度从配电箱 AL-1-1 量起，从箱中心开始量到第一盏花灯中心，长度图上标出为 4.3m。

B. 从第一盏花灯向下到第二盏花灯，长度为 2.6m。

C. 从第一盏花灯向右上方到开关，长度 1.5m。注意这段线上有三条短线，表示三根导线。

D. 从第一盏花灯向左到客厅第一盏花灯，长度为 4.6m。

E. 向下到客厅第二盏花灯，长度为 3.0m。

F. 向右上方到开关，长度为 1.5m，也为三根导线。

G. 从餐厅第一盏花灯向右到书房 5# 灯，长度为 4.5m。

H. 从 5# 灯到左侧开关，长度为 2.3m。

I. 从 5# 灯到阳台 313# 灯，长度为 3.2m。

J. 从 313# 灯到室内开关，长度为 1.8m。

水平线路总长度为 4.3 ＋ 2.6 ＋ 1.5 ＋ 4.6 ＋ 3.0 ＋ 1.5 ＋ 4.5 ＋ 2.3 ＋ 3.2 ＋ 1.8 ＝ 29.3m。

② 焊接钢管暗配 SC15 竖直长度，7.65m。

灯具安装在顶板上，线路均为从配电箱向上到顶板，灯到开关的线路从顶板向下到开关。

A. 配电箱向上到顶板的高度为层高 3m，减掉配电箱安装高度 1.4m，减掉配电箱箱体高度 0.35m，竖直长度为 3 － 1.4 － 0.35 ＝ 1.25m。

定额规定管路中配电箱的长度要扣除，所以这里要减掉箱体高度。

B. 开关向上到顶板的高度为层高 3m，减掉接线盒安装高度 1.4m，不减接线盒尺寸，竖直长度为 3 － 1.4 ＝ 1.6m，共有 4 只开关。

竖直方向总长度为 1.25 ＋ 1.6×4 ＝ 7.65m。

③ 管内穿线 BV-2.5，81.8m。

照明线路导线为 2.5mm^2 塑料绝缘铜芯导线，管内为 2 根导线，长度为管长加箱内导线预留长度。水平方向和竖直方向两段管子的长度为 29.3 ＋ 7.65 ＝ 36.95m。箱内预留长度为箱半周长 0.5 + 0.35 = 0.85m，2 根导线长（36.95 + 0.85）×2 = 75.6m。在图中有几段线段上画 3 根斜杠，表示 3 根导线，3 根导线是到两个双极开关的线路，水平长度为 1.5×2 = 3m，竖直长度为顶板到开关高度 3 - 1.4 = 1.6m，两根长 3.2m，已统计过 2 根线需再加 1 根线，管内穿线总长度为 75.6 + 3 + 3.2 = 81.8m。

④ 开关盒安装，4 个。

导管的末端为接线盒，安装开关的叫开关盒，共 4 个。

⑤ 灯头盒安装，6 个。

安装灯具的接线盒叫灯头盒，共 6 个。

2）预算价计算

照明灯具线路的预算价计算表，见表 4-11-3。

照明灯具线路预算价计算表　　　　　　　　　表 4-11-3

序号	定额编号	定额工程项目	单位	计算公式	数量
1	11 - 34	焊接钢管敷设砖、混凝土结构暗配公称直径 15mm 以内	m	29.3 + 7.65	36.950
2	11 - 255	管内穿铜芯线照明线路导线截面 2.5mm² 以内	m		81.800
3	主材费	塑铜线 BV - 2.5	m	1.1600×81.8	94.890
4	11 - 329	钢制接线盒暗装砖结构	个	4	4.000
5	11 - 335	钢制灯头盒暗装混凝土结构	个		6.000

① 定额编号 11-34，焊接钢管敷设砖、混凝土结构暗配公称直径 15mm 以内，36.95 m。

焊接钢管敷设，执行砖、混凝土结构暗配公称直径 15mm 以内定额子目，以"m"为定额计量单位。水平敷设和竖直敷设均执行同一定额，定额数量为 29.3 + 7.65 = 36.95 m。定额含主材费。

② 定额编号 11-255，管内穿铜芯线照明线路导线截面 2.5mm² 以内，81.8m。

管内穿铜芯线，执行照明线路导线截面 2.5mm² 以内定额子目，以"m"为定额计量单位。定额数量为 81.8m。

③ 主材费，塑铜线 BV-2.5，94.89m。

照明线路的定额主材含量为 1.16m，塑铜线长度为 1.16×81.8 = 94.89m。

④ 定额编号 11-329，钢制接线盒暗装砖结构，4 个。

开关盒是接线盒安装，执行钢制接线盒暗装砖结构定额子目，以"个"为定额计量单位。定额数量为 4 个。定额含主材费。

房子是砖混结构，墙是砖墙，顶板是混凝土楼板，开关、插座装在墙上，是砖结构，灯装在顶板上，是混凝土结构。

⑤ 定额编号 11-W335，钢制灯头盒暗装混凝土结构，6 个。

灯头盒安装，执行钢制灯头盒安装暗装混凝土结构定额子目，以"个"为定额计量单位。定额数量为 6 个定额计量单位。定额含主材费。

（2）照明插座回路

下面以首层插座平面图 3-3-5 为例，说明插座回路的工程量统计方法及定额的使用方法。

1）工程量统计

照明插座回路工程量统计表，见表 4-11-4。

照明插座回路工程量统计表　　　　表 4-11-4

序号	工程项目	单位	计算公式	数量
1	焊接钢管暗配 SC15 水平长度	m	9.2 + 4.2 + 4.8 + 3.6 + 3	24.800
2	焊接钢管暗配 SC15 竖直长度	m	1.4 +（0.3×2）×4 + 0.3	4.100
3	管内穿线 BV-2.5	m	（24.8 + 4.1 +（0.5 + 0.35））×3	89.250
4	插座盒安装	个		5.000

工程量统计过程如下：

只计算一条插座回路 WL3。按规定，插座线路走地面，从配电箱向下，沿地面到插座位置再沿墙向上。

① 焊接钢管暗配 SC15 水平长度，24.8m。

使用 Φ15mm 焊接钢管，先统计水平长度。从配电箱 AL-1-1 开始，WL3 回路向下到餐厅，再向左到客厅，共 5 组插座，水平长度各段在图上标出，第一段到餐厅右侧墙插座，长 9.2m：第二段向左下长 4.2m：第三段向左到客厅长 4.8m：第四段向上长 3.6m：第五段向左上长 3m。五段总长 9.2 + 4.2 + 4.8 + 3.6 + 3 = 24.8m。

② 焊接钢管暗配 SC15 竖直长度，4.1m。

竖直部分长度有配电箱 AL-1-1 向下到地面的高度 1.4m，每个插座安装高度均为距地面 0.3m。到第一个插座处，要有从配电箱来的导管引入，还要有一根导管引出到下一个插座，这样每一个线路中间位置的插座处应有 2 段竖直管，共有 4 处插座是中间位置，竖直管长为（0.3×2）×4 = 2.4m，最后的插座处只需有一根引入管长 0.3m。竖直管总长为 1.4 + 2.4 + 0.3 = 4.1m。

③ 管内穿线 BV-2.5，89.25m。

插座线路为 3 根线带保护零线，穿线长度为两段管长加上配电箱内的预留长度，管内穿线的长度为（24.8 + 4.1 +（0.5 + 0.35））×3 = 89.25m。

④ 插座盒安装，5 个。

插座为双联，每组插座为一块面板，安装一个插座盒，共 5 个。

2）预算价计算

照明插座回路的预算价计算表，见表 4-11-5。

照明插座回路预算价计算表　　　　表 4-11-5

序号	定额编号	定额工程项目	单位	计算公式	数量
1	11-34	焊接钢管敷设砖、混凝土结构暗配公称直径 15mm 以内	m	24.8 + 4.1	28.900
2	11-255	管内穿铜芯线照明线路导线截面 2.5mm^2 以内	m		89.250
3	主材费	塑铜线 BV-2.5	m	1.1600×89.25	103.530
4	11-329	钢制接线盒暗装砖结构	个	5	5.000

① 定额编号 11-34，焊接钢管敷设砖、混凝土结构暗配公称直径 15mm 以内，28.9m。

水平敷设和竖直敷设均执行同一定额，定额数量为 24.8＋4.1＝28.9m。定额含主材费。

② 定额编号 11-255，管内穿铜芯线照明线路导线截面 2.5mm² 以内，89.25m。

管内穿铜芯线定额数量为 89.25m。

③ 主材费，塑铜线 BV-2.5，103.53m。

照明线路的定额主材含量为 1.16m，塑铜线长度为 1.16×89.25＝103.53m。

④ 定额编号 11-329，钢制接线盒暗装砖结构，5 个。

插座盒是接线盒安装定额，数量为 5 个。定额含主材费。

（3）配电干线

配电箱到配电箱之间的线路称为配电干线，配电干线的工程内容有干线的配管、配线和配电箱安装，如果导线截面大于 10mm²，还要考虑安装接线端子。几个配电箱可能是同层的，也可能是在上下楼层，要注意竖直方向配管的工程量统计。配电干线的工程量统计顺序也是管、线、箱，不断重复。

在首层照明平面图 3-3-3 中，进线配电箱 AL — 1 安装在车库中，图纸说明中标出配电箱 AL-1 为暗装，安装高度为 1.4m。

首层分配电箱 AL-1-1 在楼梯间 6 号轴墙上，为暗装箱，安装高度 1.4m。二层配电箱 AL-1-2 安装在楼梯对面墙上，也为暗装箱，安装高度 1.4m。

1）工程量统计

配电干线工程量统计从电源进线开始，电源进线采用电缆埋地引入方式，在进建筑物处要做密封电缆保护管，这段管与室内钢管是一根钢管，在管口要做密封。进线钢管埋在土里，钢管外要进行防腐处理，在统计工程量时，室内正负零以下的钢管，为埋地敷设，要计算防腐工程量，正负零以上为结构内暗敷设。同层配电箱之间的钢管敷设在地面垫层内，不算埋地敷设，按结构内暗敷设计算。

配电干线工程量统计表，见表 4-11-6。

配电干线工程量统计表　　　　　　　　　　　　　　　　表 4-11-6

序号	工程项目	单位	计算公式	数量
1	密封电缆保护管安装 Φ40	根		1.000
2	焊接钢管埋设 SC40	m	1.6＋0.8＋0.6	3.000
3	焊接钢管暗配 SC40	m		1.400
4	照明配电箱暗装 AL-1	台		1.000
5	焊接钢管暗配 SC40	m	4.8＋1.4＋1.4	7.600
6	管内穿线 BV — 16	m	$(7.6＋(0.6＋0.8)＋(0.5＋0.35))×5$	49.250
7	照明配电箱暗装 AL-1-1	台		1.000
8	焊接钢管暗配 SC32	m	2.5＋1.4＋3＋1.4	8.300
9	管内穿线 BV — 10	m	$(8.3＋(0.5＋0.35)×2)×5$	50.000
10	照明配电箱暗装 AL-2-1	台		1.000

工程量统计过程如下：

①密封电缆保护管安装，Φ40，1根。

一般建筑物内线工程从电缆进线开始，但电缆埋地敷设属于外线工程，要另行计算。进线电缆一般不统计，但密封电缆保护管要统计。

②钢管埋设 SC40，3m。

钢管埋设的水平长度图中标出为1.6m。钢管埋设的竖直长度应从钢管埋深算起，电缆埋深0.8m，室内外高差为0.6m，室内地坪正负零以下为埋地敷设，这样竖直长度为0.8＋0.6＝1.4m，钢管埋地敷设总长为1.6＋1.4＝3m。

③焊接钢管暗配 SC40，1.4m。

钢管在墙内暗敷设只有竖直长度，从室内地坪算起，配电箱安装高度1.4m。

④照明配电箱暗装 AL-1，1台。

⑤焊接钢管暗配 SC40，7.6m。

从配电箱 AL-1 到配电箱 AL-1-1，使用直径40mm的焊接钢管，水平段敷设在地面内，长度为4.8m。AL-1 箱下的竖直段与第4项的长度相等为1.4m，AL-1-1 箱下面的长度为配电箱安装高度1.4m。钢管全长为4.8＋1.4＋1.4＝7.6m。

⑥管内穿线 BV-16，49.25m。

从配电箱 AL-1 到配电箱 AL-1-1，使用5根16mm^{2}塑料绝缘铜线，导线长度为管长加箱内预留长度，钢管全长为8.4m，箱内预留长度为配电箱半周长，AL-1 箱半周长为0.6＋0.8m，AL-1-1 箱半周长为0.5＋0.35m，导线长度为（7.6＋（0.6＋0.8）＋（0.5＋0.35））×5＝49.25m。

⑦照明配电箱暗装 AL-1-1，1台。

⑧焊接钢管暗配 SC32，8.3m。

从配电箱 AL-1-1 到二层配电箱 AL-1-2，使用直径32mm的焊接钢管，水平敷设的钢管画在首层照明平面图3-7上，长度为2.5m。为了便于画图，向上管线的标志点画在6号轴右侧，而二层配电箱位于6号轴左侧。

竖直敷设的管长由层高和配电箱安装高度决定。由于直径32mm的焊接钢管太粗，不能从墙弯入顶板，AL-1-1 箱的出线钢管敷设时，不能向上，只能从一层箱向下，到一层地面后沿地面敷设到二层箱下面，沿墙向上敷设到二层配电箱，一层箱安装高度1.4m，层高3m，二层箱安装高度也是1.4m，竖向敷设管长度为1.4＋3＋1.4＝5.8m。两箱间钢管敷设总长度为2.5＋5.8＝8.3m。

⑨管内穿线 BV-10，50m。

从配电箱 AL-1-1 到二层配电箱 AL-1-2，使用5根10mm^{2}塑料绝缘铜线，导线长度为管长加箱内预留长度，钢管全长为8.3m，箱内预留长度为配电箱半周长，AL-1-1 箱和 AL-1-2 箱的半周长均为0.5＋0.35m，导线长度为（8.3＋（0.5＋0.35）×2）×5＝50m。

⑩照明配电箱暗装 AL-2-1，1台。

2）预算价计算

配电干线的预算价计算表，见表4-11-7。

配电干线预算价计算表　　　　　　　　　　　表 4-11-7

序号	定额编号	定额工程项目	单位	计算公式	数量
1	8-213	密封电缆保护管制作安装公称直径 50mm	根		1.000
2	4-31	配电箱嵌入式安装规格 4 回路以内	台		2.000
3	主材费	配电箱 AL-1	台		1.000
4	4-33	配电箱嵌入式安装规格 16 回路以内	台		1.000
5	主材费	配电箱 AL-2-1、AL-1-1	台		2.000
6	11-37	焊接钢管敷设砖、混凝土结构暗配公称直径 32mm	m		8.300
7	11-38	焊接钢管敷设砖、混凝土结构暗配公称直径 40mm	m	1.4 + 7.6	9.000
8	11-64	焊接钢管敷设钢管埋设公称直径 40mm	m		3.000
9	借	管外防腐	m		3.000
10	11-262	管内穿铜芯线动力线路导线截面 10mm² 以内	m		50.000
11	主材费	塑铜线 BV-10	m	1.05×50	52.500
12	11-263	管内穿铜芯线动力线路导线截面 16mm² 以内	m		49.250
13	主材费	塑铜线 BV-16	m	1.05×49.25	51.710
14	4-171	焊压铜接线端子导线截面 16mm² 以内	个	2×5×2	20.000

① 定额编号 8-213，密封电缆保护管制作安装，公称直径 50mm，1 根。

定额最小管径是 50mm，现使用的是 40mm 直径的钢管，套用 50mm 定额子目。

② 定额编号 4-31，配电箱嵌入式安装，规格 4 回路以内，2 台。

从照明系统图上可以看出从 AL-1 箱引出 3 个回路，一个回路是一层配电，一个回路是车库电动卷帘门，一个回路是空调设备预留，执行 4 回路以内定额子目。

二层照明配电箱 AL-2-1 箱，只有 3 个回路，执行 4 回路以内定额子目。

③ 主材费，配电箱 AL-1，1 台。

④ 定额编号 4-33，配电箱嵌入式安装，规格 16 回路以内，1 台

配电箱安装，一层照明配电箱 AL-1-1 有 9 个输出回路，还有一条线路是到二层配电箱的干线，使用定额时，这条干线也算 1 个输出回路，这样 AL－1－1 箱共有 10 个输出回路，执行 16 回路以内定额子目。

⑤ 主材费，配电箱 AL-2-1、AL-1-1，2 台。

两台配电箱型号相同，同一个主材费。

⑥ 定额编号 11-37，焊接钢管敷设砖、混凝土结构暗配，公称直径 32mm，8.3m。

钢管长度 8.3m。

⑦ 定额编号 11-38，焊接钢管敷设砖、混凝土结构暗配，公称直径 40mm，9m。

两段 40mm 钢管暗敷设长度为 1.4 + 7.6 = 9m。

⑧ 定额编号 11-64，焊接钢管敷设钢管埋设，公称直径 40mm，3m。

钢管埋设长度为 3m。

⑨ 借，管外防腐，3m。

定额说明规定，钢管埋设要另计管外防腐，要借用其他册定额。现在没有明确防腐方法，没法写具体的定额编号，只写借，表示借用其他定额。

⑩ 定额编号 11-262，管内穿铜芯线动力线路，导线截面 10mm² 以内，50m。

导线长度为 50m。

⑪ 主材费，塑铜线 BV-10，52.5m。

动力线路的定额主材含量为 1.05m，塑铜线长度为 1.05×50 = 52.5m。

⑫ 定额编号 11-263，管内穿铜芯线动力线路导线截面 16mm² 以内，49.25m。

导线长度为 49.25m。

⑬ 主材费，塑铜线 BV-16，51.71m。

动力线路的定额主材含量为 1.05m，塑铜线长度为 1.05×49.25 = 51.71m。

⑭ 定额编号 4-171，焊压铜接线端子导线截面 16mm² 以内，20 个。

焊压铜接线端子是定额第四章的，10mm² 以上导线要做接线端子，从 AL-1 箱到 AL-1-1 箱的导线是 5×16mm²，从 AL-1-1 箱到二层 AL-1-2 箱的导线是 5×10mm²，都要做接线端子，一根线两个端子，一条线路 5 根线，共 10 根线 20 个端子，两组线都不大于 16mm²，执行 16mm² 以内定额子目。定额量为 20 个，定额含主材。

焊压铜接线端子，没有对应的图形符号，统计工程量时容易丢失，套定额时要按定额项目补回来。

（4）动力线路

下面以图 3-3-7 锅炉房为例，说明动力线路的工程量统计方法，及定额的使用方法。只计算 AP2 箱相关项目。

1）工程量统计

动力线路工程量统计表，见表 4-11-8。

动力线路工程量统计表 表 4-11-8

序号	工程项目	单位	计算公式	数量
1	焊接钢管暗配 SC32	m	7.2 + 1.4 + 1.4	10.000
2	管内穿线 BV-10	m	（（7.2 + 2.8）+（0.8 + 0.8）+（0.8 + 0.4））×3	38.400
3	管内穿线 BV-6	m	（7.2 + 2.8）+（0.8 + 0.8）+（0.8 + 0.4）	12.800
4	动力配电箱安装 AP2	台		1.000
5	焊接钢管暗配 SC15	m	6.8 + 1.4 + 0.3	8.500
6	管内穿线 BV-2.5	m	（8.5 +（0.8 + 0.4）+ 1）×4	42.800
7	焊接钢管暗配 SC15	m	9 + 1.4×2	11.800
8	管内穿线 BV-1.0	m	（11.8 +（0.8 + 0.4）+（0.2 + 0.25））×3	40.350
9	按钮箱安装 ANX2	台		1.000
10	按钮安装	个		2.000

工程量统计过程如下：

① 焊接钢管暗配 SC32，10m。

从主配电箱 AP1 到分配电箱 AP2，使用直径 32mm 的焊接钢管，水平部分为地面内暗敷设，长度从 AP1 箱中心量到 AP2 箱中心，长 7.2m，竖直部分为墙内暗敷设，长度为两只配电箱安装高度，1.4＋1.4＝2.8m。钢管敷设总长度为 7.2＋2.8＝10m。

② 管内穿线 BV–10，38.4m。

管内穿线 AP1 箱到 AP2 箱导线为 BV–3×10＋1×6。10mm^2 导线长度为管长加两台配电箱内预留长度乘以 3，((7.2＋2.8)＋(0.8＋0.8)＋(0.8＋0.4))×3＝38.4m。

③ 管内穿线 BV–6，12.8m。

6mm^2 导线长度为管长加两箱内预留，为 12.8m。

④ 动力配电箱 AP2 安装，1 台。

⑤ 焊接钢管暗配 SC15，8.5m。

从配电箱 AP2 到 8 号除渣机，使用直径 15mm 的焊接钢管，水平部分埋地敷设，长度为 6.8m。竖直方向为箱下 1.4m，动力线路的末端一段在房间中地面上出口，出地面高度一般为 0.3m，管口要装防水弯头，管外与设备连接的导线要穿金属软管保护，由于不知设备位置，金属软管部分不计算。钢管敷设总长度为 6.8＋1.4＋0.3＝8.5m。

⑥ 管内穿线，BV–2.5，42.8m。

管内穿线 AP2 箱到 8 号除渣机，导线为 BV–4×2.5。导线长度为管长加 AP2 箱内预留，再加出线口预留，(8.5＋(0.8＋0.4)＋1)×4＝42.8m。

⑦ 接钢管暗配 SC15，11.8m。

从配电箱 AP2 到按钮箱 ANX2，使用直径 15mm 的焊接钢管，水平部分埋地敷设，长度为 9m，竖直方向 AP2 箱安装高度 1.4m，按钮箱 ANX2 安装高度 1.4m。钢管长度为 9＋1.4×2＝11.8m。

⑧ 穿线，BV–1.0，40.35m。

管内导线 AP2 箱到 ANX2 箱，导线为 BV–3×1.0，导线长度为管长加两箱内预留，(11.8＋(0.8＋0.4)＋(0.2＋0.25))×3＝40.35m。

⑨ 按钮箱安装，1 台。

按钮箱为空箱。

⑩ 按钮安装，2 只。

在箱内安装 2 只按钮。

2）预算价计算

动力线路的预算价计算表，见表 4–11–9。

动力线路预算价计算表 表 4–11–9

序号	定额编号	定额工程项目	单位	计算公式	数量
1	4–32	配电箱嵌入式安装规格 8 回路以内	台		1.000
2	主材费	配电箱 AP2	台		1.000
3	4–98	按钮安装控制按钮盘面上	个		2.000

序号	定额编号	定额工程项目	单位	计算公式	数量
4	主材费	控制按钮 LA10-2K	个	1.0100×2	2.020
5	4-171	焊压铜接线端子导线截面 16mm² 以内	个	2×3	6.000
6	11-34	焊接钢管敷设砖、混凝土结构暗配公称直径 15mm 以内	m	8.5 + 11.8	20.300
7	11-37	焊接钢管敷设砖、混凝土结构暗配公称直径 32mm 以内	m		10.000
8	11-257	管内穿铜芯线动力线路导线截面 1.0mm² 以内	m		40.350
9	主材费	塑铜线 BV-1.0	m	1.05×40.35	42.370
10	11-259	管内穿铜芯线动力线路导线截面 2.5mm² 以内	m		42.800
11	主材费	塑铜线 BV-2.5	m	1.05×42.8	44.940
12	11-261	管内穿铜芯线动力线路导线截面 6mm² 以内	m		12.800
13	主材费	塑铜线 BV-6	m	1.05×12.8	13.440
14	11-262	管内穿铜芯线动力线路导线截面 10mm² 以内	m		38.400
15	主材费	塑铜线 BV-10	m	1.05×38.4	40.320
16	4-45	配电箱箱体安装暗装配电箱半周长 1m 以内	个		1.000
17	主材费	配电箱箱体	个		1.000
18	11-347	防水弯头规格 20mm 以内	个		1.000
19	11-348	防水弯头规格 32mm 以内	个		1.000

① 定额编号 4-32，配电箱嵌入式安装规格 8 回路以内，1 台。

配电箱 AP2 输出回路为 6 条，执行嵌入式规格 8 回路以内定额子目。

② 主材费，配电箱 AP2，1 台。

③ 定额编号 4-98，按钮安装控制按钮盘面上，2 个。

按钮安装，执行控制按钮盘面上暗装定额子目，定额计量单位"个"。共 2 个。

④ 主材费，控制按钮 LA10-2K，2.02 个。

按钮安装定额，主材含量为 1.0100，主材数量为 1.01×2 = 2.02 个。

⑤ 定额编号 4-171，焊压铜接线端子导线截面 16mm² 以内，6 个。

10mm² 铜导线需压铜接线端子，每根导线两个端子，2×3 = 6 个端子。定额含端子主材费。

⑥ 定额编号 11-34，焊接钢管敷设砖、混凝土结构暗配，公称直径 15mm 以内，20.3m。

15mm 焊接钢管有两段，定额数量为 8.5 + 11.8 = 20.3m。

⑦ 定额编号 11-37，焊接钢管敷设砖、混凝土结构暗配，公称直径 32mm 以内，10m。

⑧ 定额编号 11-257，管内穿铜芯线动力线路导线截面 1.0mm² 以内，40.35m。

⑨ 主材费，塑铜线 BV-1.0，42.37m。

定额主材含量为 1.05，主材数量为 1.05×40.35 = 42.37m。

⑩ 定额编号 11-259，管内穿铜芯线动力线路导线截面 2.5mm² 以内，42.8m。

⑪ 主材费，塑铜线 BV-2.5，44.94m。

主材数量为 1.05×42.8 = 44.94m。

⑫ 定额编号 11-261，管内穿铜芯线动力线路导线截面 6mm² 以内，12.8m。

⑬ 主材费，塑铜线 BV-6,13.44m。

主材数量为 1.05×12.8 = 13.44m。

⑭ 定额编号 11-262，管内穿铜芯线动力线路导线截面 10mm² 以内，38.4m。

⑮ 主材费，塑铜线 BV-10，40.32m。

主材数量为 1.05×38.4 = 40.32m。

⑯ 定额编号 4-45，配电箱箱体安装暗装配电箱半周长 1m 以内，1个。

按钮箱为空箱安装，执行配电箱箱体安装定额，半周长 0.2 + 0.25 = 0.45m，为 1m 以内，执行配电箱箱体安装暗装配电箱半周长 1m 以内定额子目，以"个"为定额计量单位。

⑰ 主材费，配电箱箱体，主材数量为 1 个。

⑱ 定额编号 11-347，防水弯头规格 20mm 以内，1 个。

动力线路末端不是接线盒，管子要出地面，上面要加防水弯头。15mm 管执行 20mm 以内定额。

⑲ 定额编号 11-348，防水弯头规格 32mm 以内，1 个。

第十二节　照明灯具安装

1. 照明灯具安装定额内容及工程量计算规则

（1）本章包括：普通灯具、工厂灯、高度标志（障碍）灯、装饰灯、荧光灯、医用专用灯、一般路灯、中杆灯、高杆灯、桥栏杆灯、地道涵洞灯、组立铁杆、路灯控制箱及控制设备、灯具附件安装等 14 节共 295 个子目。

（2）本章节定额是按灯具类型分别编制的，对于灯具本身及光源，定额已经综合了安装费，但未包括其本身价值，应另行计算；

（3）室内照明灯具的安装高度，投光灯、碘钨灯和混光灯、地道涵洞灯定额是按 10m 以下编制的，其他照明器具安装高度均按 5m 以下编制的，超过此高度时，按册说明有关规定执行。

（4）本章定额已经包括了对线路及灯具的一般绝缘测量和灯具试亮等工作内容，不得另行计算。

（5）普通灯具

普通灯具是点光源灯具，只一个安装点，装一个灯头盒。光源为各种类型的灯泡。

1）普通灯具安装，是最简单灯具的安装。

① 软线吊灯固定式，粗装修住宅用基本灯具。用于层高较高的房间。

② 软线吊灯防水防潮式，分带罩和不带罩，用于有些潮湿场所。

③ 座灯头，分带罩、不带罩和声、光控，可用于各种平面上安装，可以吸顶安装、壁装及台面上安装。声、光控座灯头用于楼道灯。用于层高较低的粗装修住宅房间。

上面三类灯具安装，均含灯具主材费，只需计算光源主材费。

④ 吊链灯、直杆灯，有防水功能，常用于室外。需另计灯具主材费和光源主材费。

2）壁灯安装，按重量 7kg 划分小型壁灯和大型壁灯，光源的数量为 1 个和 4 个，计算时，按实际光源数量计算，定额含量 1 个光源 1.03。

3）吸顶灯安装

精装修的房间一般有吊顶，北京定额把能用于装修后房间的，带有装饰性的灯具安装，分为吊顶上安装和混凝土楼板上安装，使用时要予以注意。

吸顶灯安装分吊顶上安装和混凝土楼板上安装，按罩数划分定额子目。注意：这里的罩数对应的是光源的个数。四个光源装在一个大罩里，按四罩计算。

4）嵌入式灯安装，有顶棚嵌入式筒灯单筒、双筒，墙壁嵌入式照明灯具，地面嵌入式照明灯具。

5）轨道灯安装，灯具安装，计量单位"套"，轨道安装，计量单位"m"

轨道灯用于光源需要在一定范围移动的场所，光源一般为射灯。

6）普通吊灯安装，分吊顶上安装和混凝土楼板上安装，按"火"数划分定额子目。"火"就是灯泡。

7）普通灯具安装定额，吊顶上安装的灯具，均包括金属支架制作、安装，金属软管敷设及软管内穿线。

（6）工厂灯

① 工厂罩灯安装，有吊链式、吊杆式、吸顶/壁装式、悬挂式。是车间基本照明灯具。

② 防水防尘灯安装，有直管式、弯管式、吸顶式，用于潮湿、有粉尘的场所。

③ 投光灯、混光灯安装，混光灯有吊杆式、吊链式、嵌入式，用于高悬挂、大面积照明，投光灯一个光源，一般用气体放电灯，光色不好；混光灯两个光源，改善光色。

④ 密闭灯安装，安全灯、防爆灯有直杆、弯杆，防爆荧光灯分单管、双管。用于防爆工程。

⑤ 其他工厂灯安装，碘钨灯分支架上、壁式、嵌入式安装，防潮灯、腰形船顶灯用于潮湿空间，管型氙气灯，用于广场照明。

（7）高度标志（障碍）灯安装

① 航空障碍灯、航空障碍灯控制箱、照度传感器（光控开关），装在高层建筑上做高度标志灯。

②"停机坪边界位置标志灯"、"直升机场中心标志灯"、"直升机场着陆区投光灯"适用于城市建筑直升机场航标灯具，不适用于机场专用建筑物、构筑物。

（8）装饰灯

① 标志、诱导灯安装，有吊杆式、吊链式、壁式、墙壁嵌入式、地面嵌入式。适用于电光源标志、标识、诱导灯具。不区分是否带电池、语音功能和寻址功能。

② 装饰灯参考定额后面的彩图，按几何尺寸划分定额子目。

③ 庭院及景观灯具安装，有大型庭院灯灯体高度 $H > 1500\text{mm}$ 3 火以内、7 火以内；

小型庭院柱灯：指灯体高度在 1500mm 以下的庭院柱状灯具（例如草坪灯、庭院低矮型路灯）；室外投光灯，室外壁灯，室外埋地灯，室外墙壁嵌入式照明灯具。

（9）荧光灯安装，有吸顶式、吊链式、吊杆式、线槽上、嵌入式，分有吊顶处、无吊顶处，按灯管数划分定额子目。

线槽上安装，要使用专用的照明母线槽。灯具卡装在线槽上，用插头接电。

环形荧光灯执行单罩吸顶灯相应子目。

（10）医疗专用灯安装，有紫外线消毒灯、观片灯、无影灯。

（11）普通吸顶灯、荧光灯、嵌入式灯、标志灯、病房灯等成套灯具安装，定额是按灯具出厂时达到安装条件（灯具内的配线已完成）编制的；其他成套灯具安装所需配线，定额中均已包括。

（12）一般路灯安装

① 单弧灯具、双弧灯具、双火单弧灯具、双火双弧灯具，按杆高划分定额子目，计量单位"套"。

单弧灯具是指电杆一侧有灯具，双弧灯具是指电杆两侧有灯具，双火是指同侧有两个光源。

② 灯具安装，有半弧灯，投光灯 12m 灯杆上安装，投光灯 18m 灯杆上安装。按火划分定额子目。

③ 中杆灯安装，分灯杆高 12m 以内和分灯杆高 19m 以内，按灯盘上灯火数"火"划分定额子目。

④ 高杆灯安装，分灯盘固定式和升降装置式，按灯盘上灯火数"火"划分定额子目。

高杆灯是指安装在高度＞19m 的灯杆上的照明灯具。

中杆灯、高杆灯安装，未包括杆内电缆敷设。

⑤ 组立铁杆，按杆高划分定额子目。

⑥ 路灯控制箱及控制设备安装，控制箱按回路划分定额子目。控制设备有时钟、控制仪、分站控制器。

⑦ 灯具附件安装，镇流器、触发器，按功率划分定额子目。还有电容器、铁杆保险接线盒。

工厂灯和路灯要使用灯具触发器、镇流器、电容器等附件，附件与光源分开安装。灯具触发器、镇流器、电容器安装定额，适用于单独安装触发器、镇流器、电容器的灯具。

（13）定额除注明者外，均不包括：

① 灯具的防火、隔热装置。

② 玻璃罩的保护网。

③ 个别装饰灯具的金属支架制作安装。

④ 组立铁杆的防雷及接地装置。

⑤ 由软件程序控制的景观灯具的软件编程费用。

⑥ 灯杆基础制作安装。

2. 定额应用举例

下面对照明平面图 3-3-3、3-3-4 上的照明灯具进行统计，并套用相应的定额。

（1）工程量统计

照明灯具安装工程量统计表，见表4-12-1。

照明灯具安装工程量统计表

表4-12-1

序号	工程项目	单位	计算公式	数量
1	313号灯安装	套		8.00
2	A灯安装	套		7.00
3	5号灯安装	套		7.00
4	花灯安装	套		4.00
5	壁灯安装	套		2.00

工程量统计过程如下：

1）首层照明平面图3-3-3。

①313号灯安装，6套。

从图左上角开始按房间统计，门口1套，门厅内1套，楼梯间1套，车库内2套，后平台1套，共6套。

②A灯安装，5套。

卫生间1套，厨房2套，洗衣房内外2套，共5套。

③花灯安装，4套。

客厅2套，餐厅2套，共4套。

④5号灯安装，2套。

书房1套，工人房1套，共2套。

2）二层照明平面3-3-4。

①A灯安装，2套。

主卫生间1套，客卫生间1套，共2套。

②5号灯安装，5套。主卫生间外2套，三个卧室3套，共5套。

③313号灯，2套。

楼道内有2套。

④壁灯，2套。

楼梯两个平台上有2套。

3）照明灯具统计汇总结果如下：

①313号灯安装，8套。

②A灯安装，7套。

③5号灯安装，7套。

④花灯安装，4套。

⑤壁灯安装，2套。

（2）预算价计算

照明灯具安装的预算价计算表，见表4-12-2。

照明灯具安装预算价计算表　　　　　　　　　　　　表 4-12-2

序号	定额编号	定额工程项目	单位	计算公式	数量
1	12-9	壁灯安装小型壁灯	套		2.000
2	主材费	壁灯	套	1.0100×2	2.020
3	主材费	白炽灯泡 40W	个	1.0300×2	2.060
4	12-11	吸顶灯吊顶上安装单罩	套		5.000
5	主材费	A 灯	套	1.0100×（5＋2）	7.070
6	主材费	白炽灯泡 40W	个	1.0300×7	7.210
7	12-16	吸顶灯混凝土楼板上安装单罩	套	7＋8＋2	17.000
8	主材费	5 号灯	套	1.0100×7	7.070
9	主材费	313 号灯	套	1.0100×8	8.080
10	主材费	白炽灯泡 60W	个	1.0300×7	7.210
11	主材费	白炽灯泡 40W	个	1.0300×8	8.240
12	12-13	吸顶灯吊顶上安装四罩	套		4.000
13	主材费	吸顶花灯	套	1.0100×4	4.040
14	主材费	白炽灯泡 40W	个	4.1200×4	16.480

① 定额编号 12-9，壁灯安装小型壁灯，2 套。

壁灯安装，执行小型壁灯定额子目，以"套"为定额计量单位。共 2 套。

② 主材费，壁灯，2.02 套。

壁灯主材量为 1.0100×2 = 2.020 套。

③ 主材费，白炽灯泡 60W，2.06 个。

光源为白炽灯泡 60W，主材量为 1.0300×2 = 2.06 个

④ 定额编号 12-11，吸顶灯吊顶上安装单罩，5 套。

吸顶灯安装，A 灯是防潮型吸顶灯，装在厨房、卫生间、洗衣房，其中厨房、卫生间有吊顶，执行吊顶上安装单罩定额子目，5 套。

⑤ 主材费，A 灯，7.07 套。

A 灯一共有 7 套，5 套装在厨房、卫生间，两套在洗衣房，洗衣房无吊顶执行另一定额子目，但相同的主材一起计算主材费。

⑥ 主材费，白炽灯泡 40W，7.21 个。

光源为白炽灯泡 40W，主材量为 1.0300×7 = 7.21 个

⑦ 定额编号 12-16，吸顶灯混凝土楼板上安装单罩，17 套。

5 号灯是卧室、起居室灯具，吸顶安装；313 号灯尖扁圆吸顶灯是楼道灯；A 灯 2 套在洗衣房；均未做吊顶，灯具直接安装在混凝土楼板上，执行混凝土楼板上安装单罩定额子目，以"套"为定额计量单位。5 号灯 7 套，313 号灯 8 套，A 灯 2 套，共 17 套。

⑧ 主材费，5 号灯，7.07 套。

灯具安装定额主材含量为 1.010，7 套灯主材量为 1.010×7 = 7.070 套。

⑨ 主材费，313 号灯，8.08 套。

8 套 313 号灯，主材量为 1.010×8 = 8.080 套。

⑩ 主材费，白炽灯泡 60W，7.21 个。

5 号灯光源为白炽灯泡 60W，主材量为 1.0300×7 = 7.21 个

⑪ 主材费，白炽灯泡 40W，7.21 个。

313 号灯光源为白炽灯泡 40W，主材量为 1.0300×8 = 8.24 个

⑫ 定额编号 12 — 13，吸顶灯吊顶上安装四罩，4 套。

图中花灯是吸顶安装，客厅、餐厅有吊顶，执行吸顶灯吊顶上安装四罩定额子目，以"套"为定额计量单位。共 4 套。

⑬ 主材费，吸顶花灯，4.04 套。

花灯主材费为 1.0100×4 = 4.04 套。

⑭ 主材费，白炽灯泡 40W，16.48 个。

吸顶花灯光源为白炽灯泡 40W，主材量为 4.0120×4 = 16.48 个

第十三节　附属工程

1. 附属工程定额内容及工程量计算规则

1）本章包括：铁构件，凿槽，打洞（孔），人（手）孔砌筑等 5 节共 41 个子目。

2）铁构件

① 金属支架制作安装，不分安装方式，只有制作、安装两个子目。计量单位"kg"。

金属支架制作，定额含主材费，只执行金属支架安装定额时，要考虑主材费，如成品支架。

② 配电间隔框架、母线桥、设备基础型钢分槽钢、角钢或扁钢。计量单位"kg"。

定额含主材费。用于图示尺寸为长度，使用定额时，要根据材料手册，把型钢长度换算成重量进行计算。

3）凿槽分混凝土结构和砌筑结构，按管径划分定额子目。计量单位"m"。

现在建筑大多为框架结构，需要砌筑二次墙，使用大砌块，暗配管施工时只能先砌墙，再凿槽配管，就需要执行本定额。定额含配管后填补。

4）打洞（孔）分混凝土结构水钻打洞（孔），和砌筑结构打洞（孔），按管径划分定额子目。计量单位"个"。

凿槽、凿洞定额已包括堵眼、补槽工作内容。

5）排管敷设分维纶水泥管、镀锌钢管、热浸塑钢管、CPVC 管，按管径划分定额子目。计量单位"m"。格栅管为九孔格栅管。

排管敷设按设计图示长度计算，以单根管长度计算，扣除井室内壁之间的长度。

玻璃钢管、波纹管安装执行 CPVC 塑料管敷设相应定额子目。

排管敷设定额中未包括土方、砌筑、混凝土、模板、钢筋等项目，应执行市政册相应的定额子目。

6）检查井

① 现浇混凝土检查井，分直线井、三通井、四通井，按规格（长宽高）划分定额子目。

检查井未包括土方、模板工程。转角井执行直线井定额子目，其他井型执行市政册相应的定额子目。

② 井筒分砖砌井筒和混凝土管安装，直径 800mm，计量单位"m"。按设计图示高度计算。

2. 定额应用举例

（1）工程量统计

① 前面变压器安装工程量统计表中有基础扁钢，使用 200mm×8mm 扁钢。每台变压器下部两根，每根长度 1.5m。两台变压器 4 根，长 6m。

② 配电装置安装工程统计表中，有高压柜基础槽钢安装，17.41m。

基础槽钢在高压柜下面，高压柜的四边都放在槽钢上，使用 10 号槽钢。图中长边 4.025m，短边 1.5m，共两个长边，六个短边，4.205×2 + 1.5×6 = 17.41m。

③ 高压柜基础扁钢安装，11.41m。

基础扁钢在槽钢下面，预埋在混凝土里，只在电缆沟的四周有，使用 100mm×6mm 的扁钢。共两个长边，两个短边，4.205×2 + 1.5×2 = 11.41m。

（2）预算价计算

附属工程的预算价计算表，见表 4-13-1。

附属工程预算价计算表

表 4-13-1

序号	定额编号	定额工程项目	单位	计算公式	数量
1	13-4	设备基础型钢（槽钢）	kg	10×17.41	174.100
2	13-5	设备基础型钢（角钢或扁钢）	kg	4.71×11.41 + 12.56×6	129.100

① 定额编号 13-4，设备基础型钢（槽钢），174.1kg。

高压柜基础使用 10 号槽钢，10 号槽钢每米质量为 10kg，高压柜基础 17.41m，10×17.41 = 174.1kg。

② 定额编号 13-5，设备基础型钢（角钢或扁钢），129.1kg。

高压柜基础使用 100mm×6mm 的扁钢，100mm×6mm 的扁钢每米质量为 4.71kg，高压柜基础 11.41m，4.71×11.41 = 53.74kg。

变压器基础使用 200mm×8mm 的扁钢，200mm×8mm 的扁钢每米质量为 12.56kg，变压器基础 6m，12.56×6 = 75.36kg。

两个规格的扁钢套用同一定额子目，53.74 + 75.36 = 129.1kg。

第十四节　电气调整试验

1. 电气调整试验定额内容及工程量计算规则

（1）本章包括：电力变压器系统、送配电装置、自动投入装置、中央信号装置、事故照明切换装置、不间断电源、母线、避雷器、接地装置、电缆、绝缘子、穿墙套管、组合式成套箱式变电站试验调试、民用照明通电试运行等 13 节共 46 个子目。

（2）本章定额不包括各种电气设备的烘干处理、电缆故障的查找以及由于设备元件缺陷造成的更换、修理和修改。

（3）调试对象除各项目另有规定外，均为安装就绪并符合国家施工及验收规范要求的电气装置。

（4）工作内容除已注明者外，还包括整理、填写实验记录、熟悉图纸及有关资料。

（5）调试定额不包括试验设备、仪器仪表的场外转移费用。如发生，另计入工程其他费。

（6）电力变压器系统

1）变压器单体实验，按变压器容量划分定额子目。

① 如带有载调压装置，定额应乘以系数 1.12。

② 未包括变压器吊芯试验。

③ 未包括特殊保护装置的调试。

④ 未包括瓦斯继电器及温度继电器试验。

⑤ 调压器试验执行电力变压器试验定额。

2）变压器系统调试，按变压器容量划分定额子目。计量单位"系统"。

（7）送配电装置系统调试

① 成套配电柜单体调试，按电压等级和柜子种类划分定额子目。计量单位"台"。

② 10kV 断路器、负荷开关、隔离开关单体试验，计量单位"台"。电压互感器、电流互感器单体试验，计量单位"组"。

③ 送配电系统调试，按电压等级划分定额子目。计量单位"系统"。

一组连接在一起的柜子的调试为系统调试，一个母线段为一个系统。母线段以母线中的开关为界。

环网柜仅计算本体调试，不执行送配电系统调试。

④ 低压配电箱调试，按回路数划分定额子目。计量单位"台"。

（8）自动投入装置，是备用电源自投装置，计量单位"台"。

高、低压系统的备用电源自投柜，均执行本定额。

双路供电的建筑物，楼层总配电箱均带有双路互投装置，这种带双路互投装置的配电箱、盘、柜的调试，执行备用电源自投装置定额子目。

（9）中央信号装置，是中央信号装置柜调试，计量单位"台"。

（10）事故照明切换装置，事故照明切换装置调试，计量单位"台"。

大型公共建筑楼层都有应急照明，使用带双路互投装置的照明配电箱、盘、柜，调试执行事故照明切换装置柜调试定额子目。

配电箱、盘、柜（注：含∏接箱、柜）的调试是指配电箱、盘、柜本身及下口所带线路的调试。但不含末端设备的调试。

（11）不间断电源，按容量划分定额子目。计量单位"系统"。

不间断电源是用蓄电池组供电的，大型 EPS 系统。

（12）母线调试，计量单位"三相/段"。

母线段以母线中的开关为界。

（13）避雷器试验，是10kV避雷器，计量单位"组"。三支为一组。

（14）接地装置，接地电阻试验，计量单位"组"。

北京定额没有系统试验，图上有多个接地测试点符号，每个符号对应一个定额。

（15）电缆试验是10kV电力电缆调试，有耐压试验和局放试验，计量单位"根"。

一般只做耐压试验，局放试验有设计要求时才做。

电缆试验定额按三相每根计算。

在同一地点测试多条电缆，每增一条时定额乘以0.6系数。

（16）10kV绝缘子、穿墙套管试验，绝缘子，计量单位"个"。穿墙套管，计量单位"支"。

（17）组合式成套箱式变电站试验调整，按变压器容量划分定额子目。计量单位"座"。

组合式成套箱式变电站中含两台变压器时，工程量按两座计算。

成套箱式开闭器调试执行10kV环网柜单体调试子目。

（18）民用照明通电试运行，计量单位"100m^2"。

定额是按8h编制的。

2．定额应用举例

1）工程量统计

前面章节变压器安装、配电装置安装、母线安装、控制设备及低压电器安装、防雷及接地装置等都完成了安装定额的套用，对应的安装项目都要执行相应的调试子目。

2）预算价计算

电气调整试验的预算价计算表，见表4-14-1。

电气调整试验预算价计算表　　　　　　　　　　　　　　表4-14-1

序号	定额编号	定额项目	单位	计算公式	数量
1	14-1	变压器单体调试变压器容量800kV·A以下	台		2.000
2	14-4	变压器系统调试800kV·A以下	系统		2.000
3	14-7	成套配电柜单体调试10kV断路器柜	台		3.000
4	14-8	成套配电柜单体调试10kV电压互感器避雷器柜	台		1.000
5	14-9	成套配电柜单体调试10kV其他电器柜	台		1.000
6	14-11	成套配电柜单体调试1kV开关柜	台		13.000
7	14-12	成套配电柜单体调试1kV电容器柜	台		2.000
8	14-19	送配电系统调试1kV	系统		2.000
9	14-20	送配电系统调试10kV	系统		2.000
10	14-21	低压配电箱调试交流1kV以下4回路	台		2.000

序号	定额编号	定额项目	单位	计算公式	数量
11	14-23	低压配电箱调试交流 1kV 以下 16 回路	台		1.000
12	14-35	母线调试	段		8.000
13	14-37	接地电阻试验	组	$1+6+1$	8.000
14	14-38	10kV 电力电缆调试耐压试验	根	$1+2×0.6$	2.200
15	14-39	10kV 电力电缆调试局放试验	根	$1+2×0.6$	2.200
16	14-46×3	民用照明通电试运行	100m²		100.000

① 定额编号 14-1，变压器单体调试变压器容量 800kV·A 以下，2 台。

第二节变压器安装定额应用举例中，安装了 2 台变压器，执行变压器单体调试变压器容量 800kV·A 以下定额子目，2 台。

② 定额编号 14-4，变压器系统调试 800kV·A 以下，2 系统。

电力变压器系统调试，不含变压器本体调试，两个调试都要做。电力变压器系统调试是变压器和高压断路器一起调试。

③ 定额编号 14-7，成套配电柜单体调试 10kV 断路器柜，3 台。

第三节配电装置安装定额应用举例中，安装了 3 台断路器柜，执行成套配电柜单体调试 10kV 断路器柜定额子目，3 台。

④ 定额编号 14-8，成套配电柜单体调试 10kV 电压互感器避雷器柜，1 台。

第三节配电装置安装定额应用举例中，安装了 1 台电压互感器避雷器柜，执行成套配电柜单体调试，10kV 电压互感器避雷器柜定额子目，1 台。

⑤ 定额编号 14-9，成套配电柜单体调试 10kV 其他电器柜，1 台。

第三节配电装置安装定额应用举例中，安装了 1 台其他电器柜，执行成套配电柜单体调试，10kV 其他电器柜定额子目，1 台。

⑥ 定额编号 14-11，成套配电柜单体调试 1kV 开关柜，13 台。

第五节配控制设备及低压电器安装定额应用举例中，安装了 13 台低压开关柜，执行成套配电柜单体调试 1kV 开关柜定额子目，13 台。

⑦ 定额编号 14-12，成套配电柜单体调试 1kV 电容器柜，2 台。

第五节配控制设备及低压电器安装定额应用举例中，安装了 2 台电容器柜，执行成套配电柜单体调试 1kV 电容器柜定额子目，2 台。

⑧ 定额编号 14-19，送配电系统调试 1kV，2 系统。

第五节配控制设备及低压电器安装定额应用举例中，15 台低压柜构成低压送配电系统，送配电装置系统一个母线段为一个系统。P9 柜是联络柜，两侧柜中的母线从这个柜分为两段，是两个系统。执行送配电系统调试 1kV 定额子目，2 系统。

⑨ 定额编号 14-20，送配电系统调试 10kV，2 系统。

第三节配电装置安装定额应用举例中，安装了 5 台高压柜，Y2 柜是总开关柜母线从这个柜分为两段，执行送配电系统调试 10kV 定额子目，2 系统。

⑩ 定额编号 14-21，低压配电箱调试交流 1kV 以下 4 回路，2 台。

第五节配控制设备及低压电器安装定额应用举例中，安装了 2 台 4 回路配电箱，执行低压配电箱调试交流 1kV 以下 4 回路定额子目，2 台。

⑪ 定额编号 14-23，低压配电箱调试交流 1kV 以下 16 回路，1 台。

第五节配控制设备及低压电器安装定额应用举例中，安装了 1 台 10 回路配电箱，执行低压配电箱调试交流 1kV 以下 16 回路定额子目，1 台。

⑫ 定额编号 14-35，母线调试，8 段。

图 3-3 中，变压器高、低压侧各一段母线，2 台变压器 4 段，高压柜上母线为 2 段，低压柜上母线为 2 段，共 8 段。母线过开关为一段，每段一个定额。

⑬ 定额编号 14-37，接地电阻试验，8 组。

第九节防雷及接地装置定额应用举例中，电气接地中有 1 组接地；防雷工程中有 6 组人工接地，1 组自然接地，共 8 组接地要试验。

⑭ 定额编号 14-38，10kV 电力电缆调试耐压试验，2.2 根。

第五节电缆定额应用举例中，有 1 段 70mm² 高压进线电缆，2 段 35mm² 高压柜到变压器的高压电缆。3 根高压电缆要做试验，执行 10kV 电力电缆调试耐压试验定额子目，定额章说明规定，在同一地点测试多条电缆，每增一条时定额乘以 0.6 系数。3 根电缆 2 根乘以 0.6 系数，$1 + 2 \times 0.6 = 2.2$ 根。

⑮ 定额编号 14-39，10kV 电力电缆调试局放试验，2.2 根。

⑯ 定额编号 14-46，民用照明通电试运行，300 个 100m²。

第十二节照明灯具安装，对应的照明工程，施工完成后要进行民用照明通电试运行，如果建筑面积 10000m²，照明通电试运行 24h，定额是按 8h 编制，定额计量单位是面积 100m²，10000/100 = 100 个定额计量单位。定额是按 8h 编制，运行 24h 是 3 倍定额，24/8 = 3。软件中输入时，定额乘以倍数，直接写在定额编号处。

第十五节　措施项目费用

1. 措施项目费用定额内容及工程量计算规则

1）本章包括安装工程常用施工技术措施项目，主要有脚手架使用费、高层建筑施工增加费、安装与生产同时进行增加费、在有害身体健康的环境中施工增加费、安全文明施工费等。

2）本章措施项目费以电气设备安装工程第一章至第十四章发生的人工费为基数计算。措施项目费作为一项预算价，应按规定计算企业管理费、利润、规费、税金。其中安全文明施工费中的人工费不作为计取规费的基数。

3）脚手架使用费

① 脚手架使用费包括场内、场外材料搬运，搭、拆脚手架，拆除脚手架后材料的堆放以及脚手架租赁费。

② 脚手架使用费按人工费的 5%，其中人工费占 25%。

③ 对单独承担的室外埋地敷设电缆、架空配电线路和路灯工程，不计取脚手架使

用费。

4）高层建筑施工增加费

① 高层建筑施工增加费包括：

A. 高层施工引起的人工工效降低以及由于人工工效降低引起的机械降效。

B. 通信联络设备的使用及摊销。

② 本定额工效是按建筑物檐高 25m 以下编制的，超过 25m 的高层建筑物，按表 4-15-1 计算高层建筑增加费（以人工费作为基数）：

计算高层建筑增加费用表 表 4-15-1

檐高		45m 以下	80m 以下	120m 以下	160m 以下	200m 以下
费率（%）		3	6	15	27	36
其中	人工	2	4	10	18	24
	机械	1	2	5	9	12

5）安装与生产同时进行增加费

① 安装与生产同时进行增加费是指改扩建工程在生产车间或装置内施工，因生产操作或生产条件限制干扰了安装工程正常进行而增加的费用。

② 安装与生产同时进行增加费，按人工费的 10% 计算。其中：人工费占 20%。

6）在有害身体健康的环境中施工增加费

① 在有害身体健康的环境中施工增加费是指改扩建工程由于车间、装置范围内有害气体或高分贝地噪声超过国家标准以致影响身体健康而增加的费用。

② 在有害身体健康的环境中施工增加费，按人工费的 10% 计算。其中：人工费占 5%。

7）安全文明施工费：

安全文明施工费是指在工程施工期间按照国家、地方现行的环境保护、建筑施工安全（消防）、施工现场环境与卫生标准等法规与条例的规定，购置和更新施工安全防护用具及设施、改善现场安全生产条件和作业环境所需要的费用。包括环境保护费、文明施工费、安全施工费、临时设施费等。

安全文明施工费以人工费为基数，按以下标准计取：

五环内 21.00%，其中：人工费占安全文明施工费 10%。

五环外 18.50%，其中：人工费占安全文明施工费 10%。

① 环境保护费：现场施工机械设备降低噪声、防扰民措施费用；水泥和其他易飞扬细颗粒建筑材料密闭存放或采取覆盖措施等费用；工程防扬尘洒水费用；土石方、建渣外运车辆冲洗、防洒漏等费用；现场污染源的控制、生活垃圾清理外运、场地排水排污措施的费用；其他环境保护措施费用。

② 文明施工费："五牌一图"的费用；现场围挡的墙面美化（包括内外粉刷、刷白、标语等）、压顶装饰费用；现场厕所便槽刷白、贴面砖，水泥砂浆地面或地砖费用，建筑物内临时便溺设施费用；其他施工现场临时设施的装饰装修、美化措施费用；现场生活卫生设施费用；符合卫生要求的饮水设备、淋浴、消毒等设施费用；生活用洁净燃料费用；防煤气中毒、防蚊虫叮咬等措施费用；施工现场操作场地的硬化费用；现场绿化费用、治

安综合治理费用；现场配备医药保健器材、物品费用和急救人员培训费用；用于现场工人的防暑降温费、电风扇、空调等设备及用电费用；其他文明施工措施费用。

③ 安全施工费：安全资料、特殊作业专项方案的编制，安全施工标志的购置及安全宣传的费用；"三宝"（安全帽、安全带、安全网）、"四口"（楼梯口、电梯井口、通道口、预留洞口），"五临边"（阳台围边、楼板围边、屋面围边、槽坑围边、卸料平台两侧），水平防护架、垂直防护架、外架封闭等防护的费用；施工安全用电的费用，包括配电箱三级配电、两级保护装置要求、外电防护措施；起重机、塔式起重机等起重设备（含井架、门架）及外用电梯的安全防护措施（含警示标志）费用及卸料平台的临边防护、层间安全门、防护棚等设施费用；建筑工地起重机械的检验检测费用；施工机具防护棚及其围栏的安全保护设施费用；施工安全防护通道的费用；工人的安全防护用品、用具购置费用；消防设施与消防器材的配置费用；电气保护、安全照明设施费；其他安全防护措施费用。

④ 临时设施费：施工现场采用彩色、定型钢板，砖，混凝土砌块等围挡的安砌、维修、拆除或摊销费用；施工现场临时建筑物、构筑物的搭设、维修、拆除或摊销费用，如临时宿舍、办公室、食堂、厨房、厕所、诊疗所、临时文化福利用房、临时仓库、加工场、搅拌台、临时简易水塔、水池等；施工现场临时设施的搭设、维修、拆除或摊销费用，如临时供水管道、临时供电管线、小型临时设施等；施工现场规定范围内临时简易道路铺设，临时排水沟、排水设施安砌、维修、拆除以及排水费用；其他临时设施搭设、维修、拆除或摊销费用。

⑤ 安全防护、文明施工措施费不包括由于施工中特殊原因发生的如防护棚、防噪声设施等措施费用以及因施工场地狭小发生的租用临时用地的费用及相关交通费。

若发生上述费用，应当另行计算，并列入安全防护、文明施工措施费。

2. 定额应用举例

某安装工程定额表预算价 100 万元，其中人工费 10 万元，工程位于五环路以内，建筑檐高 30m。计算本工程的措施项目费用，并计算本工程的预算价。

本安装工程要计取的措施项目费用有：脚手架使用费、高层建筑施工增加费和安全文明施工费。见表 4-15-2。

措施项目费用计算表　　　　　　　　　　　　表 4-15-2

序号	项目	费率	计算公式	金额
1	定额表预算价			1000000.00
2	其中人工费			100000.00
3	脚手架使用费	5%	100000×0.05	5000.00
4	其中人工费	25%	5000×0.25	1250.00
5	高层建筑施工增加费	3%	100000×0.03	3000.00
6	其中人工费	2%	100000×0.02	2000.00
7	安全文明施工费	21%	100000×0.21	21000.00
8	其中人工费	10%	21000×0.1	2100.00
9	预算价		1000000＋5000＋3000＋21000	1029000.00
10	其中人工费		100000＋1250＋2000＋2100	105350.00
11	计算规费的人工费		100000＋1250＋2000	103250.00

第五章 建筑智能化工程定额

一、第五册《建筑智能化工程》适用于智能大厦、智能小区新建和扩建项目中的智能化系统设备的安装调试工程。

二、配管、线槽、桥架、电气设备、电气器件、接线箱、盒、电线、防雷与接地系统、凿槽、打洞、立杆工程，执行第四册《电气设备安装工程》相应项目。

三、室外架空光缆、泄露电缆、射频同轴电缆、UPS 不间断电源、程控交换设备、卫星电视天线和馈线，执行第十一册《通信设备及线路工程》相应项目。

四、建筑信息综合管理系统执行第一章计算机应用、网络系统工程。

五、本定额设备安装未包括基础浇注及二次灌浆，基础浇注执行第一部分《房屋建筑与装饰工程预算定额》相应项目；二次灌浆执行第三册《静置设备与工艺金属结构制作安装工程》相应项目。

六、本定额均不包括施工、试验、空载、试车用水和用电，已经含在《房屋建筑与装饰工程预算定额》相应项目中。带负荷试运转、系统联合试运转及试运转所需油、气等费用，由发承包双方另行计算（通常列入工程建设其他费）。

七、超高降效增加费：

1. 超高降效增加费是指操作高度（指操作物高度距楼地面距离）超过定额规定的高度时所发生的人工降效费用。

2. 本定额的操作高度除各章节另有规定者外，均按 5m 以下编制；当安装高度超过 5m 时，其超过部分的人工工日乘以下列系数：

操作高度	8m 以内	12m 以内	16m 以内	20m 以内	30m 以内
超高系数	1.10	1.15	1.20	1.25	1.60

第一节 计算机应用、网络系统工程

本章定额适用于各种系统的，计算机房相关设备的安装工程。

1）本章包括：输入设备、输出设备、控制设备、存储设备、插箱、机柜、互联电缆、集线器、路由器、防火墙、交换机、网络服务器，计算机应用、网络系统系统联调，计算机应用、网络系统试运行，软件安装等 14 节共 105 个子目。

2）本章不包括以下工作内容：

① 设备本身的功能性故障排除。

② 缺件、配件的制作。

③ 在特殊环境条件下的设备加固、防护和电缆屏蔽。

④ 操作系统的开发；病毒的清除，版本升级与外系统的校验或统调。

⑤ 场外线路的架设和挖沟直埋铺设工程。

3）输入设备安装

有扫描仪、数字化仪，按图纸幅面划分定额子目。X–Y 记录仪，计量单位"台"。

4）输出设备

① 显示装置安装、调试，彩色 CRT 监视器、液晶显示器 ≤ 32″，按安装方式划分定额子目。触摸显示屏、监控调度模拟屏（600×600），计量单位"台"。

② 打印机、绘图仪、拷贝机、传真机、投影仪、刻录机安装调试，打印机有针式、宽行、激光、喷墨四种，传真机执行多功能一体机子目，投影仪、刻录机执行拷贝机子目。

5）控制设备

① 通信控制器、微机处理通信控制器，按路数划分定额子目。

② A/D、D/A 转换设备和微机控制 A/D、D/A 转换设备，按路数、位数划分定额子目。

6）存储设备

① 硬盘录像存储设备，分带环出和不带环出，按路数划分定额子目。

环出就是信号同时可以转出到另一设备。

② 磁盘阵列机，按通道数划分定额子目。另有每增加 1 块硬盘子目。

③ 光盘库，按光盘匣个数划分定额子目。

④ 盒式磁带机，按盒带个数划分定额子目。

⑤ 磁带库，按盒数划分定额子目。

7）插箱、机柜

有台架、标准机柜，标准插箱分固定式和翻转式。

8）互联电缆制作、安装，计量单位"条"。

① 带连接器的圆导体带状电缆，按线数划分定额子目。

带状电缆是多根导线扁平状排列的电缆，常见的是打印机数据电缆。

② 带连接器的外设接口电缆、带连接器计算机系统外联电缆、中继连接电缆，按芯数划分定额子目。

注意：是在电缆两端装连接器。

9）集线器安装

分桌面型、机架型，集线器是多台计算机互联的接口设备。是同一网络内计算机互联设备。

10）路由器安装

路由器固定配置，4 口、8 口，插槽式 4 槽以内、4 槽以外，另有适配器、中继器子目。

路由器是不同网络计算机互联的接口设备。

11）防火墙

分为：包过滤防火墙、状态 / 动态检测防火墙、应用程序代理防火墙、NAT 防火墙、个人防火墙。

防火墙是网络隔离设备，通常与路由器合一。

12）交换机安装

有固定式 24 口以内、24 口以外，插槽式 4 槽以内、4 槽以外。

交换机是高级集线器，集线器是广播功能，所有设备端口都可以接收同一信号；交换机是选择传递功能，只发送给定向目标端口。

现在组网使用的都是交换机。

13）网络服务器

服务器就是处于特定位置的计算机。

① 网桥设备安装、调试。不同网络的接口设备。

② PC 机、工作站安装、调试。小局域网。

③ 网络服务器分工作组级、部门级、企业级。指网络系统规模大小。

④ 调制解调器分有线、无线。

它能把计算机的数字信号，翻译成可沿普通电话线传送的模拟信号的设备。

14）计算机应用、网络系统系统联调，计算机应用、网络系统试运行。

有 ≤ 100 信息点、每增加 50 个信息点，两个定额子目。计量单位"系统"。

计算机应用、网络系统试运行，是在系统不间断运行 120h 条件下编制的。

15）软件安装、调试

系统软件以 1GB 为界，应用软件、工具软件。计量单位"套"。

本章定额使用时，基本是按名称对号入座。

第二节　综合布线系统工程

综合布线系统工程相当第四册电气设备安装中的配管、配线。

1. 综合布线系统定额内容及工程量计算规则

1）本章包括：机柜、机架，抗震底座，电视、电话插座，双绞线缆，光缆，跳线，配线架安装打接，跳线架安装打接，信息插座，光纤连接，光纤盒、光缆终端盒，光纤跳线，线管理器，接头制作，双绞线缆测试，光纤测试等 16 节共 80 个子目。

2）机柜、机架安装

只分落地式和墙挂式。

3）抗震底座安装，计量单位"个"。

4）电视、电话插座安装

电视、电话插座在本节，而不在相应专业章节。电话插座只一个子目。电视插座分明装、暗装。

5）双绞线缆、多芯软线、视频同轴电缆

① 双绞线缆敷设，分管 / 暗槽内穿放和线槽 / 桥架 / 支架 / 活动地板内布放，按对数划分定额子目。

② 4 对双绞线缆的敷设是平常说的网线，用于宽带网络，大于 4 对的大对数双绞线缆的敷设，是电话电缆，用于电话系统的干线。

③ 多芯软线敷设，分管内穿放和线槽 / 桥架 / 支架布放，按芯数划分定额子目。

④ 导线芯数大于 4 芯，每增加 2 芯定额工日乘以 1.05。

⑤ 多芯软线常用于串行接口 RS-232、RS-422 与 RS-485 等的接线，如消防系统组网。

⑥ 视频同轴电缆敷设，分管 / 暗槽内穿放和线槽 / 桥架 / 支架 / 活动地板内布放，按

线绝缘直径划分定额子目。

⑦ 视频同轴电缆用于有线电视系统和闭路电视监控系统的线路敷设。

⑧ 视频同轴电缆在本章，有线电视系统的内容在第四章。闭路电视监控系统的内容在第六章。

6）光缆

① 室内穿放、布放光缆，分管/暗槽内穿放和线槽/桥架/支架/活动地板内布放，按芯数划分定额子目。

② 室外穿放、布放光缆，分埋地敷设和穿管敷设，按芯数划分定额子目。

③ 光缆目前主要用于宽带网络的干线，将来会用于网络支线，实现光纤到户。

④ 室外光缆穿管敷设定额中未包括子管敷设的工作内容，发生时执行第十一册《通信设备及线路工程》相应定额子目。

7）跳线

① 跳线制作定额子目中线缆是以"根"为单位编制的，其长度应按实际测量值计算。跳线制作是在4对双绞线缆两端装RJ45端子。

② 跳线安装、卡接，是把制作好的跳线固定在配线架上，并插在插座上。跳线卡接，计量单位"对"。

③ 执行跳线制作，跳线安装就不需再计主材费。

只执行跳线安装，成品跳线要计主材费。

8）配线架安装打接，定额按口划分定额子目。计量单位"架"。

配线架安装打接，是在机柜上安装4对双绞线缆用配线架，然后固定线缆、打接，1口对应一条电缆。

9）跳线架安装打接，定额按对划分定额子目。计量单位"架"。

跳线架安装打接，在机柜上安装大对数双绞线电缆用跳线架，然后固定线缆、打接。

10）双绞线缆的敷设，及配线架、跳线架的安装打接，是按超五类非屏蔽线布线编制的，高于超五类非屏蔽线、屏蔽线布线时，定额工日分别增加10%。

11）除设计有特殊要求和规范有明确规定外，双绞线缆、光缆预留长度参照如下：

① 双绞线缆预留长度：在工作区（盒）宜为0.2m，电信间（箱）宜为0.5～2m，设备间（架）宜为3～5m。执行时取上限。

② 光缆布放路由宜盘留，预留长度宜为3～5m。执行时取上限。

③ 电话线、同轴电缆：在接线盒内宜为0.2m，箱内为箱盘面尺寸半周长。

④ 有特殊要求的按设计要求预留长度。

⑤ 双绞线缆、多芯软线、视频同轴电缆、光缆，按设计图示尺寸以单根长度计算（含预留长度）。

12）信息插座

① 8位模块式信息插座安装，分为单口、双口、四口。8位模块式信息插座就是RJ45插座。

② 光纤信息插座安装，分为单口、双口。

13）光纤连接分为机械法、熔接法、磨制法。磨制法，计量单位"端口"。

14）光纤盒、光缆终端盒

①室内光缆接续，使用光缆终端盒，定额按芯数划分定额子目。计量单位"个"。光缆终端盒放在配线架上。

②室外光缆接续，使用光纤接线盒，定额按芯数划分定额子目。计量单位"个"。

15）光纤跳线，定额按使用位置划分定额子目。计量单位"条"。

16）线管理器安装，线管理器用来固定线缆，装在配线架上。

17）接头制作

①BNC 接头，BNC 接头是监控工程中，用于同轴电缆与摄像设备连接的连接头。

②RJ45、RJ11 接头，4 对双绞线缆在机柜接交换机时，线缆末端要做 RJ45 接头。电话线要做 RJ11 接头。

③同轴电缆接头 F 型，电视同轴电缆接除电视插座以外所有器件时，都要做 F 型接头，简称 F 头。

④投影仪接电脑要使用专用电缆，做 VGA 接头。电脑接显示器的接头就是 VGA 接头。

18）双绞线缆测试，4 对双绞线缆链路测试，每个插座要测，干线缆也要测。大对数电缆每对线测整个链路。

19）光纤测试，计量单位"链路（芯）"。

2.定额应用举例

（1）电话工程

从图 3-3-3、图 3-3-4、图 3-6-1 上可以看到，房间里共安装 9 部电话，其中卫生间和主卧室内的电话使用同一个电话号码，为两部电话并联，其余每部电话均为独立的电话号码。从室外引入 10 对线电话电缆，在一层进入电话组线箱，组线箱安装高度 0.5m。一层和二层所有电话线均为穿一根钢管敷设，图中 F4 表示管内有 4 对电话线，F3 表示管内有 3 条电话线，以此类推。电话线使用 RVS 双绞线，截面 $2 \times 0.5mm^2$，穿 SC15 焊接钢管。电话出线口使用单插座型。

1）工程量统计

电话工程量统计表，见表 5-2-1。

电话工程量统计表 表 5-2-1

序号	工程项目	单位	计算公式	数量
1	电话组线箱安装	台		1.000
2	焊接钢管暗敷设 15mm 一层水平部分	m	$5 + 11 + 14.6 + 2.4 + 6$	39.000
3	焊接钢管暗敷设 15mm 一层竖直部分	m	$0.5 + 0.3 \times 2 \times 4 + 0.3$	3.200
4	焊接钢管暗敷设 15mm 二层水平部分	m	$5.6 + 9.8 + 10.8 + 10$	36.200
5	焊接钢管暗敷设 15mm 二层竖直部分	m	$（3 - 0.5 - 0.28）+ 0.3 \times 2 \times 3 + 0.3$	4.320
6	管内穿电话线一层	m	$（5 + 11 + 0.5 + 0.3 \times 2 + 0.3 +（0.2 + 0.28）+ 0.2）\times 4 +（9.3 + 0.3 + 0.3 + 0.2 \times 2）\times 3 +（2.4 + 0.3 + 0.3 + 0.2 \times 2）\times 2 + 6 + 0.3 + 0.3 + 0.2 \times 2$	117.020

续表

序号	工程项目	单位	计算公式	数量
7	管内穿电话线二层	m	（5.6＋9.8＋2.22＋0.3×2＋0.3＋（0.2＋0.28）＋0.2）×3＋（10.6＋0.3＋0.3＋0.2×2）×2＋（10＋0.3＋0.3＋0.2×2）	91.800
8	接线盒安装	个		9.000
9	电话出线口安装	个		9.000

电话电缆埋地引入，进建筑物时要使用密封电缆保护管，进建筑物后使用 SC32 焊接钢管接至电话组线箱，这一部分内容与电力电缆引入的方法相同，项目也相似，这里不再重复，从电话组线箱安装开始统计工程量，与配管配线工程统计方法相同，按管、线、盒、箱、电器的顺序进行。

①电话组线箱安装，ST0–10 型，1 台。

②SC15 焊接钢管暗敷设，一层水平部分，39m。

水平长度按图上标出的尺寸，从组线箱到卫生间 5m，卫生间到客厅 11.0m，客厅到书房 14.6m，书房到工人房 2.4m，工人房到车库 6.0m，总长为 5＋11＋14.6＋2.4＋6＝39m。

③SC15 焊接钢管暗敷设，一层竖直部分，3.2m。

从电话组线箱向下为箱高 0.5m，从地面到电话出线口为安装高度 0.3m，由于是一根钢管从穿到尾，在每个线路中间的出线口处，应为 2 根钢管，1 根引入，1 根引出，一层共有 5 个电话出线口，其中 4 个出线口下为 2 根竖管，最末端的出线口下只有一根引入管长 0.3m。竖直管总长为 0.5＋0.3×2×4＋0.3＝3.2m。

④SC15 焊接钢管暗敷设，二层水平部分，36.2m。

从一楼引上点到卫生间 5.6m，卫生间到主卧室 9.8m，主卧室到右侧卧室 0.8m，右侧卧室向上到小卧室 10.0m，总长度为 5.6＋9.8＋10.8＋10＝36.2m。

⑤SC15 焊接钢管暗敷设，二层竖直部分，4.32m。

从一层电话组线箱到二层引上的一段管长为一层层高 3m，减去组线箱安装高度 0.5m，减去组线箱的箱高 0.28m，到二层的管从组线箱上方引出，要扣除组线箱箱高。电话出线口下的管长与一层计算方法相同，线路中间的出线口下为 2 根管，末端的出线口下为 1 根。总长度为（3－0.5－0.28）＋0.3×2×3＋0.3＝4.32m。

⑥管内穿电话线，一层，113.82m。

由于各段管中穿电话线的根数不同，只能分段计算。

第一段从电话组线箱到客厅，管内穿 4 根线，管长为 5＋11＋0.5＋0.3×2＋0.3＝17.4m，线长为管长 17.4m，加箱内预留长度和盒内预留长度，乘以 4，〔17.4＋（0.2＋0.28）＋0.2〕×4＝72.32m。

第二段从客厅到书房，管长 9.3＋0.3＋0.3＝9.9m，加盒内预留长度 0.2m×2，线长为（9.9＋0.2×2）×3＝30.9m。

第三段从书房到工人房，管长 2.4＋0.3＋0.3＝3m，加盒内预留长度 0.2m×2，线长为（3＋0.2×2）×2＝6.8m。

第四段从工人房到车库，管长 6＋0.3＋0.3＝6.6m，加盒内预留长度 0.2m×2，线长等于管长 6.6＋0.2×2＝7m。

管内穿线总长度为：72.32＋30.9＋6.8＋7＝117.02m。

⑦管内穿电话线，二层 90m。

第一段从电话组线箱到二层主卧室，管内穿 3 根线，管长为 5.6＋9.8＋2.22＋0.3×2＋0.3＝18.52m，线长为管长 18.52m，加箱内预留长度和盒内预留长度，乘以 3，〔18.52＋（0.2＋0.28）＋0.2〕×3＝57.6m。

第二段从主卧室到右侧卧室，管长 10.6＋0.3＋0.3＝11.2m，加盒内预留长度 0.2m×2，线长为（11.2＋0.2×2）×2＝23.2m。

第三段从右侧卧室到小卧室，管长 10＋0.3＋0.3＝10.6m，加盒内预留长度 0.2m×2，线长等于管长 10.6＋0.2×2＝11m。

管内穿线长度为 57.6＋23.2＋11＝91.8m。

⑧接线盒安装，9 个。

⑨电话出线口安装，9 个。

2）预算价计算

电话工程的预算价计算表，见表 5-2-2。

电话工程预算价计算表 表 5-2-2

序号	定额编号	定额项目	单位	计算公式	数量
1	2-4	电话插座安装	个		9.000
2	主材费	电话出线口插座型单联	个	1.0200×9	9.180
3	借 11:3-274	分线箱嵌入式 10 对	个		1.000
4	主材费	电话组线箱 ST0 — 10	台		1.000
5	借 4:11-34	焊接钢管敷设砖、混凝土结构暗配公称直径 15mm 以内	m	39＋3.2＋36.2＋4.32	82.720
6	借 4:11-289	管内穿铜芯线管内穿二芯软导线导线截面 0.75mm² 以内	m	117.02＋91.8	208.820
7	主材费	双绞线 RVS-2×0.5	m	1.0800×208.82	225.530
8	借 4:11-329	接线盒安装钢制接线盒暗装砖结构	个	9	9.000

①定额编号 2-4，电话插座安装，9 个。

②主材费，电话出线口插座型单联，9.18 个。

电话出线口主材定额含量为 1.0200 个，出线口主材数量为 1.0200×9＝9.18 个。

③定额编号借 11:3-274，分线箱嵌入式 10 对，1 台。

本册定额里没有电话组线箱安装的定额子目，需要使用第十一册《通信设备及线路工程》，第三章通信线路工程，第二十三节是分线箱，见表 5-2-3。

穿放楼内暗管电缆   表 5-2-3

工作内容：清刷暗管，穿放引线，检查测试电缆，布放电缆，墙头处理，衬垫管门等。

定额编号				3-128	3-129	3-130
项目				楼内暗管电缆		
				10 对	20 对	30 对
预算单价（元）				1800.13	1963.83	2045.68
其中	人工费（元）			1101.80	1259.20	1337.90
	材料费（元）			406.22	406.22	406.22
	机械费（元）			292.11	298.41	301.56
名称		单位	单价（元）	数量		
人工	870005	综合工日	工日	78.70	14.000	16.000	17.000
材料	36—001	电缆	m		（1015.0000）	（1015.0000）	（1015.0000）
	091169	镀锌低碳钢丝 8 号—12 号	kg	6.70	25.4000	25.4000	25.4000
	290065	热缩端帽（不带气口）	个				

　　如果是单纯的电话工程，干线要用电话电缆，同样要使用第十一册《通信设备及线路工程》，第三章通信线路工程，第八节是电缆，见表 5-2-4。

分线箱（盒）嵌入式   表 5-2-4

工作内容：电缆芯线对号、测试，新鲜焊接、绑扎，安装电缆分线盒、接地等。

定额编号			3-274	3-275	3-276	3-277	3-278
项目			嵌入式				
			10 对	20 对	30 对	50 对	100 对
预算单价（元）			102.91	126.64	142.82	168.01	209.31
其中	人工费（元）		53.52	76.34	91.29	114.90	152.68
	材料费（元）		47.01	47.01	47.64	48.27	50.16
	机械费（元）		2.38	3.29	3.89	4.84	6.47
名称		单位	单价（元）	数量			
人工	870005	综合工日	工日	78.70	0.680	0.970	1.160	1.460	1.940
材料	33—092	电缆分线盒	个		（1.0000）	（1.0000）	（1.0000）	（1.0000）	（1.0000）
	090891	镀锌穿钉带帽 M12×110	盒	1.54	4.0800	4.0800	4.0800	4.0800	4.0800

　　如果是综合布线工程中的电话部分，则要使用本册大对数电缆定额子目。

　　借 11:3-274，这里表示使用第十一册定额的 3-274 子目，手写时必须都写清楚，在软件里直接双击第十一册定额的 3-274，软件自动识别，不会与第五册 3-274 混淆。

④ 主材费，电话组线箱 ST0 — 10，1 台。

⑤ 定额编号借 4:11–34，焊接钢管敷设砖、混凝土结构暗配公称直径 15mm 以内，82.72m。

钢管总长为 39 + 3.2 + 36.2 + 4.32 = 82.72m。

⑥ 定额编号借 4:11–289，管内穿铜芯线管内穿二芯软导线导线截面 $0.75mm^2$ 以内，208.82m。

双绞线总长为 117.02 + 91.8 = 208.82m。

⑦ 主材费，双绞线 RVS — 2×0.5，225.53m。

管内穿电话线主材含量为 1.0800m，双绞线长度为 1.0800×208.82 = 225.53m。

⑧ 定额编号借 4:11–329，接线盒安装钢制接线盒暗装砖结构，9 个。

接线盒共 9 个。

（2）电视工程

从平面图 3–3–3、图 3–3–4 和系统图 3–6–2 中可以看到，电视电缆也是埋地引入，使用 Φ9 的同轴电缆，穿直径 40mm 的焊接钢管，进入建筑物时要使用密封电缆保护管，电缆进入室内后，接入电视设备箱 AF。设备箱安装高度距地 0.5m，箱内安装一只放大器，一只二分支器，一只四分配器，四分配器引出 3 条线接一层 3 个用户插座。分支器的一条分支线引到二层电视设备箱，箱内安装一只三分配器，分配器的 3 条引出线接二层 3 个用户插座。

1）工程量统计。

电视工程量统计表，见表 5–2–5。

电视工程量统计表

表 5–2–5

序号	工程项目	单位	计算公式	数量
1	电视设备箱安装	台		2.000
2	放大器安装	个		1.000
3	二分支器安装	个		1.000
4	三分配器安装	个		2.000
5	焊接钢管暗敷设 20mm 一层水平部分	m	10.8 + 10.5 + 14.6 + 4	39.900
6	焊接钢管暗敷设 20mm 一层竖直部分	m	0.5×4 + 0.3×3	2.900
7	管内穿电视同轴电缆 Φ5	m	39.9 + 2.9 +（0.6 + 0.4）×4 + 0.2×3	49.400
8	焊接钢管暗敷设 20mm 二层水平部分	m	3.5 + 5.6 + 6.6	15.700
9	焊接钢管暗敷设 20mm 二层竖直部分	m	3 + 0.5 + 0.5×3 + 0.3×3	5.900
10	管内穿电视同轴电缆 Φ5	m	15.7 + 5.9 +（0.3 + 0.4）×4 + 0.2×3	25.000
11	接线盒安装	个		6.000
12	用户插座安装	个		6.000

工程量统计过程如下：

① 电视设备箱安装，2 台。

②放大器安装，1个。

③二分支器安装，1个。

④三分配器安装，1个。

⑤SC20焊接钢管暗敷设，一层水平部分，39.9m。

天线系统分支线使用SC20焊接钢管，所有钢管均从电视设备箱引出，接到各室内用户插座，钢管水平长度为10.8＋10.5＋14.6＋4＝39.9m。其中4m长的一根是引上二层电缆的水平管。

⑥SC20焊接钢管暗敷设，一层竖直部分，2.9m。

设备箱下部管长为箱安装高度0.5m，共4根。用户插座安装高度0.3m，插座下管长0.3m。竖直方向管长为0.5×4＋0.3×3＝2.9m。

⑦管内穿电视同轴电缆，Φ5，49.4m。

每根管里穿一根电缆，电缆长度与管长相等，加上设备箱内预留长度为箱高加宽，每个用户插座盒内增加0.2m预留长度。管长为39.9＋2.9＝42.8m，预留长度为（0.6＋0.4）×4＋0.2×3＝4.6m，穿缆总长度为42.8＋4.6＝49.4m。

⑧SC20焊接钢管暗敷设，二层水平部分，15.7m。

二层水平部分管有三段总长度为3.5＋5.6＋6.6＝15.7m。

⑨SC20焊接钢管暗敷设，二层竖直部分，5.9m。

竖直部分管有从一层到二层的竖直管，长度为层高加设备箱安装高度，3＋0.5＝3.5m。从设备箱引出三根管，0.5×3＝1.5m，三个用户插座下部管长0.3×3＝0.9m，总长为3.5＋1.5＋0.9＝5.9m。

⑩管内穿电视同轴电缆，Φ5，25m。

与一层相同，管长为15.7＋5.9＝21.6m，预留长度为（0.3＋0.4）×4＋0.2×3＝3.4m，总长度为21.6＋3.4＝25m。

⑪接线盒安装，6个。

⑫用户插座安装，6个。

2）预算价计算

电视工程的预算价计算表，见表5-2-6。

电视工程预算价计算表　　　　　表5-2-6

序号	定额编号	定额工程项目	单位	计算公式	数量
1	2-6	电视插座安装暗装	个		6.000
2	主材费	电视插座	个	1.0200×6	6.120
3	2-21	视频同轴电缆敷设管/暗槽内穿放 Φ9以内	m	49.4＋25	74.400
4	主材费	同轴电缆 Φ5	m	1.0200×74.4	75.890
5	2-76	同轴电缆接头F型	个	6＋4＋2	10.000
6	主材费	同轴电缆接头F型 Φ5	个	1.0100×10	10.100
7	主材费	终端电阻	个		1.010

续表

序号	定额编号	定额工程项目	单位	计算公式	数量
8	4-1	电视设备箱	台		2.000
9	主材费	一层电视设备箱	台		1.000
10	主材费	二层电视设备箱	台		1.000
11	4-97	分配网络用户分支器分配器			3.000
12	主材费	二分支器	个		1.000
13	主材费	三分配器	个		2.000
14	4-100	楼栋放大器	个		1.000
15	主材费	放大器	个		1.000
16	4-110	用户终端调试	点		6.000
17	4-112	调试楼栋放大器双向	个		1.000
18	借 4:11-35	焊接钢管敷设砖、混凝土结构暗配公称直径 20mm 以内	m	39.9 + 2.9 + 15.7 + 5.9	64.400
19	借 4:11-329	接线盒安装钢制接线盒暗装砖结构	个		6.000

① 定额编号 2-6，电视插座安装暗装，6 个。

② 主材费，电视插座。6 个

电视插座主材定额含量为 1.0200 个，电视插座主材数量为 1.0200×6 = 6.12 个。

③ 定额编号 2-21，视频同轴电缆敷设管/暗槽内穿放 Φ9 以内，74.4m。

同轴电缆长度为 49.4 + 25 = 74.4m。

④ 主材费，同轴电缆 Φ5，75.89m。

同轴电缆定额主材含量为 1.02m，电缆长度为 1.0200×74.4 = 75.89m。

⑤ 定额编号 2-76，同轴电缆接头 F 型，10 个。

同轴电缆与放大器、分支器、分配器连接要使用 F 型同轴电缆接头。

6 个电视插座接在分配器上，要用 6 个 F 型同轴电缆接头。

2 个分配器接在 1 个二分支器上，同轴电缆两端都要做接头，2 条缆 4 个头。

二分支器接在放大器上，1 条缆 2 个头。

F 型同轴电缆接头共 6 + 4 + 2 = 10 个。

⑥ 主材费，同轴电缆接头 F 型 Φ5，10.1 个。

⑦ 主材费，终端电阻，1.01 个。

⑧ 定额编号 4-1，电视设备箱，2 台。

⑨ 主材费，一层电视设备箱，1 台。

⑩ 主材费，二层电视设备箱，1 台。

⑪ 定额编号 4-97，分配网络用户分支器分配器，3 个。

系统图中有 1 个二分支器，2 个三分配器，执行同一个定额子目，数量 3 个。

定额编号 13-24，电视信号系统前端设备放大器，1 个。

⑫ 主材费，二分支器，1 个。

⑬ 主材费，三分配器，2 个。

⑭ 定额编号 4-100，楼栋放大器，1 个。

定额第四章有两个放大器安装子目，一个是线路放大器，一个是楼栋放大器，楼栋放大器是分配网络中使用的，建筑物中的电视系统是属于整个有线电视系统中的分配部分，执行楼栋放大器定额子目。

⑮ 主材费，放大器，1 个。

⑯ 定额编号 4-110，用户终端调试，6 个。

⑰ 定额编号 4-112，调试楼栋放大器双向，1 个。

⑱ 定额编号借 4:11-35，焊接钢管敷设砖、混凝土结构暗配公称直径 20mm 以内，64.4m。

钢管总长为 39.9 ＋ 2.9 ＋ 15.7 ＋ 5.9 ＝ 64.4m。

⑲ 定额编号，借 4:11-329，接线盒安装钢制接线盒暗装砖结构，6 个。

（3）综合布线工程

图 3-6-4 中，网线由外线网络引来，使用 10 根非屏蔽 5 类 4 对双绞线电缆，也是埋地引入，进入配线设备，距地 1.4m。在一层只有 2 个信息端口 TD，有 2 条双绞线电缆穿管敷设，与插座的施工方法相同。只作一个综合布线工程的预算价计算表，见表 5-2-7，说明综合布线工程定额的使用方法。

综合布线工程预算价计算表　　　　　　　　　　　　表 5-2-7

序号	定额编号	定额工程项目	单位	计算公式	数量
1	2-7	双绞线缆敷设管/暗槽内穿放 4 对以内	m		27.000
2	主材费	4 对双绞线电缆	m	1.0500×27	28.350
3	2-50	8 位模块式信息插座安装单口	个		2.000
4	主材费	信息插座单口	个	1.0200×2	2.040
5	2-75	接头制作 RJ45、RJ11 接头	个		2.000
6	主材费	RJ45 接头	个	1.0100×2	2.020
7	2-78	4 对双绞线缆链路测试	链路		2.000
8	借 4:11-329	接线箱安装暗装接线箱半周长 300mm 以内	个		1.000

① 定额编号 2-7，双绞线缆敷设管/暗槽内穿放 4 对以内，27m。

穿线长度估算长度约 27m。

② 主材费，4 对双绞线电缆，27.41m。

定额主材含量为 1.05m，电缆长度为 1.0500×27 ＝ 28.35m。

③ 定额编号 2-50，8 位模块式信息插座安装单口，2 个。

④ 主材费，信息插座单口，2.040 个。

定额主材含量为 1.0200 个，主材量为 1.0200×2 ＝ 2.040 个。

⑤ 定额编号 2-75，接头制作 RJ45、RJ11 接头，2 个。

管内的双绞线缆一端接在 8 位模块式信息插座上，另一端要接在接线箱里的接线端上，接线端上也使用信息插座连接，电缆端要安装 RJ45 接头，两条缆用 2 个接头。

⑥ 主材费，RJ45 接头，2.02 个。

定额主材含量为 1.0100 个，主材量为 1.0100×2 ＝ 2.020 个。

⑦ 定额编号 2-78，4 对双绞线缆链路测试，2 链路。

⑧ 定额编号借 4:11-329，接线箱安装暗装接线箱半周长 300mm 以内，1 个。

定额中机柜、机架安装只有嵌入式，本工程中只需要一个小空间，安装接线端，而且是嵌入式，只要装一个接线箱就可以了。

第三节 建筑设备自动化系统工程

本章适用于各种建筑设备，实现自动化控制的相关设备的安装工程。

1）本章包括：中央管理系统、通信网络控制设备、控制器、控制箱、第三方通信设备接口、传感器、电动调节阀执行机构、建筑设备自控化系统调试、建筑设备自控化系统试运行等 9 节 116 个子目。

2）本章定额不包含设备的支架、基座制作安装。

3）中央管理系统安装，有接口转换器、中央管理计算机、网络控制引擎和数据管理软件系统调试。计量单位"台"。

4）通信网络控制设备安装，有终端电阻，计量单位"个"；干线连接器、干线隔离扩充器、接口卡、分线器，计量单位"台"。

5）控制器安装

① 控制器（DDC）安装、接线及用户软件功能检测，按点数划分定额子目，另有每增加 10 点子目。

控制器（DDC）是一种工业计算机，也叫现场控制器（DCU），配有丰富控制软件与完善接口功能。直接数字控制器可以独立全自动运行，直接控制现场设备，又能组网接受中央计算机的统一控制与管理，是建筑设备自动化系统工程的基础设备。

② 远端模块，有 12 点、24 点两个子目。

③ 检测各种物理量的控制器，独立控制器、压差控制器、温度控制器、变风量控制器、房间空气压力控制器、联网型风机盘管调控器、气动输出模块、手操器。

这里的控制器是根据某个物理量的变化，做出相应调整动作的电器。

④ 水、电、气表远传设备：动力载波抄表集中器、集中式远程总线抄表采集器、集中式远程总线抄表主机、分散式远程总线抄表采集器、分散式远程总线抄表主机、多表采集智能终端（含控制）、读表器。

6）控制箱，有控制箱箱体安装，控制箱（柜）接线，按节点接线点数划分定额子目。

7）第三方通信设备接口。接口是被控设备预留出，与控制系统连接的接入点。

① 电梯、冷水机组、智能配电设备、柴油发电机组接口，按接口数划分定额子目。另有每增加 10 点子目。

② 其他接口，有 8 点以内和每增 4 点，两个子目。

8）传感器。传感器是把被测量转换成系统所需的电量，变送器是把设备电量转换成系统所需的电量，供系统采集，完成自动化过程控制。要完成建筑设备自动化，需要在建筑内安装大量各种不同的传感器，根据传感器反馈的被测量变化，完成设备自动化控制。

① 温、湿度传感器，有风管式、室内壁挂式、室外壁挂式，分温度传感器、湿度传感器、温度湿度传感器。另有侵入式湿度传感器，分普通型、本安型、隔爆型。计量单位"支"。

② 压力传感器，有水道压力传感器、水道压差传感器、液体流量开关、空气压差、静压压差变送器、风管式静压变送器。

③ 电量变送器，有电流变送器、低压变送器、有功功率变送器、无功功率变送器、功率因数变送器、相位角变送器、有功电度变送器、无功电度变送器、频率变送器、电压 / 频率变送器。

9）其他传感器及变送器，有风道式空气质量传感器、室内壁挂式空气质量传感器、风道式烟感探测器、风道式气体探测器、室内壁挂式空气传感器、防霜冻开关、风速传感器、液位开关、静压液位变送器普通型、静压液位变送器本安型、静压液位变送器隔爆型、液位计普通型、液位计本安型、液位计隔爆型。

电动窗帘安装。

10）流量计，有电磁流量计、涡街流量计、超声波流量计、弯管流量计、转子流量计、远传冷 / 热水表、远传脉冲电表、远传煤气表、远传冷 / 热量表。

11）电动调节阀执行机构安装

电动二通调节阀、电动三通调节阀、电动蝶阀，按管径划分定额子目。另有电动风阀子目。

12）建筑设备自控化系统调试，按系统 I/O 点数划分定额子目。计量单位"系统"。

13）建筑设备自控化系统试运行，按系统 I/O 点数划分定额子目。计量单位"系统"。

建筑设备自控化系统试运行，是在系统不间断运行 120h 条件下编制的。

第四节 有线电视、卫星接收系统工程

本章定额适用于有线电视公司，共用天线、卫星电视、有线电视相关设备安装工程。主要是前端设备、外线工程。

1）本章包括：共用天线、电视墙、前端射频设备、卫星电视接收设备、光端设备、有线电视系统管理设备、播控设备、干线设备、分配网络、终端调试等 10 节 112 个子目。

2）本章定额适用于有线广播电视、卫星电视、闭路电视系统设备安装调试工程。

3）有线电视系统所涉及的计算机网络系统，执行第一章计算机应用、网络系统工程，相应定额子目。

4）视频线缆敷设、接头制作、前端机柜、用户终端安装，执行第二章综合布线系统

工程，相应定额子目。

5）共用天线

① 电视设备箱，计量单位"台"。空箱。

② 天线桅杆安装，分 10m、15m，计量单位"副"。

③ 电视接收天线安装、调试，计量单位"副"。

6）电视墙，有电视机，计量单位"台"。电视墙架 12 台、24 台，计量单位"套"。

7）前端射频设备安装及调试，邻频前端 12 个频道、每增 1 个频道，计量单位"个"。电视解调器固定频道、捷变频道，中频调制器，捷变频调制器有中频输出、无中频输出，卫星接收调制一体机，前端混合器 16 路，计量单位"套"。

8）卫星电视接收设备安装，有解码器（解压器）、数字信号转换器、制式转换器、卫星信号放大器、功分器，计量单位"台"。

9）光端设备安装、调试。模拟光发射机分不带网管功能、带网管功能，又分为直接调制和外调制。反向光接收机分不带网管、带网管。FM 光发射机、数字光发射机、光分路器。计量单位"台"。

10）有线电视系统管理设备安装

① 管理设备，有寻址控制器、视频加密器、数据调制器、数据分支器、数据控制器、数据解调器、网络收费管理控制器、网管头端控制器、网管通信控制器、网管应答器、收费管理系统测试、网络管理系统测试。计量单位"台"。

② 前端广播设备，FM 调制器单频点和捷变频、调频解调器、DAB 调制器。计量单位"台"。

11）播控设备安装、调试

① 播控设备。控制台，按播控台长度划分定额子目。计量单位"台"。

控制设备有：电源自控器、时钟控制器、电平循环监测报警器、台标发生器、时标发生器、字幕叠加器、时钟校正器、画中画播出器。

② 数字电视设备安装、调试，有编码器、QAM 调制器、复用器、节目管理控制器、CA 加密器、加扰器、数字调制器、集中控制器。

网络管理设备安装、调试，有信号处理器、报警控制器。

12）干线设备

① 干线设备安装、单体调试，室外光接收机地面安装、架空安装，光放大器室内、室外，室外线路放大器地面安装、架空安装，室内线路放大器，室外供电器地面安装、电杆上安装，室内供电器，室外无源器件地面安装、架空安装，室内无源器件。

② 干线设备调试，调试光接收机分单向、双向，有地面、架空、室内安装。调试放大器分单向、双向，有地面、架空。调试光放大器。调试供电器分为 10 台以内放大器供电、为 10 台以外放大器供电，有地面、电杆上。

13）分配网络，有用户分支器、分配器，均衡器、衰减器，混合器，楼栋放大器，可寻址终端控制器安装、调试（有源传输）按路数，无源传输，交互式分配设备安装、调试分频段分路器、噪声抑制器、窗口滤波器、窗口陷波器。

14）终端调试，用户终端，计量单位"点"。调试楼栋放大器分单向、双向。

本章定额的主要项目，都是专业有线电视公司进行施工，一般建筑物内能涉及的只有：分配网络中的用户分支器、分配器，楼栋放大器，用户终端调试，调试楼栋放大器，还有第二章综合布线系统工程中的同轴电缆敷设、接头制作、用户插座安装。

第五节　音频、视频系统工程

本章定额适用于各种专业音、视频系统设备安装工程。

（1）本章包括：扩声系统设备安装、调试、试运行，背景音乐，公共广播系统设备安装、调试、试运行，视频系统设备安装、调试、试运行，调光系统设备安装、调试、试运行等9节287个子目。

（2）本章定额的适用范围包括：各种公共建筑设施中的报告厅、法庭、会议室、教室、多功能厅、音乐厅、剧场、体育场馆的扩声系统、多媒体系统、灯光控制系统、集中控制系统工程及民航机场、火车站、宾馆、会展中心、城市广场、居民小区、公园中的服务性广播（背景音乐、寻呼广播）、业务性广播（生产调度指挥）系统等工程。

（3）本章定额不包括设备固定架、支架的制作、安装。

（4）扩声系统设备

扩声系统的用途是把声音放大、传输出去，让更多的人听到，由信号源、扩音器、扬声器三部分组成。

①信号源设备安装有：传声器（话筒）（动圈、电容、驻极体）、无线传声器、多通道无线传声器、卡座（磁带）、CD机、VCD/DVD、DJ搓盘机、MP3播放机、跳线盘24路内外、舞台接口箱。

②调音台安装，自动混音台分4路、8路，调音台按通道数＋分类通道数划分定额子目。

③周边设备安装，均衡器有单31段、双31段（15段）、参数均衡器，压限器有单路压/限（含噪声门）、双路压/限（含噪声门）、四路压/限，延时器有1进2出和2进6出，滤波器有单通道1×24和双通道2×24，反馈抑制器有Ⅰ型、Ⅱ型、Ⅲ型，数字音频处理器有2×2、4×6、4×8，网络数字音频界面有16×16、8×8，网络音频媒体矩阵32×32、256×256，还有分配器、切换器、效果器、二分频器、三分频器、激励器、硬件音频媒体矩阵。

调音台和周边设备是改善音响效果的设备。

④音频跳线制作安装、插头插座制作，音频跳线制作、安装，计量单位"根"。主材按实际长度。卡侬插头（话筒插头）制作、大三芯插头制作、卡侬插座制作。计量单位"个"。

⑤功率放大器安装，有功率放大器和DSP处理功放，计量单位"台"。功率放大器定额不分种类、功率大小，只有一个子目。

⑥扬声器安装，分摆放式、壁挂或吊装，按重量划分定额子目。天花板扬声器，按安装孔直径划分定额子目。音柱，分号筒和号角，按重量划分定额子目。还有球形扬声器、可寻址音箱（带解码器）、网络化IP音箱（带网络接口）、防爆音箱、线列阵扬声器系统、相控阵扬声器系统、园林草地扬声器安装。

⑦电源安装，有时序电源控制器、交流稳压电源分5kV·A以内、以外。

⑧会议主要设备安装，有会议主控机、主席机或代表机分移动型、嵌入型、表决单元、多种语言译员机、译员话筒、耳机、红外发射机、红外辐射机、红外接收机、红外接收机充电器、电子通道选择器、发卡主机、发卡器、读卡器、席位扩展单元、会议专用主控 PC 机、音频媒体接口机。

（5）扩声系统调试，有设备使用功能数，系统调试分语言、多功能、音乐。计量单位"个"。

（6）扩声系统试运行，按语言、多功能、音乐。计量单位"系统"。

（7）背景音乐，公共广播系统设备安装，有 AM/FM 数字调谐器、数控网络广播调谐器、电话耦合器、建议寻呼台站分区数 10 个以内、编程寻呼台站分区数 10 个以上、模块、多功能模块、节目定时控制器、编程控制器、混音器、广播切换器、负载切换器、多音源音制器、有源音控器、主电源控制器、紧急电源（充电器）、镍氢（镉）电池组 24V/7A.h、24V 直流电源控制器、监听器、机柜通风散热装置、广播接线箱、线路故障检测盘、分区器、一体化广播简易主机、分区寻址广播主机、嵌入式智能化广播主机、网络化广播主机、数控网络广播控制器、网络广播信号选择分配器、网络广播音频处理器、远程呼叫站控制器、数控网络广播终端、数控网络广播线路分配器、数控网络广播线路分支器、数控网络广播线路中继放大器、RS232–RS485 信号转换器、数控网络广播电源管理器、寻呼矩阵控制器、输入/输出接口机 8 路和 16 路、带紧急呼叫的客房电源集控器、强插器、突发公共事件接口设备。

（8）公共广播系统设备调试

①应备功能调试，分三级系统、二级系统、一级系统。计量单位"系统"。

②分区试响，按扬声器数量 10 台以内、50 台以内、每增加 5 台。计量单位"系统"。

③分区电声性能测量，有应备升压级测量、室内声场均匀度测量、室内传输频率特性测量、系统设备信噪比测量、扩声系统语言传输指数测量、漏出声衰减测量，计量单位"系统"。

④分区电声性能指标调试，分三级系统、二级系统、一级系统。计量单位"系统"。

（9）公共广播系统设备试运行，计量单位"系统"。

（10）视频系统设备

①信号采集设备安装，有投影仪、幻灯机、展示台、电子白板分便携式、后投影式、前投影式、等离子式、普通，流媒体会议直播机、流媒体课程直录/播机。

②信号处理设备安装，有视/音频（AV）矩阵、VGA 矩阵、混合矩阵（VGA+Audio），分为 4×4、8×4、8×8；视/音频分配放大器、VGA 分配放大器，分为 1×4、1×8；视/音频切换器、VGA 切换器，分为 4×1、8×1。还有转换器、VGA 转 Audio（Audio 转 VGA）、扫描转换器（备线器）、视频和立体声（组合、分离）、数字特技机、模拟特技机、双绞线 VGA 转换器、多点控制 MCU（单元）、会议终端、融合器、3D 影响处理器、DVI\HDMI\RGB\UTP 矩阵转换器。

③显示设备安装，有摄像头彩色提词器、微机型彩色提词器、综合型平板提词器。计量单位"系统"。

④录编设备安装，有编辑录放机、录像机（放像机）、编辑控制器、高保真复制机、硬盘放像机、拖机型光盘拷贝机、非线性编辑机。

（11）视频系统设备调试、试运行，调试分信号通道数 20 个以内、每增 5 个，试运行，计量单位"系统"。

（12）调光系统设备安装、调试

1）调光台安装，模拟调光台、数字调光台、观众席调光台、调光控制模块安装，按路划分定额子目；住宅电气控制设备安装，分调光面板和多媒体面板。

2）电脑灯控制台，按路划分定额子目。

3）换色器控制台

① 控制台，有数字控制台、信号分配器、载波4路、载波8路。

② 网络设备，有灯光总服务器、4口编/解码器、8口编/解码器、信号放大器、8×2比较器、2×2比较器、离线编辑器。

③ 调光硅柜、箱安装，调光硅柜、箱、吊挂调光器，按路划分定额子目。

④ 效果器具安装，有烟雾机、干冰烟雾机、泡泡机、雨雪效果器、礼花炮、灯具机械臂。

⑤ 换色器安装，有换色器和专用灯具。

⑥ 专用线缆（带接头）安装，计量单位"条"。主材是成品电缆。

⑦ 灯光系统设备调试，控制设备调试，按台划分定额子目；调光设备调试，按路划分定额子目；计量单位"系统"。灯具设备调试，有舞台灯具、电脑灯具、追光灯具和其他设备。计量单位"个"。

⑧ 系统调试，计量单位"系统"。

⑨ 调光系统设备试运行，计量单位"系统"。

音频、视频系统工程比较专业，一般建筑中常遇到的只有公共广播系统相关内容。

第六节　安全防范系统工程

1. 安全防范系统定额内容及工程量计算规则

（1）本章定额包括：入侵探测设备，入侵报警控制器，入侵报警中心显示设备，入侵报警信号传输设备，出入口目标识别设备，出入口控制设备，出入口执行机构设备，巡更设备，监控摄像设备，视频控制设备，音频、视频及脉冲分配器，视频补偿器，视频传输设备，录像设备，显示设备，安全检查设备，停车场管理设备，安全防范分系统调试，安全防范系统工程试运行等19节共206个子目。

（2）入侵探测设备安装

① 入侵报警就是常说的防盗报警。入侵探测设备安装，是各种入侵探测器的安装。

② 入侵探测器的种类有开关型：门磁、窗磁开关分有线和无线型，紧急脚踏开关分有线和无线型，紧急手动开关分有线和无线型，无线传输报警按钮。

③ 物理量探测型：主动红外探测器（电影中的红外线网），成对安装；被动红外探测器，分有线和无线型；红外幕帘探测器（装在窗口）；多技术复合探测器，分吸顶和壁装；微波探测器，微波墙式探测器（对），超声波探测器，激光探测器（一收、一发），玻璃破碎探测器，振动探测器，驻波探测器，感应探测器，泄漏电缆控制器（不含电缆），感应式控制器，振动电缆控制器，电子围栏控制器，无线报警探测器、报警声音复合装置（声音探头），探测器支架安装。

④ 注意：所有探测器安装都执行探测器支架安装定额子目，不再执行金属支架相应子目。

（3）入侵报警控制器安装，用来连接各种入侵探测器，接受报警信号。

多线制报警控制器、总线制报警控制器、地址模块、有线对讲机，按路数划分定额子目。计量单位"套"。

用户机，装在用户室内。

（4）入侵报警中心显示设备安装，是警灯、警铃、警号的安装。计量单位"套"。

（5）入侵报警信号传输设备安装，用来连接公安派出机构。

① 有线报警信号前端传输设备，有电话线传输发送器、电源线传输发送器、专线传输发送器、网络传输接口、联动通信接口。

② 报警信号接收机，有专线传输接收机、电话线接收机、电源线接收机、共用天线信号接收机、无线门磁开关接收器。

③ 无线报警发送、接收设备，有发送设备 5W 以下和 5W 以上，无线报警接收设备。

（6）出入口目标识别设备安装

① 出入口目标识别设备、出入口控制设备，出入口执行机构设备，安装在限制人员进入的通道口。是各种门禁、对讲门铃的安装。

② 出入口目标识别设备，有读卡器分不带键盘和带键盘，人体生物特征识别分采集器和识别器，密码键盘。

（7）出入口控制设备安装，门禁控制器，按门数划分定额子目。

（8）出入口执行机构设备安装，有电控锁、电磁吸力锁、电子密码锁、户内机、主机户口机、自动闭门器。

（9）巡更设备安装，有信息钮和通信座。是保安巡逻点设备的安装。

监控摄像设备安装，工程量按设计图示数量计算。含摄像机、镜头、防护罩、支架、云台、电源的安装。

（10）监控摄像设备

1）摄像设备安装是各种摄像机安装。

有彩色／黑白摄像机、半球型摄像机、球型摄像机分室内和室外、微型摄像机、医用显微摄像机、室内外云台摄像机、高速智能球型摄像机、微光摄像机、红外光源摄像机、X 光摄像机、水下摄像机。

2）镜头安装

① 彩色／黑白摄像机是没有镜头的，需另行配置。

② 有定焦距分手动光圈镜头、自动光圈镜头，变焦变倍分电动光圈镜头、自动光圈镜头，摄像机小孔镜头分明装、暗装。

3）辅助机械设备安装

① 摄像机防护罩，配合彩色／黑白摄像机使用，有普通型、密封型、全天候、防爆。

② 摄像机支架，有壁式、悬挂式、立式。每台摄像机安装，都要执行本定额子目。

③ 摄像机云台，按重量划分定额子目。云台控制器、照明灯（含红外灯）。

④ 摄像机安装的顺序：先在结构上安装支架，在支架上装云台，在摄像机上装上合适的镜头，把摄像机装在防护罩上，把装有摄像机的防护罩装在云台上。

⑤ 控制台和监视器柜架，有单联控制台机架、双联控制台机架、监视器柜、监视器吊架。

4）电源，摄像机有两种供电方式，一种是摄像机自带电源转换器，只需要在摄像机安装位置，准备交流电源插座；另一种是控制台直接供电。直流电源安装，是指自带电源转换器的情况。

（11）视频控制设备

① 视频控制设备安装，有视频切换器、微机矩阵切换设备，按路数划分定额子目。

② 多画面分割设备安装，多画面分割器（合成器），按画面数划分定额子目。

（12）音频、视频及脉冲分配器，按路数划分定额子目。

（13）视频补偿器安装，按通道数划分定额子目。

（14）视频传输设备安装

① 视频传输设备，有多路遥控发射设备、接收设备、光端机、编码器、解码器。

② 双绞线视频传输系统，有发送器和接收器。双绞线电缆即网线。数字监控系统。设备间跳线执行第二章综合布线系统工程相应定额子目。

（15）录像设备安装，有不带编辑机、带编辑机、时滞录像机、磁带录像机。录像机现在已不使用。

系统用数字存储设备，安装、调试执行第一章计算机应用、网络系统工程相应定额子目。

（16）显示设备安装

① 显示器，分摆放、壁挂或悬挂，按尺寸划分定额子目。

② 投影机，分摆放、吊装，按亮度划分定额子目。

③ 硬质银幕、方幕，按尺寸划分定额子目。

④ 卷帘屏幕，分室内、4：3、16：9，按尺寸划分定额子目。

⑤ 背投拼接箱，按尺寸划分定额子目。拼接控制器，按屏幕数划分定额子目。拼接卡，计量单位"个"。

⑥ LED 显示屏（壁挂、吊装），分室内和室外，全彩、双基色。计量单位"m^2"。

（17）安全检查设备安装，是机场、车站行李检查设备。

① X 射线安全检查设备，分单通道和双通道。

② X 射线安全检查设备数据管理系统，按通道数划分定额子目。

③ X 射线探测设备，有便携式、台式、通过式、车载式、集装箱式。金属探测门。

（18）停车场管理设备

1）停车场管理设备安装、单体调试

① 车辆检测设备，环形线圈车辆检测器，分单通道和双通道。车位检测器。

② 出入口管理设备，有车道控制机、终端显示器、专用键盘、电动栏杆、手动栏杆、费用显示及报价器、收据打印机、纸质磁条通行卷写/读机、非接触式 IC 卡读写器、自动收发卡机、远距离读卡机、红外车辆识别装置、车辆牌照识别装置。

2）信息发布设备安装、调试

① 显示设备，小型信息标志板。

② 停车场管理软件。

（19）安全防范分系统调试

① 入侵报警系统，分 30 点以内和每增 5 个点。计量单位"系统"。

② 电视监控系统，分摄像机 50 台以内和每增 10 台。计量单位"系统"。

③电子巡查系统，分20点以内和每增5个点。计量单位"系统"。

④出入口控制系统，按门数划分定额子目。计量单位"系统"。

⑤停车场管理系统，每1个出入口。计量单位"系统"。

（20）安全防范系统工程试运行，计量单位"系统"。

（21）安全防范全系统调试人工费和仪器仪表费分别按相关分系统调试中的人工费和仪器仪表费的35%计算。

2. 定额应用举例

图3-6-5中的饭店闭路监控电视系统，管线盒的施工与照明线路相同，这里把设备表中与本节有关的内容，作一个监控电视系统工程的预算价计算表，见表5-6-1，说明监控电视系统工程定额的使用方法。

监控电视系统工程预算价计算表 表5-6-1

序号	定额编号	定额工程项目	单位	计算公式	数量
1	6-77	半球型摄像机	台		40.000
2	主材费	半球型定焦摄像机	台		36.000
3	主材费	半球型全方位摄像机	台		4.000
4	6-80	微型摄像机	台		12.000
5	主材费	针孔摄像机	台		12.000
6	6-116	视频切换设备安装微机矩阵切换设备≤64路	台		1.000
7	主材费	矩阵控制器	台		1.000
8	6-121	多画面分割设备安装多画面分割器16画面	台		1.000
9	主材费	16画面分割器	台		1.000
10	6-137	录像设备安装时滞录像机	台		2.000
11	主材费	时滞录像机	台		2.000
12	6-139	显示设备安装显示器摆放≤50″	台		9.000
13	主材费	显示器14″	台		8.000
14	主材费	显示器19″	台		1.000
15	6-197	安全防范分系统调试电视监控系统摄像机≤50台	系统		1.000
16	6-198	安全防范分系统调试电视监控系统每增10台	系统		1.000
17	6-206	安全防范系统工程试运行	系统		1.000

①定额编号6-77，半球型摄像机，40台。

设备表中有半球型定焦摄像机36台，半球型全方位摄像机4台，执行半球型摄像机定额子目，40台。

②主材费，半球型定焦摄像机，36台。

③主材费，半球型全方位摄像机，4台。

④定额编号6-80，微型摄像机，12台。

设备表中有针孔摄像机12台，执行微型型摄像机定额子目，12台。

⑤主材费，针孔摄像机，12台。

⑥定额编号6-116，视频切换设备安装微机矩阵切换设备≤64路，1台。

设备表中有矩阵控制器，共控制52台摄像机，执行视频切换设备安装微机矩阵切换设备≤64路定额子目，1台。

⑦主材费，矩阵控制器，1台。

⑧定额编号6-121，多画面分割设备安装多画面分割器16画面，1台。

设备表中有16画面分割器，执行多画面分割设备安装多画面分割器16画面定额子目，1台。

⑨主材费，16画面分割器，1台。

⑩定额编号6-137，录像设备安装时滞录像机，2台。

设备表中有时滞录像机，执行录像设备安装时滞录像机定额子目，2台。

⑪主材费，时滞录像机，2台。

⑫定额编号6-139，显示设备安装显示器摆放≤50″，9台。

设备表中有8台14″显示器，1台19″显示器，执行显示设备安装显示器摆放≤50″定额子目，9台。

⑬主材费，显示器14″，8台。

⑭主材费，显示器19″，1台。

⑮定额编号6-197，安全防范分系统调试电视监控系统摄像机≤50台，1系统。

设备表中有52台摄像机，执行安全防范分系统调试电视监控系统摄像机≤50台定额子目，1系统。

⑯定额编号6-198，安全防范分系统调试电视监控系统每增10台，1系统。

超出的2台摄像机，执行安全防范分系统调试电视监控系统每增10台定额子目，1系统。

⑰定额编号6-206，安全防范系统工程试运行，1系统。

整个系统要做试运行。

由于没有具体安装位置信息，这里没有做摄像机支架相应项目。

第六章　消防工程定额

一、第九册《消防工程》（以下简称本定额）适用于工业与民用建筑项目中的消防工程。

二、下列内容执行其他册相应定额：

1. 电缆敷设、桥架安装、配管配线、接线盒、动力、应急照明控制设备、电动机检查接线、防雷接地装置等安装，均执行第四册《电气设备安装工程》相应项目。

2. 本定额设备安装未包括基础浇注及二次灌浆，基础浇注执行第一部分《房屋建筑与装饰工程预算定额》相应项目；二次灌浆执行第三册《静置设备与工艺金属结构制作安装工程》相应项目。

三、第九册《消防工程》，是水电合用的定额。

1. 前三章是灭火系统，第一章是水灭火系统，是一般建筑常用灭火系统，有水喷淋系统、室内外消火栓系统、消防水炮。

2. 第二章是气体灭火系统，用于不能使用水灭火的场所，如变配电室。

3. 第三章是泡沫灭火系统，最适宜扑救汽油、柴油等液体火灾

4. 第四章是火灾自动报警系统，是电气施工的主要内容。

5. 第五章是消防系统调试，第一节是自动报警系统调试，第二节是水灭火控制装置调试，第三节是防火控制装置调试，第四节是气体灭火系统控制装置调试。其中第一节、第三节是电气施工的内容。

第一节　火灾自动报警系统

1. 本章包括：点型探测器、线型探测器、按钮、消防警铃、声光报警器、空气采样型探测器、消防报警电话插孔、消防广播、模块（模块箱）、区域报警控制箱、联动控制箱、远程控制箱（柜）、火灾报警系统控制主机、联动控制主机、消防广播及对讲电话主机（柜）、火灾报警控制微机（CRT）、备用电源及电池主机柜、报警联动一体机等17节70个字目。

2. 本章安装定额中均包括以下工作内容：

① 设备和箱、机及元件的搬运，开箱检查，清点，杂物回收，安装就位，接地，密封，箱、机内的校线、接线、压接端头（挂锡）、编码，测试、清洗，记录整理等。

② 本体调试。

3. 本章不包括以下工作内容：

① 设备支架、底座、基础的制作安装。

② 构件加工、制作。

③ 事故照明及疏散指示装置安装。

④ 消防系统应用软件开发。

⑤ 火警 119 直拨外线电话。

4. 自动报警系统包括各种探测器、报警器、报警按钮、报警控制器、消防广播、声光消防电话分机及电话插孔等组成的报警系统。灭火系统联动控制装置包括消火栓、自动喷水、七氟丙烷、二氧化碳等固定灭火系统的控制装置。

5. 点型探测器安装

① 感烟探测器，烟是发生火灾最早的信号，工程中 90% 安装的都是感烟探测器。

② 感温探测器、火焰探测器，用于不适合使用感烟探测器的场合，如靠近通风口的场所，使用感温探测器，现场有起火不冒烟的可燃物，如汽油，要使用火焰探测器。

③ 可燃气体探测器，用于有可燃气体泄漏可能的场所，如使用燃气的厨房。

④ 红外光束（对），原理也是感烟式，一端是发射端，另一端是接收端，用于高大空间中产生烟雾的探测。

6. 线型探测器安装，有线型探测器，计量单位"m"，线型探测器信号转换装置，计量单位"台"，报警终端电阻，计量单位"个"。

线型探测器用于大长度物体的温度监测，防止温升过高引发火灾，如运行中的电缆，输送煤炭的传送带。

7. 按钮安装，有火灾报警按钮，安装在公共通道内；消火栓报警按钮，安装在消火栓箱内，有两个作用，报警和启动消防水泵。

手动报警按钮上经常带有电话插孔，这时要执行火灾报警按钮子目，不能执行电话插孔子目。

8. 消防警铃、声光报警器，发生火灾报警时，提示群众警醒撤离。闪灯执行声光报警器安装定额子目。

9. 空气采样型探测器安装，空气采样管，计量单位"m"；极早期空气采样报警器，按路划分定额子目，计量单位"台"。空气采样感烟探测器，计量单位"个"。

10. 消防报警电话插孔（电话）安装，有电话分机和电话插孔，计量单位"个"。

建筑物内无线通信设备的通信效果会受影响，为保障信息通道畅通，要使用有线传输手段，安装专用电话系统。

11. 消防广播（扬声器）安装，有扬声器分吸顶式和壁挂式，还有音量调节器。

12. 模块（模块箱）安装，模块有单输入、多输入、单输出、多输出、单输入单输出、多输入多输出。

① 短路隔离器安装执行多输入多数出模块安装定额子目。

② 模块也叫地址模块，总线制消防系统中的专用器件，都带有计算机芯片，带有地址识别功能，而常规设备不具有这个功能，要想接入总线制消防系统中使用，必须使用地址模块转接。

③ 输入模块也称为信号模块，是向报警控制器发出相应的信号。

④ 输出模块也称为控制模块，是联动控制器通过它完成对设备的控制动作。

⑤ 模块箱，模块有两种安装方法，一种装在接线盒上，另一种装在模块箱里，一个模块箱了可以装多个模块。

⑥ 消防端子箱，总线制消防系统连接器件只需要两根导线，连接方式与照明线路中灯具的相同，也会有分支线路，分支接线在消防端子箱里连接。

13. 区域报警控制箱安装，报警控制箱（壁挂），按点数划分定额子目，点数在500点以内；报警控制箱（落地），500点以上。

报警控制器接收探测器发出的报警信号，提示值班人员进行相应处理。报警控制箱（壁挂）一般装在每层楼道里。大型楼宇里器件数量很大，需要在每个楼层安装区域报警控制箱，连接成大系统，接到火灾报警系统控制主机。

点数，就是带地址器件的个数。

14. 联动控制箱安装，壁挂式分256点以内和500点以内，落地式500点以上。

联动控制器是对灭火系统发出动作指令，指挥灭火。与报警控制器配合，接收到火灾报警信号，立即启动灭火系统，如启动消防水泵，启动火灾广播和警铃报警。

15. 远程控制箱（柜）安装，有远程控制箱分3路以内和5路以内，用于多座建筑联网控制。重复显示器，放在楼道里，显示报警情况的液晶显示屏。

16. 火灾报警系统控制主机安装，有壁挂式和落地式，按点划分定额子目，计量单位"台"。

火灾报警系统控制主机安装在火灾报警控制中心，所有区域报警控制箱都连接到火灾报警系统控制主机。

17. 联动控制主机安装，落地安装，按点划分定额子目，计量单位"台"。

联动控制主机与火灾报警系统控制主机配合，完成楼宇的火灾报警和灭火工作。

18. 消防广播及对讲电话主机（柜）安装

① 消防广播有消防广播控制柜、广播功率放大器、广播音源、矩阵、话筒、广播分配器。

② 对讲电话主机安装，按路划分定额子目，计量单位"台"。

19. 火灾报警控制微机（CRT）安装，是火灾报警控制微机、图形显示及打印终端。

20. 备用电源及电池主机（柜）安装，计量单位"台"。

火灾报警工作电源是直流电，发生火灾后，交流电源会损坏切断，需要用蓄电池做备用电源。

21. 报警联动一体机安装，落地安装，按点划分定额子目，计量单位"台"。

随着科技的发展，现在的机器一般都是报警联动一体机。不需要分别安装两台机器。

22. 安装定额中箱、机是以成套装置编制的；柜式及琴台式均执行落式安装相应项目。

第二节 消防系统调试

1. 本章包括：自动报警系统调试、水灭火控制装置调试、防火控制装置调试、气体灭火系统装置调试等4节23个子目。

2. 系统调试是指消防报警和灭火系统安装完毕且联通，并达到国家有关消防施工验收规范、标准，进行的全系统检测、调整和试验。

3. 自动报警系统包括各种探测器、报警器、报警按钮、报警控制器、消防广播、消防电话分机及电话插孔等组成的报警系统。

4．自动报警系统调试，按点数划分定额子目，计量单位"系统"。

5．水灭火控制装置调试，自动喷水灭火系统调试按水流指示器数量计算；消火栓灭火系统按消火栓启泵按钮数量计算；消防水炮控制装置系统调试按水炮数量计算。

6．防火控制装置调试，有防火卷帘门、电动防火门（窗）、电动防火阀、电动排烟阀、电动正压送风阀、切断非消防电源调试、消防风机调试、消防水泵调试、消防电梯调试、一般客用电梯调试。定额中已包含模块调试。

① 防火控制装置由联动控制机，通过模块控制。

② 防火卷帘门、电动防火门（窗），是防火分区做防火隔离用。

③ 电动防火阀、电动排烟阀、电动正压送风阀、消防风机，是通风系统与消防系统配合动作的器件。

④ 消防水泵，高层建筑消防用水是消防水泵提供。

⑤ 切断非消防电源调试，发生火灾时，建筑物内电源都要切断，防止发生触电事故。除了为消防设施供电的电源。

⑥ 消防电梯调试、一般客用电梯调试，一栋楼内的电梯，发生火灾时，要有一台电梯作为消防电梯使用，发生火灾后，可以运行。其他电梯要停在首层并打开电梯门。

7．气体灭火系统装置调试，按试验容器规格（L）划分定额子目，计量单位"组"。

按调试、检验和验收所消耗的试验容器总数计算。

定额中不包括气体灭火系统调试试验时采取的安全措施，应另行计算。

第三节 火灾自动报警系统安装与调试定额应用举例

平面图 3-6-4 中消防控制线从消防中心引来同样是埋地引入建筑物，在建筑物内安装一台报警控制器，距地 1.4m。从报警控制器引出两路控制线，分别接一层和二层的火灾探测器，一层有 7 只感烟式火灾探测器，1 只可燃气体探测器，二层还有 5 只感烟式火灾探测器。

消防工程的管线盒施工与照明线路相同，这里只作消防器材安装的工程量统计和定额的使用，两步合起来作一个预算价计算表，见表 6-3-1。

消防工程预算价计算表

表 6-3-1

序号	定额编号	定额工程项目	单位	计算公式	数量
1	4-1	点型探测器安装感烟	个	7＋5	12.000
2	主材费	感烟式火灾探测器	个		12.000
3	4-5	点型探测器安装可燃气体	个		1.000
4	主材费	可燃气体探测器	个		1.000
5	4-9	按钮安装火灾报警按钮	个		1.000
6	主材费	火灾报警按钮	个		1.000
7	4-11	消防警铃安装	个		1.000

序号	定额编号	定额工程项目	单位	计算公式	数量
8	主材费	消防警铃	个		1.000
9	4–25	模块（模块箱）安装模块单输出	个		1.000
10	主材费	单输出模块	个		1.000
11	4–31	区域报警控制箱安装报警控制箱壁挂64点以内	台		1.000
12	主材费	报警控制器	台		1.000
13	5–1	自动报警系统调试64点以内	系统		1.000

① 定额编号4–1，点型探测器安装感烟，12个。

图中共有12个感烟式火灾探测器，1楼7个，2楼5个。

② 主材费，感烟式火灾探测器，12个。

③ 定额编号4–5，点型探测器安装可燃气体，1个。

1楼厨房有1个可燃气体探测器。

④ 主材费，可燃气体探测器，1个。

⑤ 定额编号4–9，按钮安装火灾报警按钮，1个。

1楼门厅装有1个火灾报警按钮。

⑥ 主材费，火灾报警按钮，1个。

⑦ 定额编号4–11，消防警铃安装，1个。

1楼门厅装有1个消防警铃。

⑧ 主材费，消防警铃，1个。

⑨ 定额编号4–25，模块（模块箱）安装模块单输出，1个。

1楼门厅装有1个消防警铃，需要1个单输出模块配合使用。

⑩ 主材费，单输出模块，1个。

⑪ 定额编号4–31，区域报警控制箱安装报警控制箱壁挂64点以内，1台。

楼内装一台带联动报警控制器，输出点数不多，执行区域报警控制箱安装报警控制箱壁挂64点以内定额子目，点数多的话要执行报警联动一体机安装落地500点以内定额子目。

⑫ 主材费，报警控制器，1台。

⑬ 定额编号5–1，自动报警系统调试64点以内，1系统。

第七章　其他册定额与费用计算

除了第四册、第五册、第九册三册常用的定额，还有三册相关的定额，简单介绍一下。

第一节　机械设备安装工程定额

（1）第一册《机械设备安装工程》包括起重设备、起重机轨道、输送设备、电梯、风机、泵、压缩机、其他机械安装。

（2）本定额除各章另有说明外，均包括下列工作内容：

① 基础修整、铲麻面、划线、定位、起重机具拆装、清洗、吊装、组装、连接、安放垫铁及地脚螺栓。

② 人字架、三脚架、环链手拉葫芦、滑轮组、钢丝绳等起重器具及其附件的领用、搬运、搭拆、退库等。

③ 设备本体连体的平台、梯子、栏杆、支架、屏盘、电机、安全罩以及设备本体第一个法兰以内的管道等安装。

④ 工种间交叉配合的停歇时间、临时移动水、电源时间，以及配合质量检查、交工验收、收尾结束等工作。

（3）本定额除各章另有说明外，均不包括下列工作内容，发生时应另行计算：

① 设备自设备仓库运至安装现场指定堆放地点的搬运工作。

② 因场地狭小，有障碍物（沟、坑）等所引起的设备、材料、机具等增加的二次搬运、装拆工作。

③ 设备构件、机件、零件、附件管道及阀门的加工、制作、焊接、煨弯、研磨以及测量、透视、探伤、强度试验等工作。

④ 特殊技术措施及大型临时设施以及大型设备安装所需的专用机具、专用垫铁、特殊垫铁（如螺栓调整垫铁、球形垫铁等）和地脚螺栓制作等费用。

⑤ 设备本体无负荷试运转所用的水、电、气、油、燃料等。

⑥ 负荷试运转、联合试运转、生产准备试运转。

⑦ 设计变更或超规范要求所需增加的费用。

⑧ 设备的拆装检查（或解体拆装）。

（4）起重设备安装

本章主要是各种室内起重机的安装，最后一节是起重设备电气装置，有各种起重机的电气安装内容。定额按起重量（t 以内）划分定额子目，计量单位"台"。

（5）电梯安装

本章包括国产标准定型的各种客梯、货梯、病床梯、扶梯、自动步道、轮椅升降台等电梯的机械及电气部分的安装等共 10 节 108 个子目。

1）本章定额不包括下列内容：

① 电源线路及控制开关安装。

② 基础型钢和各种支架的制作。

③ 脚手架的搭拆。

④ 电梯喷漆。

⑤ 接地极与接地干线敷设。

⑥ 轿厢内的空调、冷热风机、闭路电视、步话机、音响设备。

⑦ 电梯群控集中监视系统以及模拟装置。

⑧ 电动发电机组的安装。

2）电梯安装，有交流电梯、直流电梯、小型杂货电梯、观光电梯、液压电梯，定额按层数、站数划分定额子目，计量单位"部"。

① 电梯设备紧固件及系统电线管及线槽、金属软管、管子配件、紧固件、电缆、电线、接线盒（箱）、荧光灯及其他附件、备件等，均是按设备带有编制的。

② 两部及两部以上并列运行及群控电梯，每部应增加调试工日：30 层以内增加 7 工日，50 层以内增加 9 工日，80 层以内增加 11 工日，100 层以内增加 13 工日，120 层以内增加 15 工日。

③ 本章定额是以室内地坪 ±0 以下为地坑（下缓冲）考虑的，如遇区间电梯地坑（下缓冲）在中间层时，其下部楼层垂直搬运工作另行计算。

④ 小型杂物电梯按载重量 0.2t 以内，无司机操作编制的，如其底盘面积 > 1m² 时，人工乘以系数 1.15；载重量大于 0.2t 的杂物电梯，则执行客货梯相应定额子目。

3）自动扶梯，定额按扶梯宽度划分定额子目，计量单位"部"。扶梯外饰面安装，计量单位"m²"。

自动扶梯定额按每部单节提升 6m 以内的成品设备编制的，每增加一节人工增加 30%，异形或重型扶梯人工增加 60%。

4）自动步行道，宽度 1m 以内，定额按长度划分定额子目，计量单位"部"。

自动步道按 6m 一节编制，每增加一节，人工工日增加 15%。

5）轮椅升降台安装，计量单位"部"。

6）增减厅门、轿厢门及提升高度

① 增减厅门，分客货梯、小型杂物梯，计量单位"个"。厅门是电梯井开在楼道里的门，正常每个楼层一个门，也有某楼层不停靠，就没有留门，还有两边楼道都开门。

② 增轿厢门，计量单位"个"。遇到两边楼道都开门时，轿厢两面都要有门。

③ 增加提升高度，计量单位"m"。

电梯安装的提升高度按平均层高 4m 以内考虑，如超过 4m 时，应按增加提升高度定额以"m"计算。注意是超过部分累加。

7）辅助设备，有金属门套安装、牛腿制作安装分槽钢和角钢、机器钢板底座制作分交流和直流、间隔梁制作安装。计量单位"套"。

第二节　自动化控制仪表安装工程

（1）第六册《自动化控制仪表安装工程》适用于工矿企业自动化控制装置及仪表的安

装调试工程。

（2）电气配管、线槽、桥架、电缆、电气设备、电气器件、接线箱、盒、电线、防雷与接地系统、凿槽、打洞（孔），执行第四册《电气设备安装工程》相应项目。

（3）工业电视执行第五册《建筑智能化工程》相应项目。

（4）过程检测仪表

① 本章包括温度仪表、压力仪表、流量仪表、物位检测仪表、显示仪表等5节116个子目。

② 这些仪表被称为热工仪表，仪表前端的测试部件，要装在管道上，属于管道安装的项目。接线和末端仪表显示器件安装属于电气安装。

（5）过程控制仪表

① 本章包括电动单元组合仪表、气动单元组合仪表、基地式调节仪表、组装式综合控制仪表等4节144个子目。

② 电动单元组合仪表、气动单元组合仪表的变送单元，要装在管道上，属于管道安装的项目。其他单元安装属于电气安装。

（6）执行仪表

① 本章包括执行机构、调节阀、自立式调节阀、执行仪表附件等4节36个子目。

② 气动、液动执行机构，管道上安装调节阀、电磁阀、自动式阀，属于管道安装的项目。电动执行机构、开关安装属于电气安装。

（7）机械量仪表

① 本章包括测厚测宽及金属检测装置、旋转机械检测仪表、称重及皮带跑偏检测装置等3节33个子目。

② 仪表需要机械设备安装工与电气安装配合。

（8）过程分析和物性检测仪表

① 本章包括过程分析仪表、物性检测仪表、特殊预处理装置、分析柜（室）及气象环保检测仪表等4节38个子目。

② 与管道相关的项目，属于管道安装的项目。其他安装属于电气安装。

（9）仪表回路模拟试验

① 本章包括检测回路模拟试验、调节回路模拟试验、报警连锁回路模拟试验、工业计算机回路模拟试验等4节19个子目。

② 本章包括以下工作内容：电气线路检查、绝缘电阻测定、导压管路和气源管路检查、系统静态模拟试验、排错及回路中仪表需要再次调试的工作。

③ 回路系统模拟试验定额，除各章另有说明外，不适用成套装置的系统调试。

④ 本章不包含仪表配合工艺单体试车的工作内容，若发生，另行计算。

（10）安全监测及报警装置

1）本章包括安全监测装置、远动装置、顺序控制装置、信号报警装置柜（箱）数据采集及巡回检测报警装置等6节52个子目。

2）本章工作内容：

① 远动装置：过程I/O点试验、信息处理、单元检查、基本功能（画面显示报警等）、设定功能测试、自检功能测试、打印、制表、遥测、遥控、遥信、遥调功能测试；以远动

装置为核心的被控与控制端及操作站监视、变换器及输出驱动继电器整套系统运行调试。

② 顺序控制中：联锁保护系统线路检查、设备元件检查调整；逻辑监控系统修改主令功能图、输入输出信号检查、功能检查排错。

③ 智能闪光报警装置：单元检查、功能检查、程序检查、自检、排错。

④ 火焰监测装置探头、检出器、灭火保护电路安装调试

⑤ 固定点火装置的电源、激磁、连接导线火花塞安装，自动点火系统顺序逻辑控制和报警系统安装调试。

⑥ 可燃气体报警和多点气体报警包括探头和报警器整体安装、调试。

⑦ 继电器箱、柜安装、固定、校接线、接地及接地电阻测定。

3）不包括的内容：

① 计算机机柜、台柜安装。

② 支架、支座制作安装。

③ 为运动装置、信号报警装置、顺序控制装置、数据采集、巡回检测报警装置提供输入输出信号的仪表安装调试。

④ 漏油检测装置排空管、溢流管安装、沟槽开挖、水泥盖板制作安装、流入管埋设。

⑤ 盘上安装仪表用螺栓按仪表自带考虑。

⑥ 继电器或组件柜、箱、机箱安装、检查及校接线内容适用于报警盘、点火盘或箱。

（11）工业计算机安装与调试

1）本章包括工业计算机机柜、台设备、工业计算机外部设备、过程控制计算机、生产、经验管理计算机、网络系统及设备联调、基础自动化装置调试、现场总线、专用线缆等 8 节 112 个子目。

2）本章工作内容：

① 工业计算机设备安装：开箱、设备元件检查、风机温控、电源部分检查、自检及校接线、外部设备功能测试、场地消磁、接地、安装检查记录等。

② 管理计算机调试：常规检查、输入输出通道检查；系统软件装载、复原调试；时钟调整和中断检查、功能检查处理、保护功能及可靠性、可维护性检查和综合检查、检查调试记录。此外还包括如下工作内容：

A. 生产、经营计算机系统、生产计划平衡、物料跟踪、生产实绩信息、调度指挥、仓库管理、技术信息、指令下达、管理优化及通讯功能等主程序及子程序运行、测试、排错；

B. 过程控制管理计算机系统：生产数据信息处理、数据库管理、生产过程监控、数学模型实现、生产实绩、故障自检及排障、质量保证、最优控制实现、与上级及基础自动化接口、通信功能等测试和实时运行、排错。

C. 基础自动化装置：硬件测试、常规检查、程序装载、组态内容或程序检查、应用功能检查、回路试验。可编程仪表包括安装。DCS、PLC通信网络系统可用及维护功能检查、系统环境功能调试、I/O 卡输入输出信号检查、调试。直接数字控制（DDC）输入输出功能转换、操作功能、回路试验等全部调试工作内容。

D. 现场总线控制系统：硬件测试、常规检查、程序装载、组态内容或程序检查、设定、排错、应用功能、通信功能检查、回路试验。此外，还包括总线仪表安装，总线仪表

按设计组态、设定；通信网络过程接口、总线服务器、网桥、总线电源、电源阻抗器安装和调整工作。

E. 专用线缆：系统电缆敷设带接头、揭盖地板、挂牌。

F. 屏蔽电缆头制作：AC、DC 接地线焊接、接地电阻测试、套线号。

3）不包括的内容：

① 支架、支座、基础安装与制作。

② 控制室空调、照明和防静电地板安装。

③ 软件生成或系统组态。

④ 设备因质量问题的修、配、改。

4）其他：

① 标准机柜尺寸（600～900）mm×80mm×（2100～2200）mm（宽×深×高），其他为非标准。

② 计算机系统应是合格的硬件和成熟的软件，对拆除再安装的旧设备应是完好的。

③ 工业计算机项目的设置适用多级控制，基础自动化作为第一级现场控制级；过程控制管理计算机作为多级控制的第二级监控级；生产、经营管理计算机作为第三、四级车间和工厂级。工程量计算按所带终端多少计算。终端是指智能设备，打印机、拷贝机等不作为终端。

④ 通用计算机安装是为 PC 机设置的，其安装方式不同于固定在底座或基础上的操作站和控制站，整套安装包括操作台柜、主机、键盘、显示器、打印机的运输、安装、校接线及功能调试工作。

⑤ 通信总线是基础自动化的主要组成部分，工程量计算以设备共享的通信网络为一套计算。范围包括通信系统所能覆盖的最大距离和通信网络所能连接的最大节点数。对于大规模 DCS 通信总线分为设备级总线和管理级总线，设备级总线为直接控制级总线，管理级总线为过程控制管理级总线，工程量计算应加以区分。

⑥ 现场总线控制系统的核心是现场总线。本章采用现场总线基金会（FF）的 FF 总线。现场总线 H1 为低速总线，H2 为高速总线。现场总线仪表是现场的节点设备，具有网络主站的能力，兼有 PID 等多种功能。除此之外凡可挂在现场总线并与之通信的智能仪表，也可以作为总线仪表。

⑦ 直接数字控制系统是根据各个被控变量的给定值和测量的数值按一定的算法直接对生产过程几个或几十个控制回路进行在线闭环控制。系统是独立的，但可以挂在 DSC 总线上作为 DSC 的一个节点。

⑧ 本章所列线电缆敷设为自控专用线缆，光缆、同轴电缆、控制电缆、电力电缆、挠性管和穿线盒其他册相关子目。

（12）仪表管路敷设

1）本章包括钢管、高压管、不锈钢管、有色金属管及非金属管、管缆敷设、仪表设备及管路伴热、仪表设备及管路脱脂等 7 节 46 个子目。

2）本章工作内容：

① 仪表设备及管路伴热：电伴热电缆、伴热元件或伴热带敷设、绝缘测定、接地、控制及保护电路测试、调整记录。

② 仪表设备及管路脱脂：拆装、浸泡、擦洗、检查、封口、保管、送检、填写记录。

3）不包括的内容：

① 支架制作与安装。

② 脱脂液分析工作。

③ 管路中截止阀、输水器、过滤器等安装。

④ 电伴热供电设备安装、接线盒安装、保温层和保温材料。

⑤ 被伴热的管路或仪表设备的外部保温层、防护防水层安装及防腐。

（13）仪表盘、箱、柜及附件安装

本章包括盘、箱、柜、盘柜附件、元件、盘柜校接线等 3 节共 37 个子目。

（14）仪表附件安装

本章包括仪表阀门、仪表附件、仪表支吊架、取源部件制作安装等 4 节共 33 个子目。

第三节　通信设备及线路工程

（1）第十一册《通信设备及线路工程》适用于专业的通信工程。

（2）本册定额室外线缆是按平原地带施工条件编制的，如在山地、丘陵、泥沼地带施工时，其定额人工工日、机械台班用量应分别乘以下列系数：丘陵地带乘以 1.15，一般山地及泥沼地带乘以 1.6.

丘陵地带：在 1km 以内地形起伏相对高差在 30 ～ 50 范围以内。

一般山地：在 250m 以内地形起伏相对高差在 30 ～ 50 范围以内。

泥沼地带：指有水的庄稼地或泥水淤积的地带。

（3）通信设备

1）本章包括：通信电源设备安装及调试、缆线布放、安装电缆槽道、走线架及机架、安装调试通信交换机附属设备、安装通信专用配线架、安装调试通信传输设备及附属设备、架设铁塔、安装微波天线及馈线、安装调试微波设备及附属设备等 82 节 299 个子目。本章定额适用于固定电话电话局、有电话交换机的企事业单位的通信工程。

2）中间配线架架间跳线定额是按 2 架编制，每增加 1 架仅增加跳线 0.6m 其他数量不变；布放总配线架跳线定额是按 1 架（9 直列）编制的，每增加 1 架仅增加跳线 0.7m 其他数量不变。

3）安装与调试光纤传输设备，定额是按下列配置编制的：

① 10Gb/s 系统和 2.5Gb/s 系统的 TM 终端复用器，按 16×155Mb/s（或 140Mb/s）为一端；ADM 分插复用器，按 1×8×155Mb/s（或 140Mb/s）或 2×4×155Mb/s（或 140Mb/s）为一端。

② 622Mb/s 系统的 TM 终端复用器，按一个方向的高阶光口加 21×2Mb/s（或 16×2Mb/s）电口为一端；ADM 分插复用器，按两个方向的高阶光口加 21×2Mb/s（或 16×2Mb/s）电口为一端。

③ 155Mb/s 系统的 TM 终端复用器，按一个方向的高阶光口加 21×2Mb/s（或 16×2Mb/s）电口为一端；ADM 分插复用器，按两个方向的高阶光口加 21×2Mb/s（或 16×2Mb/s）电口为一端。

④ 各系统按上述配置外，每增加一块 21×2Mb/s（或 16×2Mb/s）支路电口板时，执

行 2Mb/s 电接口板定额子目；每增加一个 155Mb/s（或 140Mb/s）光或电支路时，执行 155Mb/s（或 140Mb/s）光或电接口板定额子目。

4）安装与调试光纤传输设备，10Gb/s、2.5Gb/s、622Mb/s 系统定额是按 1+0 状态编制的。当系统为 1+1 状态时，TM 终端复用器每端增加 2 个工日，ADM 分插复用器每端增加 4 个工日。

5）压缩通道的 PCM 设备，即 ADPCM，其安装与调试参照 PCM 设备执行。

（4）移动通信设备工程

1）本章包括：移动通信设备的天、馈线系统安装调试，基站设备的安装调试等 26 节 71 个子目。

本定额适用于移动通信公司。

2）全向天线长度，定额是按 4m 以内编制的，如实际长度超过 4m 时，人工工日乘以系数 1.2。

3）室外线缆走道的走线道定额是按产品编制的，若是现场加工制作，其加工费用另行计算。

4）基站设备安装定额已含基本信道板，（扩）装信道板子目仅适用于已有机架的扩容工程。

5）安装调试直放站设备包括近端、远端直放站设备。

6）本章中配合基站系统调试及配合联网调试子目，指由设备供货厂家负责调试时施工单位的配合用工。

7）CDMA 基站系统调试定额中的"扇·载"指一个扇区与一个载频之积，全向天线按一个扇区计算。

8）安装移动天线时：

① 不包括基础及支撑物的安装。

② 天线安装高度均指天线底部距塔或杆底座的高度。

③ 在楼顶增高架上安装天线，执行楼顶铁塔上安装天线定额子目。

（5）通信线路工程

① 本章包括：通信管道及光电缆通道、机械定向顶管、光电缆敷设及光电缆接续（成端）、光电缆测试等 29 节 313 个子目。

本章定额适用于室内外干线光、电缆线路施工。

② 本章定额架空吊线子目所含材料是按平原地区编制的，若在丘陵、山区施工，所增加的镀锌角钢横担应另行计算。

③ 微机控制地下定向钻孔敷管定额 300m 以内综合测定编制的。

④ 敷设光缆定额，仪表台班量是按单窗口测试编制的，双窗口测试仪表台班量应乘以系数 1.8。

⑤ 中继段光缆测试定额是按单窗口测试编制的，双窗口测试的人工工日和仪表台班量应乘以系数 1.8。

⑥ 电缆芯线接续适用于各种全塑电缆接头的芯线接续（一字型、分歧型），不同线径相接时，按大线径计算。

⑦ 进线室承托铁架定额是按成品编制的。

⑧ 本章定额的架空交接箱安装定额不含立电杆及安装引上管等工作内容。

本章定额的穿放楼内暗管电缆定额、分线箱定额，可用于建筑物内普通电话工程。如果是智能工程中的电话工程，电话电缆敷设要使用第五册《建筑智能化工程》中双绞线电缆敷设定额项目。但电话分线箱要使用本章定额。

第四节　安装工程预算费用计算

使用定额实体章（如第四册 1～14 章）计算出的费用，是直接工程费，加上措施项目费章的费用，构成安装工程造价直接费，在定额取费时称为预算价。这些费用是直接用于工程建设的费用，但任何一个经济活动都要与社会整体发生关系，出了工程建设本身的费用，还要有管理人员费用、企业利润、社会责任和国家的税收。这些都要根据工程的规模按一定的比例记取，这个工作就是常说的取费。所有费用的总和构成工程的总造价。

1. 北京市通用安装工程费用标准

（1）适用范围

1）住宅、公共建筑：适用于动力、照明、防雷、消防、智能化设备安装等电气工程以及采暖、给水、排水、燃气等工程。

①住宅建筑：适用于各类住宅、宿舍、公寓、别墅。

②公共建筑：不属于住宅建筑的其他各类用途的公共建筑。如酒店、商场、车站、剧院、体育场馆等。

2）其他：适用于变配电工程、通风空调工程、电梯安装工程、锅炉、热力站、独立的机房（站）及附属设备安装工程以及室外电缆工程、架空配线工程、路灯、室外管道工程等。

（2）有关规定

1）单层建筑的安装工程企业管理费按照公共建筑相应檐高的取费标准执行。

2）电气安装工程中，带有变电设施的变电和配电工程应以低压柜出口为界，分别执行安装工程中的住宅、公共建筑和其他的相应取费标准。低压柜出口以内为其他，以外为住宅、公共建筑。

3）借用其他专业工程定额子目的仍执行本专业的取费标准。

4）企业管理费构成比例，见表 7-4-1。

企业管理费构成比例表　　　　　　　　　　　　　　　　表 7-4-1

序号	内容	比例（%）	序号	内容	比例（%）
1	管理及服务人员工资	46.29	9	工会经费	0.82
2	办公费	7.69	10	职工教育经费	3.05
3	差旅交通费	4.50	11	财产保险费	0.28
4	固定资产使用费	5.05	12	财务费用	9.10
5	工具用具使用费	0.26	13	税金	1.44
6	劳动保险和职工福利费	2.72	14	其他	18.03
7	劳动保护费	0.71			
8	工程质量检查费	0.06		合计	100.00

（3）取费计算规则如下：

1）预算价：由人工费、材料费、机械费组成。是每册定额实体章和措施项目费章计算出的费用的总和。是施工现场消耗的费用，其中人工费是现场施工人员的费用。

2）企业管理费：以相应部分的人工费为基数计算。这里以预算价中的人工费为基数计算。企业管理费是上级公司管理人员的费用，其中含现场管理人员的费用。

3）利润：以人工费、企业管理费之和为基数计算。

4）规费：以人工费为基数计算。

5）税金：以预算价、企业管理费、利润、规费之和为基数计算。

6）专业工程造价：由预算价、企业管理费、利润、规费、税金组成。

7）总承包服务费：按另行发包的专业工程造价（不含工程设备费）为基数计算。

（4）通用安装工程费用标准如下：

企业管理费，见表7-4-2。

企业管理费　　　　　　　　　　　　　表7-4-2

序号	项目			计费基数	企业管理费率（%）	其中 现场管理费率（%）
1	住宅建筑	檐高	25m 以下	人工费	58.42	24.63
2			45m 以下		63.45	27.44
3			80m 以下		65.01	28.84
4			80m 以上		66.19	30.04
5	公共建筑		25m 以下		60.61	25.69
6			45m 以下		65.75	28.54
7			80m 以下		67.69	30.12
8			120m 以下		69.23	31.49
9			200m 以下		70.65	32.87
10			200m 以上		72.02	34.25
11	其他				63.56	26.71

利润：见表7-4-3。

利润　　　　　　　　　　　　　表7-4-3

序号	项目	计费基数	费率（%）
1	利润	人工费 + 企业管理费	24.00

规费：见表7-4-4。

			规费		表 7-4-4
序号	项目	计费基数	规费费率（%）	其中	
				社会保险费率（%）	住房公积金费率（%）
1	规费	人工费	19.52	14.23	5.29

税金：见表 7-4-5。

		税金	表 7-4-5
序号	项目	计费基数	费率（%）
1	市区区域	预算价＋企业管理费＋利润＋规费	3.48
2	县城、镇区域		3.41
3	其他区域		3.28

总承包服务费：见表 7-4-6。

		总承包服务费	表 7-4-6
序号	内容	计费基数	费率（%）
1	配合、协调	专业工程造价（不含设备费）	1.5%~2%
2	配合、协调、服务		3%~5%

2. 费用计算

下面以前面第四章第十五节措施项目费用的例题，计算专业工程造价。

某住宅安装工程预算价 1029840 元，其中人工费 105434 元，计算规费的人工费 103250 元，设备费 700000 元，工程位于五环路以内，建筑檐高 30m。

表 7-4-7 中总承包服务费是整个建筑安装工程造价中的一部分。这项费用由总承包方（一般是土建总承包）计算，计入工程总造价，由建设方支付。

	专业工程造价计算表			表 7-4-7
序号	项目	费率	计算公式	金额
1	预算价			1029840.00
2	其中人工费			105434.00
3	计算规费的人工费			103250.00
4	企业管理费	63.45	（2）×0.6345	66897.87
5	利润	24	（（2）＋（4））×0.24	172331.87
6	规费	19.52	（3）×0.1952	20154.40
7	税金	3.48	（（1）＋（4）＋（5）＋（6））×0.0348	44865.00
8	专业工程造价		（1）＋（4）＋（5）＋（6）＋（7）	1334089.14
9	设备费			700000
10	总承包服务费	3	（（8）－（9））×0.03	19022.67

第八章　通用安装工程工程量计算规范与定额

1. 使用清单时要特别注意清单项目特征描述和项目工作内容。甲方编制清单时，要按照项目特征要求，详细描述图纸中的工程项目情况，这样清单使用者才能清楚用哪个定额项目来组价。

2. 乙方使用清单报价时，要按照项目工作内容的要求，选用所需的若干个定额子目来组价。

3. 使用清单报价时，必须要熟悉所使用的定额，否则无法正确计价。

4. 清单项目对应的是工程项目名称，而定额项目对应的是工程项目的具体施工方法。

第一节　规范与定额第四册《电气设备安装工程》的对比

1）变压器安装

①《规范》中的整流变压器、自耦变压器、有载调压变压器、电炉变压器、消弧线圈，执行油浸电力变压器安装相应子目。

②《规范》中的变压器安装的工作内容还包括：基础型钢制作、安装、油过滤、干燥，网门、保护门制作、安装，这些工作内容在组价时，要执行相应的定额子目。其中油过滤属于措施项目。

③《定额》中绝缘垫安装，在《规范》的防雷及接地装置项目中。

④《定额》中变压器保护罩安装，需要编制补充清单项目。

2）配电装置安装

①《规范》中高压电器安装，《定额》只保留了互感器、高压熔断器、避雷器。

②《规范》中高压电器安装和高压成套配电柜安装，工作内容还包括：基础型钢制作、安装。组价时要执行相应的定额子目。

③《规范》中组合型成套箱式变电站安装，工作内容还包括：基础浇筑、进箱母线安装。组价时要执行相应的定额子目。

④《定额》增加成套箱式开闭器安装子目，需要编制补充清单项目。

3）母线安装

①《规范》中母线种类很多，《定额》只保留了带线母线。

②《规范》中带线母线，工作内容还包括：耐压试验，这些工作内容在组价时，要执行相应的定额子目。

4）控制设备及低压电器安装

①《定额》除了《规范》中箱式配电室，含所有项目。

②《规范》中的箱、柜安装，电器安装，工作内容还包括：基础浇筑，基础型钢制作，安装、焊、压铜接线端子，这些工作内容在组价时，要执行相应的定额子目。

③《定额》中的木套箱制作安装、阀类接线、风机盘管接线子目，需要编制补充清单项目。

④《规范》中有接线盒的导线预留长度，《定额》中没有接线盒的导线预留长度表。

5）蓄电池安装

《规范》与《定额》相同。

6）电机检查接线及调试

①《定额》只保留了6、7、8、9四个项目。增加了电机干燥。

②《定额》低压交流异步电动机，有检查接线和调试两个项目。

③《定额》高压交流异步电动机、交流变频调速电动机只有调试项目，检查接线执行低压交流异步电动机相应子目。

④《规范》第九项，《定额》只保留了电加热器项目。

7）滑触线装置安装

《定额》细化了《规范》的项目。

8）电缆

①《定额》没有电缆槽盒子目。

②《规范》中规定挖土、填土工程，执行《房屋建筑与装饰工程工程量计算规范》相关项目编码列项。《定额》增加了电缆沟挖填土子目，需要编制补充清单项目。

③电缆预留长度表，《定额》第七项各种箱、柜、盘、板预留长度，包含了《规范》第七、八两项的内容，《规范》第八项是特指盘下进出线，预留长度2m。

9）防雷及接地装置

①《规范》第九项绝缘垫，在《定额》第一章里。

②《定额》里没有降阻剂一项。

③《定额》增加等电位联结子目。

④《规范》中接地母线、引下线、避雷网要按附表增加附加长度。《定额》则分别综合在有关定额子目中，不得另行计算。

10）10kV以下架空配电线路

《定额》增加带电作业子目。

11）配管、配线

①《定额》增加防水弯头、人防预留过墙管、管路保护及刷防火涂料子目。需要编制补充清单项目。钢索架设项目，组价时注意。

②《规范》配线预留长度表第一项是，各种开关箱、柜、板。《定额》配线预留长度表第一项是，各种箱、柜、盘、板。

注意《规范》中有两个导线预留长度表，其中一个有接线盒预留，一个没有，注意编清单时使用的是哪一个。

12）照明灯具安装

《定额》增加路灯控制箱及控制设备安装安装子目。需要编制补充清单项目。组立铁杆、灯具附件子目，组价时注意。

13）附属工程

①《规范》中004是管道包封，这个项目《定额》中没有。要借用其他册定额。

②《定额》中004是排管敷设,与《规范》不符。

③《定额》中检查井是现浇混凝土人孔,没有手孔。

④《定额》中没有检查井防水项目。

14)电气调整试验

①《定额》中没有003、010、012、013、014等项目。

②《定额》增加10kV绝缘子、穿墙套管试验、组合式成套箱式变电站调试、民用照明通电试运行子目。需要编制补充清单项目。

15)措施项目

①《规范》中措施项目分为:专业措施项目和安全文明施工及其他措施项目共35项。

②《定额》中只有常用的:脚手架使用费、高层建筑施工增加费、安装与生产同时进行增加费、在有害身体健康的环境中施工增加费、安全文明施工费。

③ 如果需要用到其他措施项目,按着《规范》执行。

注意:《定额》中增加的子目,编制清单时按补充项目处理;有不标《规范》编号的子目,属于某个清单项目的工作内容。

第二节 规范与其他册定额的对比

1. 规范与第五册定额《建筑智能化工程》的对比

1)计算机应用、网络系统工程

①《定额》中没有:07接口卡、10收发器、14计算机应用、网络系统接地3个项目。07接口卡、10收发器,工程中很少使用;14计算机应用、网络系统接地,执行第四册接地相应定额子目。

②《定额》中17软件安装、调试,没有《规范》中试运行的内容。

2)综合布线系统工程

①《定额》中没有:03分线接线箱(盒)、08光纤束、光缆外护套、16布放尾纤、18跳块项目。

②《定额》中有:光纤跳线定额子目,需要编制补充清单项目。

3)建筑设备自动化系统工程

①《定额》中没有:08电动、电磁阀门项目。

②《定额》中没有建筑信息综合功率系统工程相应项目内容。

4)有线电视、卫星接收系统工程

①《定额》中没有:02卫星电视天线、馈线系统、03前端机柜、05射频同轴电缆、06同轴电缆接头。

②05射频同轴电缆、06同轴电缆接头放在第二章综合布线系统工程中。

5)安全防范系统工程

①《定额》中没有:18安全防范全系统调试项目,但在章说明中讲述了全系统调试的计费方法。

②《定额》中有:巡更设备安装定额子目,需要编制补充清单项目。

2. 规范与第九册定额《消防工程》的对比

①《定额》第一章中没有：02 消火栓钢管、05 感温式水幕装置项目。

②《定额》第二章中没有：02 不锈钢管、03 不锈钢管管件项目。

③《定额》第三章中没有：01 碳钢管、02 不锈钢管、03 铜管、04 不锈钢管管件、05 铜管管件项目。

3. 规范与第一册定额《机械设备安装工程》的对比

①《定额》中没有规范中机械加工设备安装项目。

②《定额》第一章起重设备安装中，没有规范中电气调试项目内容。

③《定额》第四章电梯安装中，没有规范中电气调试项目内容。

④《定额》第四章电梯安装中增加：增减厅门、轿厢门及提升高度、辅助项目定额子目，需要编制补充清单项目。

4. 规范与第六册定额《自动化控制仪表安装工程》的对比

①《定额》第一章工程检测仪表中，有第二章过程控制仪表的规范项目 02001 部分内容。

②《定额》第一章工程检测仪表中，01003 变送单元仪表放在第二章中。

③《定额》第二章过程控制仪表，与规范第二部分名称不同，规范为显示及调节控制仪表。对规范的项目进行了重新组合。

④《定额》第八章工业计算机安装与调试中，没有 003 组件（卡件）项目。

⑤《定额》第九章仪表管路敷设中，增加仪表设备与管路伴热、脱脂定额子目，是规范要求的工作内容。

⑥《定额》第十一章仪表附件安装中，增加仪表支吊架、取源部件制作安装定额子目，需要编制补充清单项目。

第九章　应用举例

第一节　定额应用举例

1. 图纸说明

① 本工程为砖混结构办公楼，建筑面积 375m², 地上两层，层高均为 4.1m, 室内外高差 0.6m, 除楼梯处无吊顶外，其他部位均有吊顶。

② 照明系统电源由室外电缆直接埋地引入，室外电缆埋地深度 0.9m, 入户处做密封电缆保护管。

③ 本工程除电源进线采用镀锌钢管外，其他全部采用焊接钢管，管内穿 BV-500V 绝缘导线。照明支路沿墙内、楼板内暗敷设；插座支路沿墙内、地面内暗敷设。

④ 本工程在进户处做重复接地，接地极采用 SC50 镀锌钢管；接地母线采用 -40×4 镀锌扁钢，埋深 1.0m, 在外墙距室外地坪 0.5m 处设接地断接卡子。

⑤ 本工程要求完成照明通电试运行验收工作。运行 8h。

2. 图例符号

图例符号，见表 9-1-1。

图例符号

表 9-1-1

序号	图例	电气设备名称	备注
1	▬	照明配电箱	嵌入式安装 距地 1.4m
2	∞	卫生间排气扇	1×18W 吸顶安装
3	⊢⊤⊣	单管荧光灯	1×36W 壁装式 距地 2.2m
4	○	嵌入式筒灯	1×18W
5	⊏⊐	嵌入式双管荧光灯	2×36W
6	●	楼梯壁灯	1×18W 距地 2.6m
7	⊗	单罩防吸顶灯	1×18W 吸顶安装

序号	图例	电气设备名称	备注
8		暗装单联单控翘板开关	250V 10A 距地 1.4m
9		暗装双联单控翘板开关	250V 10A 距地 1.4m
10		暗装三联单控翘板开关	250V 10A 距地 1.4m
11		暗装单联节能开关	250V 10A 距地 1.4m
12		单相二孔加三孔暗插座	250V 10A 距地 0.3m
13		单项单联三孔暗插座	250V 10A 距地 2.4m

3. 工程图

工程系统图，如图 9-1-1 所示。

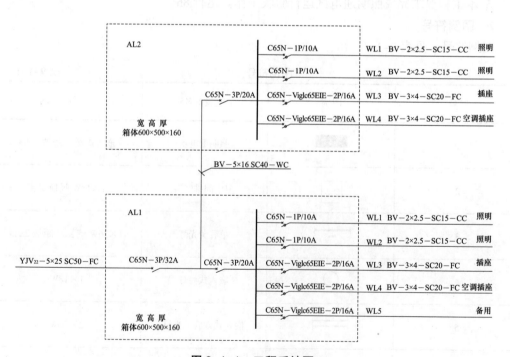

图 9-1-1　工程系统图

首层照明平面图，如图 9-1-2 所示。

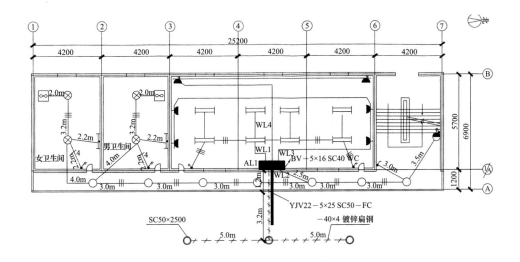

图 9-1-2　首层照明平面图

二层照明平面图，如图 9-1-3 所示。

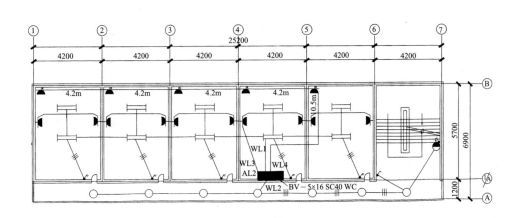

图 9-1-3　二层照明平面图

4．预算价统计表

安装工程的工作内容为两大项：线路敷设和器件安装，本工程线路敷设内容是配管和穿线，器件安装是图例符号表里列出的所有器件。列项时，从电源进线开始按系统图标出的管径，从大向小排序，列完管以后按管内穿线的线径，从大到小列导线。管线完成后，按图例符号顺序列出所有器件的项目。

除了电力强电工程外，图中还有接地工程，按定额编号顺序列出即可。

预算价统计表，见表 9-1-2。

预算价统计表 表 9-1-2

序号	定额编号	定额工程项目	单位	计算公式	数量
1	8-213	密封电缆保护管制作安装公称直径 50mm	根		1.000
2	11-87	镀锌钢管敷设砖、混凝土结构暗配公称直径 50mm	m		1.400
3	11-113	镀锌钢管敷设镀锌钢管埋设公称直径 50mm	m	1.2＋0.9＋0.6	2.700
4	11-38	焊接钢管敷设砖、混凝土结构暗配公称直径 40mm	m	（4.1-1.4-0.5）＋1.4	3.600
5	11-35	焊接钢管敷设砖、混凝土结构暗配公称直径 20mm 以内	m	10.5＋（4.2×4）＋1.4＋（2.4×2）×4＋2.4	50.300
6	11-34	焊接钢管敷设砖、混凝土结构暗配公称直径 15mm 以内	m	2.5＋（3×6）＋3.5＋3＋4＋2.2＋2.2＋3.2＋2＋4＋2.2＋2.2＋3.2＋2＋（4.1-1.4-0.5）＋（4.1-1.4）×3＋（4.1-2.2）×2＋（4.1-1.4）	71.000
7	11-263	管内穿铜芯线动力线路导线截面 16mm² 以内	m	（3.6＋（0.5＋0.6）×2）×5	29.000
8	主材费	塑铜线 BV-16	m	1.0500×29	30.450
9	4-171	焊压铜接线端子导线截面 16mm² 以内	个	2×5	10.000
10	11-256	管内穿铜芯线照明线路导线截面 4mm² 以内	m	（50.3＋（0.5＋0.6））×3	154.200
11	主材费	塑铜线 BV-4	m	1.1600×154.2	178.870
12	11-255	管内穿铜芯线照明线路导线截面 2.5mm² 以内	m	（71＋（0.5＋0.6））×2＋（3×6）＋（3.2×2）＋（2.2×2）×2	173.000
13	主材费	塑铜线 BV-2.5	m	1.1600×173	200.680
14	4-31	配电箱嵌入式安装规格 4 回路以内	台		1.000
15	主材费	配电箱 AL1、2	台		2.000
16	14-21	低压配电箱调试交流 1kV 以下 4 回路	台		1.000
17	4-32	配电箱嵌入式安装规格 8 回路以内	台		1.000
18	14-22	低压配电箱调试交流 1kV 以下 8 回路	台		1.000
19	4-177	阀类接线	个		2.000
20	12-193	荧光灯安装吸顶式无吊顶处单管	套		2.000
21	主材费	壁装式单管荧光灯	套	1.0100×2	2.020
22	主材费	36W 荧光灯管	个	1.0100×2	2.020
23	12-21	嵌入式灯安装顶棚嵌入式筒灯单筒	套		14.000
24	主材费	嵌入式筒灯单筒	套	1.0100×14	14.140

续表

序号	定额编号	定额工程项目	单位	计算公式	数量
25	主材费	灯泡18W	个	1.0300×14	14.420
26	12-212	荧光灯安装嵌入式双管	套		18.000
27	主材费	嵌入式双管荧光灯	套	1.0100×18	18.180
28	主材费	36W荧光灯管	个	2.0200×18	36.360
29	12-9	壁灯安装小型壁灯	套		2.000
30	主材费	壁灯	套	1.0100×2	2.020
31	主材费	灯泡18W	个	1.0300×2	2.060
32	12-11	吸顶灯安装吊顶上安装单罩	套		4.000
33	主材费	单罩防水吸顶灯	套	1.0100×4	4.040
34	主材费	灯泡18W	个	1.0300×4	4.120
35	4-124	跷板式暗开关单控单联安装	个		2.000
36	主材费	跷板式开关面板单控单联	个	1.0200×2	2.040
37	4-125	跷板式暗开关单控双联安装	个		7.000
38	主材费	跷板式开关面板单控双联	个	1.0200×7	7.140
39	4-126	跷板式暗开关单控三联安装	个		2.000
40	主材费	跷板式开关面板单控三联	个	1.0200×2	2.040
41	4-134	延时节能暗开关安装	个		2.000
42	主材费	延时节能开关面板	个	1.0200×2	2.040
43	4-143	插座暗装单相单联	个		7.000
44	主材费	单相3孔插座面板	个	1.0200×7	7.140
45	4-144	插座暗装单相双联	个		14.000
46	主材费	单相5孔插座面板	个	1.0200×14	14.280
47	11－329	钢制接线盒暗装砖结构	个	2＋7＋2＋2＋7＋14	34.000
48	11－334	钢制灯头盒暗装砖结构	个		4.000
49	11－335	钢制灯头盒暗装混凝土结构	个	14＋18＋4＋2	38.000
50	11－336	钢制灯头盒暗装轻钢龙骨	个		4.000
51	11－346	接线盒盖	个		38.000
52	14-46	民用照明通电试运行	100m²	375/100	3.750
53	9－2	接地极钢管50	根		3.000
54	9－19	型钢接地母线暗敷设镀锌扁钢40×4	m	5＋5＋3.2＋1.2＋1＋0.6＋1.4	17.400
55	8－403	电缆沟挖填土	m³	0.45×13.2＋0.5×0.2×13.2	7.260
56	9-62	接地断接卡子制作安装	处		1.000
57	14-37	接地电阻试验	组		1.000

①定额编号 8-213，密封电缆保护管制作安装公称直径 50mm，1 根。

电缆埋地引入进建筑物处做密封电缆保护管，与进户管管径相同 50mm。

执行密封电缆保护管制作安装公称直径 50mm 定额子目。定额含主材费。

②定额编号 11-87，镀锌钢管敷设砖、混凝土结构暗配公称直径 50mm，1.4m。

外墙内进线管分两段，一段在室内地坪下回填土层内，为埋设，预算时以室内地坪正负零为界。第二段为配电箱下一段，暗敷设在墙内，为配电箱安装高度 1.4m，执行镀锌钢管敷设砖、混凝土结构暗配公称直径 50mm 定额子目。定额含主材费。

③定额编号 11-113，镀锌钢管敷设镀锌钢管埋设公称直径 50mm，2.7m。

在首层平面图上，外墙轴线到配电箱水平长度 1.2m，竖直方向电缆埋地深度 0.9m，室内外高差 0.6m，1.2 ＋ 0.9 ＋ 0.6 ＝ 2.7m。

执行镀锌钢管敷设镀锌钢管埋设公称直径 50mm 定额子目。定额含主材费。

④定额编号 11-38，焊接钢管敷设砖、混凝土结构暗配公称直径 40mm，3.6m。

系统图中管径第二的是两层配电箱之间的干线管管径 40mm，为焊接钢管。两个配电箱上下正对，在同一位置，两箱间的管长为一层箱上面一段，长度为层高 4.1m 减配电箱安装高度 1.4m，再减去配电箱高度 0.5m。二层为配电箱安装高度 1.4m。（4.1-1.4-0.5）＋ 1.4 ＝ 3.6m。

执行焊接钢管敷设砖、混凝土结构暗配公称直径 40mm 定额子目。定额含主材费。

⑤定额编号 11-35，焊接钢管敷设砖、混凝土结构暗配公称直径 20mm，50.3m。

系统图中支线有两种管径，20mm 和 15mm，现在只做图中有尺寸的支线，20mm 管对应的是 AL2 箱 WL4 空调插座支线。二层平面图上，水平长度：AL2 箱中间向上 WL4 线，到第一个插座 10.5m，向左 4 段均为 4.2m。竖直长度：配电箱向下箱高 1.4m，空调插座安装高度距地 2.4m，图中有 4 个中间插座向下为两段管（2.4×2）m，一个末端插座向下为一段管 2.4m。

管长为 10.5 ＋（4.2×4）＋ 1.4 ＋（2.4×2）×4 ＋ 2.4 ＝ 50.3m。

执行焊接钢管敷设砖、混凝土结构暗配公称直径 20mm 定额子目。定额含主材费。

⑥定额编号 11-34，焊接钢管敷设砖、混凝土结构暗配公称直径 15mm，71m。

15mm 管对应的是 AL1 箱 WL2 照明支线。首层平面图上，水平长度：AL1 箱向右下到楼道灯 2.5m，楼道灯等间距 3m，共 6 段。右端楼道灯到壁灯 3.5m，到单联开关 3m。左端楼道灯到女卫生间吸顶灯 4m，向右下三联开关 2.2m，向右到壁装荧光灯到 2.2m，向上到吸顶灯 3.2m，从上面吸顶灯向左到排风扇 2m。左端楼道灯到男卫生间吸顶灯 4m，向右下三联开关 2.2m，向右到壁装荧光灯到 2.2m，向上到吸顶灯 3.2m，从上面吸顶灯向右到排风扇 2m。长度为：25 ＋（3×6）＋ 35 ＋ 3 ＋ 4 ＋ 22 ＋ 22 ＋ 32 ＋ 2 ＋ 4 ＋ 22 ＋ 22 ＋ 3.2 ＋ 2 ＝ 54.2m。

竖直长度：配电箱向上，长度为层高 4.1m，减去配电箱安装高度 1.4m，再减去配电箱高度 0.5m。开关向上，长度为层高 4.1m，减去开关安装高度 1.4m，共 3 个开关。壁装荧光灯向上，长度为层高 4.1m，减去壁装荧光灯安装高度 2.2m，共 2 个壁装荧光灯。楼梯壁灯与节能开关在一条竖直线上，管从开关向上到屋顶，长度为层高 4.1m，减去开关安装高度 1.4m。长度为：（4.1-1.4-0.5）＋（4.1-1.4）×3 ＋（4.1-2.2）×2 ＋（4.1-1.4）＝ 16.8m。

管长为：54.2 ＋ 16.8 ＝ 71m。

执行焊接钢管敷设砖、混凝土结构暗配公称直径 15mm 定额子目。定额含主材费。

⑦ 定额编号 11-263，管内穿铜芯线动力线路导线截面 16mm² 以内，29m。

进线管内导线属于外线这里不计算，干线 40mm 管内穿 5 根 16mm² 导线，长度为管长 3.6m，加两个箱内的预留长度（0.5 ＋ 0.6）×2，乘以导线根数 5 根。

长度为（3.6 ＋（0.5 ＋ 0.6）×2）×5 ＝ 29m。

执行管内穿铜芯线动力线路导线截面 16mm² 以内定额子目。定额不含主材费，需另计主材费。

⑧ 主材费，塑铜线 BV-16，30.45m。

导线定额含量 1.0500，主材量为：1.0500×29 ＝ 30.45m。

⑨ 定额编号 4-171，焊压铜接线端子导线截面 16mm² 以内，10 个。

16mm² 导线要做铜接线端子，一根线 2 个端子，5 根线共 10 个端子。

执行焊压铜接线端子导线截面 16mm² 以内定额子目。定额含主材费。

⑩ 定额编号 11-256，管内穿铜芯线照明线路导线截面 4mm² 以内，154.2m。

系统图中支线有两种导线规格，4mm²、2.5mm²。其中 4mm² 是插座支线，3 根线穿 20mm 管。

长度为（50.3 ＋（0.5 ＋ 0.6））×3 ＝ 154.2m。

执行管内穿铜芯线照明线路导线截面 4mm² 以内定额子目。定额不含主材费，需另计主材费。

⑪ 主材费，塑铜线 BV-4，178.87m。

导线定额含量 1.1600，主材量为：1.1600×154.2 ＝ 178.87m。

⑫ 定额编号 11-255，管内穿铜芯线照明线路导线截面 2.5mm² 以内，173m。

2.5mm² 是照明支线，2 根线穿 15mm 管。计算时要注意管路中导线基本数量是 2 根，但个别线段是 3 根和 4 根，需要加上。

长度为（71 ＋（0.5 ＋ 0.6））×2 ＋（3×6）＋（3.2×2）＋（2.2×2）×2 ＝ 173m。

执行管内穿铜芯线照明线路导线截面 2.5mm² 以内定额子目。定额不含主材费，需另计主材费。

⑬ 主材费，塑铜线 BV-2.5，200.68m。

导线定额含量 1.1600，主材量为：1.1600×173 ＝ 200.68m。

⑭ 定额编号 4-31，配电箱嵌入式安装规格 4 回路以内，1 台。

系统图中 AL2 箱有 4 个输出回路，AL1 有 5 个自身的输出回路，还有一个干线输出回路，共 6 个输出回路。

执行配电箱嵌入式安装规格 4 回路以内定额子目。定额不含主材费，需另计主材费。

⑮ 主材费，配电箱 AL1、2，2 台。

两个配电箱规格相同，列在一项中。

⑯ 定额编号 14-21，低压配电箱调试交流 1kV 以下 4 回路，1 台。

每个配电箱都要调试，回路数相同。

执行低压配电箱调试交流 1kV 以下 4 回路定额子目。

⑰ 定额编号 4-32，配电箱嵌入式安装规格 8 回路以内，1 台。

AL1 有 5 个自身的输出回路，还有一个干线输出回路，共 6 个输出回路。

执行配电箱嵌入式安装规格 8 回路以内定额子目。定额不含主材费，需另计主材费。

⑱ 定额编号 14-22，低压配电箱调试交流 1kV 以下 8 回路，1 台。

每个配电箱都要调试，回路数相同。

执行低压配电箱调试交流 1kV 以下 8 回路定额子目。

⑲ 定额编号 4-177，阀类接线，2 个。

图例符号中有卫生间排风扇 2 个，定额第四章阀类接线子目中适用于卫生间排风扇。

执行阀类接线定额子目。

⑳ 定额编号 12-193，荧光灯安装吸顶式无吊顶处单管，2 套。

首层卫生间有 2 套壁装荧光灯。荧光灯装在墙壁上和吸顶装在顶板上，方法是一样的。

执行荧光灯安装吸顶式无吊顶处单管定额子目。定额不含主材费，需另计主材费。

㉑ 主材费，壁装式单管荧光灯，2.02 套。

灯具定额含量 1.0100，主材量为：1.0100×2 = 2.02 套。

㉒ 主材费，36W 荧光灯管，2.02 个。

光源定额含量 1.0100，主材量为：1.0100×2 = 2.02 个。

㉓ 定额编号 12-21，嵌入式灯安装顶棚嵌入式筒灯单筒，14 套。

嵌入式筒灯装在楼道，每层 7 套，共 14 套。

执行嵌入式灯安装顶棚嵌入式筒灯单筒定额子目。定额不含主材费，需另计主材费。

㉔ 主材费，嵌入式筒灯单筒，14.14 套。

灯具定额含量 1.0100，主材量为：1.0100×14 = 14.14 套。

㉕ 主材费，灯泡 18W，14.42 个。

光源定额含量 1.0300，主材量为：1.0300×14 = 14.42 个。

㉖ 定额编号 12-212，荧光灯安装嵌入式双管，18 套。

嵌入式双管荧光灯装在办公室里，首层 8 套，二层 10 套，共 18 套。

执行荧光灯安装嵌入式双管定额子目。定额不含主材费，需另计主材费。

㉗ 主材费，荧光灯安装嵌入式双管，18.18 套。

灯具定额含量 1.0100，主材量为：1.0100×18 = 18.18 套。

㉘ 主材费，36W 荧光灯管，18.18 个。

光源定额含量 1.0100，主材量为：1.0100×18 = 18.18 个。

㉙ 定额编号 12-9，壁灯安装小型壁灯，2 套。

小型壁灯是楼梯灯，每层 1 套，共 2 套。

执行壁灯安装小型壁灯定额子目。定额不含主材费，需另计主材费。

㉚ 主材费，壁灯，2 套。

灯具定额含量 1.0100，主材量为：1.0100×2 = 2.020 套。

㉛ 主材费，灯泡 18W，2.06 个。

光源定额含量 1.0300，主材量为：1.0300×2 = 2.06 个。

㉜ 定额编号 12-11，吸顶灯安装吊顶上安装单罩，4 套。

防水吸顶灯装在卫生间，共 4 套。

执行吸顶灯安装吊顶上安装单罩定额子目。定额不含主材费，需另计主材费。

㉝ 主材费，单罩防水吸顶灯，4.04 套。

灯具定额含量 1.0100，主材量为：1.0100×4 = 4.040 套。

㉞ 主材费，灯泡 18W，4.12 个。

光源定额含量 1.0300，主材量为：1.0300×4 = 4.12 个。

㉟ 定额编号 4-124，跷板式暗开关单控单联安装，2 个。

单联开关是楼道灯开关，安装在楼梯口，共 2 个。

执行跷板式暗开关单控单联安装定额子目。定额不含主材费，需另计主材费。

㊱ 主材费，跷板式开关面板单控单联，2.04 套。

开关定额含量 1.0200，主材量为：1.0200×4 = 2.040 套。

㊲ 定额编号 4-125，跷板式暗开关单控双联安装，7 个。

双联开关是办公室灯开关，安装在办公室内，首层 2 个，二层 5 个，共 7 个。

执行跷板式暗开关单控双联安装定额子目。定额不含主材费，需另计主材费。

㊳ 主材费，跷板式开关面板单控双联，7.14 套。

开关定额含量 1.0200，主材量为：1.0200×7 = 7.140 套。

㊴ 定额编号 4-126，跷板式暗开关单控三联安装，2 个。

三联开关是卫生间开关，共 2 个。

执行跷板式暗开关单控三联安装定额子目。定额不含主材费，需另计主材费。

㊵ 主材费，跷板式开关面板单控三联，2.04 套。

开关定额含量 1.0200，主材量为：1.0200×4 = 2.040 套。

㊶ 定额编号 4-134，延时节能暗开关安装，2 个。

节能开关是楼梯灯开关，共 2 个。

执行延时节能暗开关安装定额子目。定额不含主材费，需另计主材费。

㊷ 主材费，延时节能开关面板，2.04 套。

开关定额含量 1.0200，主材量为：1.0200×4 = 2.040 套。

㊸ 定额编号 4-143，插座暗装单相单联，7 个。

单相单联插座是空调插座，首层 2 个，二层 5 个，共 7 个。

执行插座暗装单相单联定额子目。定额不含主材费，需另计主材费。

㊹ 主材费，单相 3 孔插座面板，7.14 套。

插座定额含量 1.0200，主材量为：1.0200×7 = 7.14 套。

㊺ 定额编号 4-144，插座暗装单相单联，14 个。

单相双联插座是办公室插座，首层 4 个，二层 10 个，共 14 个。

执行插座暗装单相双联定额子目。定额不含主材费，需另计主材费。

㊻ 主材费，单相 5 孔插座面板，14.28 套。

插座定额含量 1.0200，主材量为：1.0200×14 = 14.28 套。

㊼ 定额编号 14-46，民用照明通电试运行，3.75 个定额单位。

照明工程竣工时，都要做全负荷试运行。

执行民用照明通电试运行定额子目。定额计量单位 100m²，建筑面积 375m²，折算成定额计量单位 375/100 = 3.75 个。

㊽ 定额编号 11-329，钢制接线盒暗装砖结构，34 个。

开关盒、插座盒都执行接线盒安装子目，单联开关 2 个，双联开关 7 个，三联开关 2 个，节能开关 2 个，单联插座 7 个，双联插座 14 个。2＋7＋2＋2＋7＋14＝34 个。

本工程为砖混结构，墙为砖结构，执行钢制接线盒暗装砖结构定额子目。定额含主材费。

㊾ 定额编号 11-334，钢制灯头盒暗装砖结构，4 个。

壁灯装在墙上，墙是砖结构，4 个。

执行钢制灯头盒暗装砖结构定额子目。定额含主材费。

㊿ 定额编号 11-335，钢制灯头盒暗装混凝土结构，38 个。

灯装在顶板上，顶板是混凝土结构，有嵌入式筒灯 14 个，嵌入式双管荧光灯 18 个，单罩防水吸顶灯 4 个，卫生间排气扇 2 个，共 14＋18＋4＋2＝38 个。

执行钢制灯头盒暗装混凝土结构定额子目。定额含主材费。

51 定额编号 11-336，钢制灯头盒暗装轻钢龙骨，4 个。

吊顶上安装的灯具，灯具的箱体或灯头盒，不能直接固定在吊顶用的龙骨上，必须另外使用金属支架悬挂固定，灯具与顶板灯头盒中连接的导线是悬空的，必须用金属软管进行保护，金属软管下端固定在箱体或灯头盒上，上端的固定点需要在顶板灯头盒上装接线盒盖。因此，吊顶上安装的灯具，除了执行灯具安装定额外，还需要执行：金属支架制作、金属支架安装、金属软管敷设、管内穿线、接线盒盖、灯头盒暗装轻钢龙骨定额子目。

北京定额灯具吊顶上安装项目，定额已包含金属支架制作、金属支架安装、金属软管敷设、管内穿线的工作内容，不需要另行计算。另外认为吊顶上安装的灯具均带有箱体，不计算暗装轻钢龙骨上灯头盒的内容。这样只需要增加接线盒盖一个定额子目。

注意：如果吊顶上安装的不是灯具，而是其他电器，如感烟探测器，则所有项目都要计算。

本题设定灯具本身不带箱体，需要加装轻钢龙骨上的灯头盒。

卫生间防水吸顶灯装在吊顶上，要加轻钢龙骨上的灯头盒，其他都是嵌入式安装，有箱体，不需要加盒，共 4 个。

执行钢制灯头盒暗装轻钢龙骨定额子目。定额含主材费。

52 定额编号 11-346，接线盒盖，38 个。

吊顶上安装的灯具，顶板的盒上没有灯，盒上要加盖。除了壁灯，其他灯都在吊顶上安装共 38 个。

执行接线盒盖定额子目。定额含主材费。

53 定额编号 9-2，接地极钢管 50，3 根。

平面图上接地极有 3 根，使用 SC50 钢管。

执行接地极钢管 50 定额子目。定额含主材费。

54 定额编号 9-19，型钢接地母线暗敷设镀锌扁钢 40×4，18.4m。

平面图上接地母线水平方向，接地极间 5m，接地极到外墙 3.2m，外墙到配电箱 1.2m，竖直方向埋深 1m，室内外高差 0.6m，配电箱安装高度 1.4m。5＋5＋3.2＋1.2＋1＋0.6

＋1.4 ＝ 17.4m。

执行型钢接地母线暗敷设镀锌扁钢 40×4 定额子目。定额含主材费。

⑤ 定额编号 8-403，电缆沟挖填土，5.94m³。

室外接地母线要埋设，埋深 1m，要挖沟，接地极间 5m，接地极到外墙 3.2m，共 13.2m。每米沟标准土方量是 0.45m³，0.45×13.2 ＝ 5.94m³。

标准土方量是指接地母线埋深 0.8m，现在埋深 1m，要增加 0.2m 沟深的土方量。标准沟上口宽 0.5m，加深后沟口按坡度变宽，沟口截面呈梯形，增加 0.2m 沟深，沟上口宽度增加量很小，可以忽略不计，按 0.5m 矩形面积计算，0.5×0.2 ＝ 0.1m³。每米沟长增加 0.1m³ 土方量。0.5×0.2×13.2 ＝ 1.32m³。

5.94 ＋ 1.32 ＝ 7.26m³。

⑤ 定额编号 9-62，接地断接卡子制作安装，1 处。

图纸说明中要求做接地断接卡子，1 处。

执行接地断接卡子制作安装定额子目。定额含主材费。

⑤ 定额编号 14-37，接地电阻试验，1 组。

接地装置必须做接地电阻测试。

执行接地电阻试验定额子目。

第二节　清单应用举例

工程量清单计价规范只含量不含价，需要用定额计价方法进行组价，第一节例题是定额预算价计算方法，也是进行工程量清单计价的基础。

1. 根据上面例题，用工程量计算规范列出工程量清单（表 9-2-1）

照明工程清单工程量统计表　　　　　　　　　　　　　　表 9-2-1

序号	项目编码	项目名称	项目特征	计量单位	工程量计算规则	数量
1	030408003001	电缆保护管	密封电缆保护管：镀锌钢管，50mm，埋地敷设	m	按设计图示尺寸以长度计算	1.800
2	030411001001	配管	钢管：镀锌钢管，50mm，暗配	m	按设计图示尺寸以长度计算	1.400
3	030411001002	配管	钢管：镀锌钢管，50mm，埋地敷设	m	按设计图示尺寸以长度计算	2.700
4	030411001003	配管	钢管：焊接钢管，40mm，暗配	m	按设计图示尺寸以长度计算	3.600
5	030411001004	配管	钢管：焊接钢管，20mm，暗配	m	按设计图示尺寸以长度计算	50.300
6	030411001005	配管	钢管：焊接钢管，15mm，暗配	m	按设计图示尺寸以长度计算	71.000
7	030411004001	配线	配线：管内穿线，动力线路，BV，16mm²，铜芯，沿砖、混凝土结构墙内	m	按设计图示尺寸以单线长度计算（含预留长度）	29.000

续表

序号	项目编码	项目名称	项目特征	计量单位	工程量计算规则	数量
8	030411004002	配线	配线：管内穿线，照明线路，BV，4mm²，铜芯，沿砖、混凝土结构墙、地面内	m	按设计图示尺寸以单线长度计算（含预留长度）	158.250
9	030411004003	配线	管内穿线：照明线路，BV，2.5mm²，铜芯，沿砖、混凝土结构墙、顶板内	m	按设计图示尺寸以单线长度计算（含预留长度）	188.300
10	030404017001	配电箱	照明配电箱：AL-1，4回路，铜接线端子16mm²，铜导线截面16mm²，嵌入式	台	按设计图示数量计算	1.000
11	030404017002	配电箱	照明配电箱：AL-2，5回路，铜接线端子16mm²，铜导线截面16mm²，嵌入式	台	按设计图示数量计算	1.000
12	030414002001	送配电装置系统	低压配电箱：AL-1，1kV，5回路	系统	按设计图示系统计算	1.000
13	030414002002	送配电装置系统	低压配电箱：AL-2，1kV，4回路	系统	按设计图示系统计算	1.000
14	030412005001	荧光灯	荧光灯：1×36W，壁装	套	按设计图示数量计算	2.000
15	030412005002	荧光灯	荧光灯：2×36W，嵌入式	套	按设计图示数量计算	18.000
16	030412001001	普通灯具	筒灯：1×18W，顶棚嵌入式	套	按设计图示数量计算	14.000
17	030412001002	普通灯具	壁灯：小型壁灯，1×18W，壁装	套	按设计图示数量计算	2.000
18	030412001003	普通灯具	吸顶灯：防水吸顶灯，1×18W，吊顶上吸顶安装	套	按设计图示数量计算	4.000
19	030404034001	照明开关	跷板式开关：塑料，单控单联，暗装	个	按设计图示数量计算	2.000
20	030404034002	照明开关	跷板式开关：塑料，单控双联，暗装	个	按设计图示数量计算	7.000
21	030404034003	照明开关	跷板式开关：塑料，单控三联，暗装	个	按设计图示数量计算	2.000
22	030404034004	照明开关	板式开关：塑料，延时节能，暗装	个	按设计图示数量计算	2.000
23	030404035001	插座	插座面板：塑料，单相三孔16A，暗装	个	按设计图示数量计算	7.000
24	030404035002	插座	插座面板：塑料，单相五孔10A，暗装	个	按设计图示数量计算	14.000

续表

序号	项目编码	项目名称	项目特征	计量单位	工程量计算规则	数量
25	030411006001	接线盒	接线盒：钢制，86H，暗装砖结构	个	按设计图示数量计算	34.000
26	030411006002	接线盒	灯头盒：钢制，T1，暗装砖结构	个	按设计图示数量计算	4.000
27	030411006003	接线盒	灯头盒：钢制，T1，暗装混凝土结构	个	按设计图示数量计算	38.000
28	030411006004	接线盒	灯头盒：钢制，T1，暗装轻钢龙骨	个	按设计图示数量计算	4.000
29	030411006005	接线盒	接线盒盖：钢制，圆形，暗装	个	按设计图示数量计算	38.000
30	030409001001	接地极	接地极：钢管，50mm，普通土	根	按设计图示数量计算	3.000
31	030409002001	接地母线	型钢接地母线：镀锌扁钢，-40×4，沿墙、地面暗敷设、埋设	m	按设计图示尺寸以长度计算（含预留长度）	18.400
32	030409003001	避雷引下线	接地断接卡子：钢制，外墙外，暗装距地0.5m	处	按设计图示数量计算	1.000
33	030414011001	接地装置	接地电阻试验：人工接地	组	按设计图示数量计算	1.000
34	03B001	阀类接线	卫生间排风扇	个	按设计图示数量计算	2.000
35	03B002	通电试运行	民用照明通电试运行	100m²	按设计图示建筑面积计算	3.750
36	03B003	电缆沟挖填土	挖接地装置沟	m	按设计图示尺寸以长度计算	13.200

编制工程量清单，首先要按清单项目特征要求，写清项目特征描述，让使用者清楚你要表述的项目，选择正确的定额子目组价。项目特征描述是根据图纸上能见到的所有信息描述。

清单使用者，要根据项目特征描述，和项目工作内容，选择需要的定额子目组价。

① 030408003，电缆保护管，清单项目特征要求：名称、材质、规格、敷设方式。对应描述：密封电缆保护管、镀锌钢管、50mm、埋地敷设。定额编号：8-213，定额计量单位"根"。只有一个规格，项目编码：030408003001。

② 030411001，配管，清单项目特征要求：名称、材质、规格、配置形式、接地要求、钢索材质、规格。对应描述：钢管、镀锌钢管、50mm、暗配。这里后两项特征不需要描述。定额编号：11－87。配管有多个规格和方式，项目编码：030411001001。

③ 030411001，配管，清单项目特征要求：名称、材质、规格、配置形式、接地要求、钢索材质、规格。对应描述：钢管、镀锌钢管、50mm、埋地敷设。定额编号：11-113。同是配管项目，项目编码：030411001002。

④ 030411001，配管，对应描述：钢管、焊接钢管、40mm、暗配。定额编号：11-38。同是配管项目，项目编码：030411001003。

⑤ 030411001，配管，对应描述：钢管、焊接钢管、20mm、暗配。定额编号：11—35。同是配管项目，项目编码：030411001004。

⑥ 030411001，配管，对应描述：钢管、焊接钢管、15mm、暗配。定额编号：11—34。同是配管项目，项目编码：030411001005。

⑦ 030411004，配线，清单项目特征要求：名称、配线形式、型号、规格、材质、配线部位、配线线制、钢索材质、规格。对应描述：配线、管内穿线动力线路、BV、16mm²、铜芯、沿砖、混凝土结构墙内。配线线制是指多线制和执行制，与钢索材质、规格，在这里不需要描述。定额编号：11-263。同是配线项目，项目编码：030411004001。

⑧ 030411004，配线，对应描述：配线、管内穿线照明线路、BV、4mm²、铜芯、沿砖、混凝土结构墙、地面内。定额编号：11-256。同是配线项目，项目编码：030411004002。

⑨ 030411004，配线，对应描述：配线、管内穿线照明线路、BV、2.5mm²、铜芯、沿砖、混凝土结构墙、顶板内。定额编号：11-255。同是配线项目，项目编码：030411004003。

⑩ 030404017，配电箱，清单项目特征要求：名称、型号、规格、基础形式、材质、规格、接线端子材质、规格、端子板外部接线材质、规格、安装方式。对应描述：照明配电箱、AL-1、5回路、铜接线端子16mm²、铜导线截面16mm²、嵌入式。嵌入式安装，基础在这里不需要描述。定额编号：4-32。定额编号：4-171，焊压铜接线端子导线截面16mm²以内，组价时要执行两个定额子目。同是配电箱项目，项目编码：030404017001。

⑪ 030404017，配电箱，对应描述：照明配电箱、AL-2、4回路、铜接线端子16mm²、16mm²、嵌入式。定额编号：4-31。定额编号：4-171，焊压铜接线端子导线截面16mm²以内，组价时要执行两个定额子目。同是配电箱项目，项目编码：030404017002。

⑫ 030414002，送配电装置系统，清单项目特征要求：名称、型号、电压等级（kV）、类型。对应描述：低压配电箱、AL-1、1kV、5回路。定额编号：14-22。同是送配电装置系统项目，项目编码：030414002001。

⑬ 030414002，送配电装置系统，对应描述：低压配电箱、AL-2、1kV、4回路。定额编号：14—21。同是送配电装置系统项目，项目编码：030414002002。

⑭ 030412005，荧光灯，清单项目特征要求：名称、型号、规格、安装形式。对应描述：荧光灯、1×36W、壁装。定额编号：12-193。同是荧光灯项目，项目编码：030412005001。

⑮ 030412005，荧光灯，对应描述：荧光灯、2×36W、嵌入式。定额编号：12-212。同是荧光灯项目，项目编码：030412005002。

⑯ 030412001，普通灯具，清单项目特征要求：名称、型号、规格、类型。对应描述：筒灯、1×18W、顶棚嵌入式。定额编号：12-21。同是普通灯具项目，项目编码：030412001001。

⑰ 030412001，普通灯具，对应描述：壁灯、小型壁灯、1×18W、壁装。定额编号：12-9。同是普通灯具项目，项目编码：030412001002。

⑱ 030412001，普通灯具，对应描述：吸顶灯、防水吸顶灯、1×18W、吊顶上吸顶安装。定额编号：12-11。同是普通灯具项目，项目编码：030412001003。

⑲ 030404034，照明开关，清单项目特征要求：名称、材质、规格、安装方式。对应描述：跷板式开关、塑料、单控单联、暗装。定额编号：4-124。同是照明开关项目，项目

编码: 030404034001。

⑳ 030404034，照明开关，对应描述：跷板式开关、塑料、单控双联、暗装。定额编号：4-125。同是照明开关项目，项目编码：030404034002。

㉑ 030404034，照明开关，对应描述：跷板式开关、塑料、单控三联、暗装。定额编号：4-126。同是照明开关项目，项目编码：030404034003。

㉒ 030404034，照明开关，对应描述：板式开关、塑料、延时节能、暗装。定额编号：4-134。同是照明开关项目，项目编码：030404034004。

㉓ 030404035，插座，清单项目特征要求：名称、材质、规格、安装方式。对应描述：插座面板、塑料、单相三孔16A、暗装。定额编号：4-143。同是插座项目，项目编码：030404035001。

㉔ 030404035，插座，对应描述：插座面板、塑料、单相五孔10A、暗装。定额编号：4-144。同是插座项目，项目编码：030404035002。

㉕ 030411006，接线盒，清单项目特征要求：名称、材质、规格、安装方式。对应描述：接线盒、钢制、86H、暗装砖结构。定额编号：11-329。同是接线盒项目，项目编码：030411006001。

㉖ 030411006，接线盒，对应描述：灯头盒、钢制、T1、暗装砖结构。定额编号：11-334。同是接线盒项目，项目编码：030411006002。

㉗ 030411006，接线盒，对应描述：灯头盒、钢制、T1、暗装混凝土结构。定额编号：11-335。同是接线盒项目，项目编码：030411006003。

㉘ 030411006，接线盒，对应描述：灯头盒、钢制、T1、暗装轻钢龙骨。定额编号：11-336。同是接线盒项目，项目编码：030411006004。

㉙ 030411006，接线盒，清单项目特征对应描述：接线盒盖、钢制、圆形、暗装。定额编号：11-346。同是接线盒项目，项目编码：030411006005。

㉚ 030409001，接地极，清单项目特征要求：名称、材质、规格、土质、基础接地形式。对应描述：接地极、钢管、50mm、普通土。基础接地形式没有，不做描述。定额编号：9-2。项目编码：030409001001。

㉛ 030409002，接地母线，清单项目特征要求：名称、材质、规格、安装部位、安装形式。对应描述：型钢接地母线、镀锌扁钢、-40×4、沿墙、地面、暗敷设、埋设。定额编号：9-19。项目编码：030409002001。

㉜ 030409003，避雷引下线，清单项目特征要求：名称、材质、规格、安装部位、安装形式、接地断接卡子、箱材质、规格。对应描述：接地断接卡子、钢制、外墙外、暗装距地0.5m。定额编号：9-62。项目编码：030409003001。

㉝ 030414011，接地装置，清单项目特征要求：名称、类别。对应描述：接地电阻试验、人工接地。定额编号：14-37。项目编码：030414011001。

㉞ 03B，阀类接线，对应描述：卫生间排风扇。定额编号：4-177。项目编码：03B001。03B是补充清单编码，规范里没有的项目，可以自行编制补充清单项目。阀类接线是北京定额的定额子目。

㉟ 03B，通电试运行，对应描述：民用照明通电试运行。定额编号：14-46。项目编码：03B002。

㊱ 03B，电缆沟挖填土，对应描述：挖接地装置沟。定额编号：8-403。项目编码：03B003。

2. 说明

① 清单工程量项目与定额项目基本一致。

② 焊压铜接线端子属于配电箱安装的工作内容。

③ 03B 为补充清单，有此项工作，清单里没有，按定额编写。

④ 4mm² 导线、2.5mm² 导线的长度，按包含接线盒内预留长度 0.15m 计算。

⑤ 4mm² 导线为插座回路，定额量长度为 154.2m，插座回路穿 3 根线，末端插座盒加 3 个预留（0.15×3）＝ 0.45m。中间插座盒 3 根进线、3 根出线共六个预留（0.15×6）＝ 0.9m。图中 AL2 箱 WL4 空调插座支线，有 4 个中间插座、一个末端插座，0.9×4 + 0.45 ＝ 4.05m。4mm² 导线总长为 154.2 + 4.05 ＝ 158.25m。

⑥ 2.5mm² 导线为照明回路，定额量长度为 173m，照明回路穿 2 根线，末端灯头盒加 2 个预留（0.15×2）＝ 0.3m。中间灯头盒 2 根进线、2 根出线共六个预留（0.15×4）＝ 0.6m。单联开关盒进 2 根线，加 2 个预留（0.15×2）＝ 0.3m。双联开关盒进 3 根线，加 3 个预留（0.15×3）＝ 0.45m。三联开关盒进 4 根线，加 4 个预留（0.15×4）＝ 0.6m。单联开关进灯头盒进 2 根线，加 2 个预留（0.15×2）＝ 0.3m。双联开关进灯头盒进 3 根线，加 3 个预留（0.15×3）＝ 0.45m。三联开关进灯头盒进 4 根线，加 4 个预留（0.15×4）＝ 0.6m。

图中 AL1 箱 WL2 照明支线，有 1 个单联开关、2 个三联开关、1 个延时节能开关（单联），0.3×2 + 0.6×2 ＝ 1.8m。开关进灯头盒与进开关盒相同 1.8m。有 5 个末端灯头盒、11 个中间灯头盒，0.3×5 + 0.6×11 ＝ 8.1m，另外有 3 个灯头盒接 3 个灯、1 个灯头盒接配电箱，均加 2 根线预留（0.15×2）×4 ＝ 1.2m。线路中有 8 段灯头盒间的线是 3 根线，每段需另加 1 根线两端的预留（0.15×2）×8 ＝ 2.4m。

2.5mm² 导线总长为 173 + 1.8 + 1.8 + 8.1 + 1.2 + 2.4 ＝ 188.3m。

参考文献

［1］中华人民共和国住房和城乡建设部．GB 50500—2013.建设工程工程量清单计价规范[S].北京：中国计划出版社，2013.

［2］中华人民共和国住房和城乡建设部．GB 50856—2013.通用安装工程工程量计算规范[S].北京：中国计划出版社，2013.

［3］北京市住房和城乡建设委员会．通用安装工程预算定额[M].北京：中国建筑工业出版社，2012.